JN493577

방화방폭공학

개정판

현성호 · 김영수 · 김인범
김형준 · 이창우 · 전성균

신광문화사

Preface

머리말

근래 수년간 산업계나 주택, 고층건물 및 그 밖의 가스나 석유제품에 의한 폭발 화재재해가 두드러지고 있는 실정이다. 이런 재난들은 한순간에 우리에게서 모든 것을 빼앗아 가므로 화재 및 폭발에 대한 안전은 무엇보다 중요하다. 따라서 안전공학의 한 분야인 방화방폭공학은 우리 실생활에 필수 불가결한 것이 되었다.

이 책은 1장 연소, 2장 화재 특성과 형태, 3장 화재의 현상, 4장 방화공학, 5장 폭발개론, 6장 기상폭발, 7장 전기방폭, 8장 화학공장방폭, 9장 폭발의 예방 및 방호 등에 관한 내용으로 구성되었다. 그리고 부록으로 「각국 방폭 규격의 비교」, 「각 현장에서의 안전관리」, 「방폭 승인 관련 사이트」 등을 실었다.

이 책에는 이와 같은 화재 및 폭발 방지 기술을 기초이론으로부터 예방대책까지 넓은 범위에 걸쳐 기술하였으므로 학생은 물론 실무에 종사하는 사람에게 방화 및 방폭에 관한 좋은 길잡이가 될 것이라고 믿는다.

그리고 앞으로 새로운 이론과 기술에 관한 내용을 보완하여 계속 발전시켜 나가고자 한다.

Contents

목 차

제2장 화재 특성과 형태 45

제3장 화재의 현상 87

제4장 방화공학 97

제5장 폭발개론 111

제7장 전기방폭 169

제8장 화학공장방폭 193

CHAPTER

1 연 소

어떤 물질이 산소와 화합되는 현상을 산화작용(酸化作用)이라 한다. 산화작용은 쇠가 녹이 난다든지 물질이 부패하는 경우처럼 매우 천천히 진행되는 것도 있지반 급격하게 진행되는 경우도 있다. 연소란 빛과 열을 수반하는 급격한 산화반응(Rapid Oxidation Process)이다. 즉 연소란 발열산화 반응으로서 발열반응에 의해 온도가 높아지고 점차 높아진 온도에 의해 분자의 운동이 증가하여 에너지가 증가되면 그에 따라 열 복사선이 방출되는 현상이다. 이 열 복사선은 온도가 계속 상승하면 파장이 점차 짧아지면서 눈에 감각되는 가시(可視)광선의 파장(3800～7600Å[1])에 이르게 되고 우리의 눈에 발광반응을 느끼게 된다. 이를 온도복사(溫度輻射, Temperature Radiation)라 한다. 연소는 가연물질(可燃物質)이 공기 중의 산소와 급히 화합(化合)하는 현상으로서, 이 때 매우 높은 열을 내게 되고 따라서 빛을 내게 된다. 한편 이 때 가연물질이 불완전연소를 하면 연기를 내게 된다.

1.1 연소현상

1. 작열연소(Glowing Combustion Mode)와 불꽃연소(Flaming Combustion Mode)

연소(Combustion)에는 두 가지 유형이 있으며 불꽃을 내며 연소하는 불꽃연소

1) Å(Angstrom) : 스웨덴의 물리학자 Angstrom의 이름을 따른 것으로 10^{-10}m로 빛의 파장 단위에 사용한다.

(Flaming Combustion)와 불꽃을 내지 않고 주로 빛만을 내면서 연소하는 작열연소(Glowing Combustion)로 구분한다.[2)] 화재의 경우 표면화재(Surface Fire)는 Flaming Mode이며 심부화재(Deep Seated Fire)는 Glowing Mode다.

작열연소	불꽃이 없이 빛만을 내는 연소	심부화재	저 에너지 화재
불꽃연소	불꽃을 발생하는 연소	표면화재	고 에너지 화재

2. 연소의 3요소와 4요소

(1) 연소의 3요소

작열연소에서 연소현상이 성립되기 위해서는 가연물, 산소, 점화에너지가 필요하며 이를 연소의 3요소(3Basic Requirement of Combustion)라 한다.

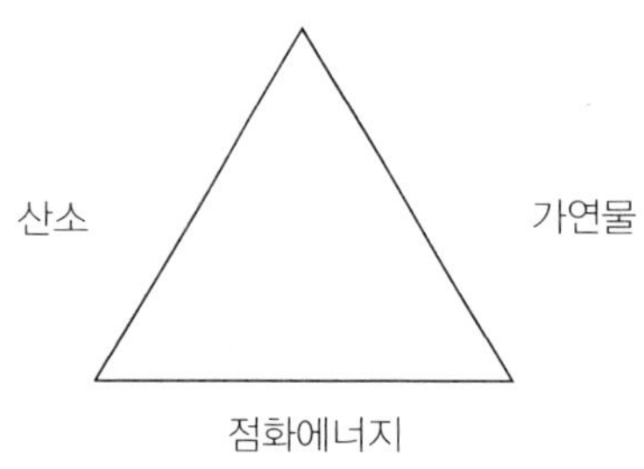

연소 3요소(Fire Triangle)

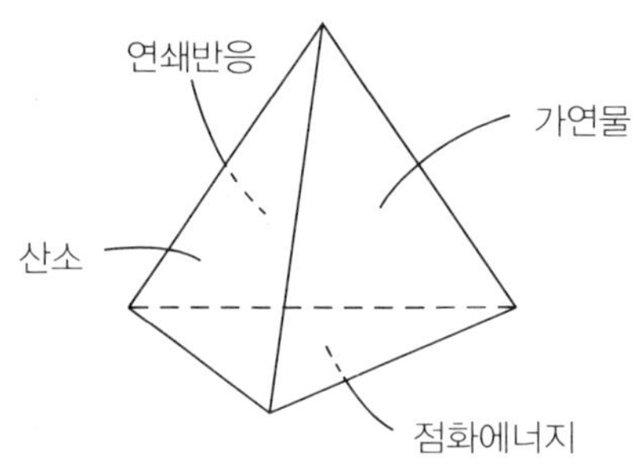

연소 4요소(Fire Tetrahedron)

(2) 연소의 4요소

불꽃연소(Flaming Combustion Mode)에서는 연소의 3요소 이외에 연쇄반응이 4번째 요소로 작용하며 이를 연소의 4요소라 한다. 따라서 작열연소(Glowing Combustion Mode)에서는 3요소, 불꽃연소(Flaming Combustion Mode)에서는 4요소를 통제하는

2) Glowing Combustion은 훈소(Smoldering Combustion) 또는 무염연소(Nonflaming Combustion)이라고도 한다.

것이 연소의 제어수단이 된다.

3. 연소의 실제상황

불꽃연소(Flaming Mode)와 작열연소(Glowing Mode)는 각각 독립적으로 진행되는 것이 아니며 한 계(系)에서 동시에 발행된다.

(1) 기체나 액체의 경우

- 기체나 액체 연료에서는 연료에서 발생하는 휘발성분으로 인하여 전형적인 불꽃연소가 된다.
- 기체의 경우는 기체농도(vol%)가 일정범위 내에 있어야 연소현상이 발생하며 이 범위를 연소범위(Flammable Range)라 한다.
- 액체의 경우는 액체 자체가 연소하는 것이 아니고 액체 표면에서 증발한 증기가 공기 중의 산소와 혼합되어 연소하는 증발 연소가 된다.

(2) 고체의 경우

불꽃연소와 작열연소가 동시에 발생한다. 화재초기에는 불꽃연소의 양상으로 시작되나 휘발성분이 전부 소진되면 작열연소로 변해간다. 그러나 금속분, 숯, 코크스(Cokes) 등의 경우는 분해 생성물이 없으므로 전형적인 작열연소가 된다.

4. 액체와 증기의 연소특성

(1) 발화점(Ignition Point)

공기 중에서 점차로 온도가 상승하면 나화(裸火, Open Flame)상태로 점화에너지를 공급하지 않아도 물질이 산화열에 의해 발화점보다 낮은 온도에서 서서히 발열하고 그 반응열이 축적되어 발화점에 도달하여 자연히 발화되는 현상, 자연발화 현상이 발생할 때의 최저온도를 발화점(發火點, ignition Point) 또는 착화점(着火點)이라 한다. 즉 가연성 물질이 공기 중에서 점화원 없이 스스로 연소할 수 있는 최저온도

○ 자연발화에 영향을 주는 요인

- 열의 축적 : 열전도율, 가연물의 적재방법, 공기의 유동 등.
- 열의 발생속도 : 온도, 발열량, 수분, 표면적의 대소(大小)

보통 가정에서 여러 가지 물질을 연소시킬 때 각각의 발화온도를 나타낸 것이 표 1-1이다.

표 1-1. 여러 가지 물질의 발화온도

물 질	발화온도(℃)	물 질	발화온도(℃)
목 재	490	초 배 지	480
무 연 탄	490	무 명	495
역 청 탄	360	모 (毛)	565
셀룰로이드	180	명 주	650

(2) 인화점(Flash Point)

액체의 인화점은 액체의 증기농도가 공기 중에서 연소하한농도의 혼합기체를 생성할 수 있는 충분한 증기를 발생시킬 수 있는 가장 낮은 온도를 말한다. 공기가 충분할 때 연소를 계속하기 위해서는 증기가 연속적으로 생성되어 보충되어야 한다. 일반적으로 인화점은 압력이 증가함에 따라 증가한다. 인화점을 결정하는데 사용되는 실험방법은 몇 가지 있다. 각각의 방법은 서로 다른 값을 나타낸다. 가장 일반적으로 사용되는 두 가지 방법은 개방식 측정법(open cup)과 밀폐식 측정법(closed cup)이 있다. 이 측정법은 모두 실험장비의 물리적 현상에 영향을 받는다. 개방식 인화점 측정법에 의하여 측정된 인화점이 밀폐식 인화점 인화점보다 약간 높다.

(3) 연소점(Fire point)

가연성 가스가 개방된 용기에서 증기를 계속 발생하여 연소가 지속(5초 이상)될 수 있는 최저온도를 연소점(Fire point)하며 이때의 온도는 인화점보다 약 10℃ 정도 높다. 물질에 따라서는 큰 차이를 보이는 것도 있다.

(4) 연소범위(폭발한계(농도), 폭발범위)

폭발 또는 연소가 일어나는데 필요한 가연성 가스의 농도범위를 말하는데 연소하는데 필요한 상한과 하한을 각각 폭발하한계(Lower Flammability Limit, LFL), 폭발상한계(Upper Flammability Limit, UFL)라 하고 부피백분율(Vol %)로 표시한다. 보통 1atm, 상온에서 측정치를 나타낸다.

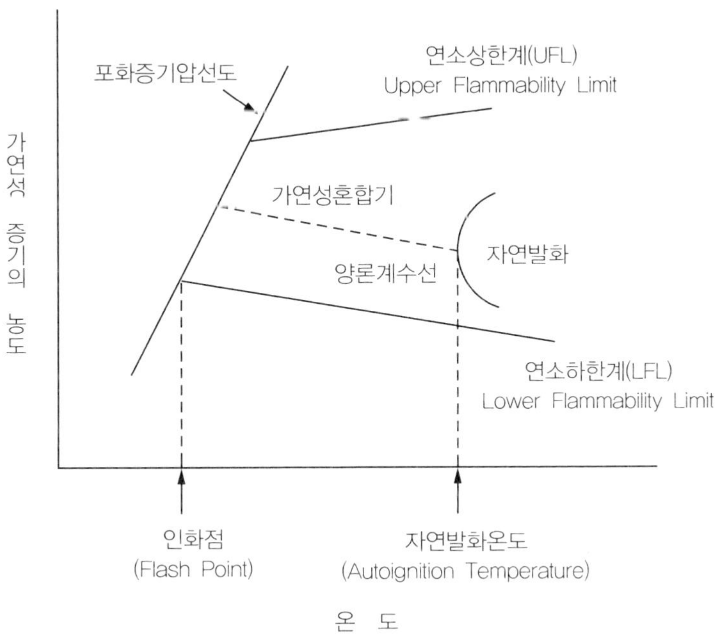

가연성 증기의 농도, 가연성 하한계, 인화점 및 발화온도와의 상호관계

(5) 최소착화에너지(Minimum Ignition Energy, MIE)

가연성 가스 및 공기와의 혼합가스에 착화원으로 점화 시에 발화하기 위하여 필요한 최저에너지로서 다음과 같이 계산할 수 있나.

$$E = \frac{1}{2}CV^2$$

E : 최소착화에너지(Joule)

C : 콘덴서 용량(F)

V : 전압(Volt)

통상 최소착화에너지는 매우 작으므로 Joule의 $\frac{1}{1000}$인 mJ의 단위로 나타낸다.
대부분의 탄화수소의 MIE는 약 0.25mJ이다.
최소착화에너지는 온도, 압력, 농도에 영향을 받는다.

- 온도가 상승하면 MIE는 작아진다(분자운동이 활발).
- 압력이 상승하면 MIE는 작아진다(분자간의 거리가 가까워지므로).
- 농도가 높아지면 MIE는 작아진다.

(6) 증기위험도지수

증기위험도지수(VHI, Vapor Hazard Index)는 허용농도와 포화증기농도의 비를 나타낸 것으로 용제분자가 공기 중에 포화하였을 때 허용농도의 몇 배로 되었는가를 나타내는 값이다. 이 값은 유기용제의 잠재적인 위험성평가에 적합하다.

$$\text{VHI} = \frac{P_{max}}{760} \times \frac{10^5}{AC}$$

VHI : 증기위험도지수

P_{max} : 포화증기압(mmHg)

AC : 허용농도(ppm)

(7) 증기 - 공기 밀도

인화성 물질의 증기밀도는 폭발한계, 인화점, 끓는점 등과 함께 가스폭발에 깊은 관계가 있다. 또한, 가스비중 역시 가스폭발의 위험성 평가에 중요한 인자가 된다. 우선, 밀도를 알아야만 비중이 결정되고 비중의 값에 의하여 위험성 평가가 이루어진다. 밀도(ρ)를 계산하기 위해서는 이상기체 법칙을 이용한다.

$$PV = nRT$$

$$n = \frac{W}{M} \quad (n : 몰수,\ M : 분자량,\ W : 질량)$$

$$PV = \frac{W}{M} RT$$

$$\rho = \frac{W}{V} = \frac{PM}{RT}$$

밀도는 질량을 부피로 나눈 값이며 이것은 같은 몰수의 기체와 동일 온도, 압력 하에서 기체의 종류에 따라 다르다. 일반적으로 가스나 증기에 대해서는 밀도를 알면 비중을 계산할 수 있다. 위의 식에 밀도(ρ)와 분자량(M)은 비례한다.

$$\rho \propto M$$

즉, 밀도는 분자량과 함수관계에 있으므로 각 물질의 분자량을 알면 비중을 계산할 수 있다. 공기의 평균분자량은 29g이다.

비중은 다음과 같다.

$$비중 = \frac{대상물질의\ 밀도}{기준물질의\ 밀도} = \frac{대상물질의\ 분자량}{기준물질의\ 분자량}$$

예를 들어, 가스물질인 아세틸렌(C_2H_2)의 비중을 계산하면 다음과 같다. C_2H_2의 분자량은 26g이고 공기의 분자량은 29g이므로 C_2H_2의 비중은 26g / 29g = 0.897이 된다. 다시 말하자면, 어떤 온도에서 액체와 평형상태에 있는 증기 그리고 공기의 혼합물의 증기밀도를 말한다.

(8) 최소산소농도

화염을 전파하기 위해서는 최소한의 산소가 요구되며 이를 최소산소농도(*MOC*, Minimum Oxygen Concentration)라고 하며 폭발 및 화재는 연료 농도에 무관하게 산소농도를 감소시킴으로서 방지할 수 있으므로 최소산소농도는 아주 유용한 데이터(Data)가 된다. *LFL* 은 공기 중의 연료를 기준으로 한다. 그러나 연소에 있어서 산소도 핵심적인 요소로 작용을 한다. 화염을 전파하기 위해서는 최소한의 산소농도가 요구된다. 폭발 및 화재는 연료의 온도에 관계없이 산소의 농도를 감소시킴으로써 방지할 수 있으므로 최소산소농도는 아주 유용한 결과가 된다. *MOC* 는 공기와 연료로 된 혼합기체에 대한 산소 %의 단위를 가진다. 실험 데이터가 충분하지 못할 경우 *MOC* 값은 연소반응식 중 산소의 양론계수와 *LFL* 의 곱으로 표현이 된다. 이런 방법은 많은 파라핀계 탄화수소에 적용된다.

$$MOC = LFL \times \text{연료 1몰 연소 시 필요한 산소의 mole수(산소몰수)}$$

예를 들어 부탄의 *MOC*를 추산하면 다음과 같다.
부탄의 완전연소 반응식은 다음과 같다.

$$C_4H_{10} + 6.5O_2 \rightarrow 4CO_2 + 5H_2O$$

부탄에 대한 연소한계는 1.6%~8.4%이다.

$$MOC = LFL\left[\frac{\text{moles } O_2}{\text{moles fuel}}\right]$$

$$\therefore \ MOC = 1.6\left[\frac{6.5}{1.0}\right]$$

$$\therefore \ MOC = 10.4 \text{ vol\% } O_2$$

5. 연소온도

열이 전달되는 방법은 일반적으로 전도(傳導), 대류(對流), 복사(輻射) 세 가지 형태이다.

연소열의 일부는 물질 자체를 통하여 전달되어, 연소하고 있는 부분의 주위의 온도를 높여서 연소를 차례로 확대시켜 나간다. 이렇게 열이 물질 내부에서 전달되는 형태를 전도(傳導)라고 한다.

연소중인 불에 접촉되어 있는 공기도 열이 전도되어 따뜻해진다. 공기와 같은 유체(流體)는 따뜻해지면 체적이 늘어서 가벼워지므로 상승하게 되고, 따뜻한 유체가 상승한 후의 빈자리를 차가운 유체가 흘러들어 메우게 되고, 이 차가운 유체에 다시 열이 전달되어 따뜻해지면 따뜻해진 유체가 계속적으로 상승하여 이동해 가므로 열이 다른 곳으로 전달되는 효과를 나타낸다. 이러한 열의 전달을 대류(對流)라고 한다. 연소가 진행 중인 곳에 바람이 생기는 것은 그 부근의 공기가 대류운동으로 상승된 빈자리를 메우기 위하여 이동해 가고 있기 때문이다.

가열된 물질에 접촉되어 있지 않고 떨어져 있는 물체에 열이 직접 전달되는 방법을 복사(輻射)라고 한다. 모든 물체는 복사열(輻射熱)을 방출하고 있다. 이 때 방출하는 복사열의 크기는 해당 물체표면의 절대온도(絶對溫度)의 4제곱에 비례한다. 이러한 원리를 스테판 · 볼츠만의 법칙(Stefan-Boltzmann's law)이라 한다.

이 법칙을 식으로 표시하면,

$$E = \sigma T^4$$

여기서, σ는 비례상수로서 스테판 · 볼츠만의 상수인데, 그 값은 $5.6697 \times 10^{-8} W/m^2 \cdot K^2$이다. 따라서 물질이 연소하면서 고온이 되면 방출하는 복사열이 매우 커진다.

물질의 연소는 처음에는 발화온도에 달해야만 시작되지만, 일단 연소가 시작되면 많은 연소열이 발생하여 그 곳의 온도는 발화온도 이상으로 높아진다. 복사에 의하여 방출되는 열량은 절대온도의 4제곱에 비례하므로 고온일수록 방출되는 복사열이 급증한다. 그리하여 발생하는 열량이 전도, 대류, 복사에 의해 잃어버리는 열량과 완전히 같아지면 그 이상은 온도가 상승하지 않는다. 이때의 온도를 연소온도(燃燒溫度)라고 한다.

연소온도는 물질에 따라 다르다. 많은 연소열을 내는 물질은 연소온도도 높다.

연소가 정상적으로 진행되는 경우에라도 화염(火焰)의 각 부분마다 온도가 서로 다르다. 화재와 같은 대규모적인 연소의 경우에는 온도가 장소에 따라서 대체로 800 ~1,000℃ 정도이지만 매우 강한 연소가 있는 부분에서는 1,200℃ 정도에 달하기도 한다.

6. 열 에너지원(Heat Energy Sources)

화재 분야에서는 열에너지의 제어가 중요하므로 먼저 우리가 쉽게 부딪치게 되는 열원에 대하여 알아둘 필요가 있다. 열원으로는 (1) 화학열, (2) 전기열, (3) 기계열, (4) 원자력열로 분류할 수 있다.

(1) 화학열 에너지(Chemical Heat Energy)

① 연소열(Heat of Combustion)

연소열은 어떤 물질이 완전히 산화되는 과정(즉 이산화탄소와 물로 되는 과정)에서 발생하는 열을 말한다. 어떤 물질의 연소열은 그 물질분자를 구성하는 원자의 종류, 수 및 배열방식에 따라 다르다. 연소열량은 cal/gr 또는 Btu/lb로 표시하고 1cal/gr = 1.8Btu/lb가 된다. 기체에 있어서 연소열량(calorific value)은 cal/m^3 또는 Btu/ft^3로 표시한다.

연소열량은 화재하중을 계산하는데 사용되지만 화재에서의 연소강도를 반드시 알려주는 것은 아니다. 연소강도는 발생된 연소량뿐만 아니라 연소속도에 의하여 결정되는 것이기 때문이다. 방화엔지니어들에게 특히 흥미가 있는 것은 거의 모든 화재의 어떤 단계에서 혹은 산화에 의한 자연발열에서와 같이 불완전한 산화 또는 부분적인 산화에서도 열을 발생한다는 사실이다. 탄소와 수소로 구성된 물질 혹은 탄소, 수소 및 산소로 구성되는 모든 물질은 대체로 연소량이 산소 소비량에 의하여 결정된다. 이런 종류의 물질로 목재, 면사, 설탕, 식물성, 또는 광물성 유류가 있는데 산소 소비량 1ℓ에 대하여 대체로 5,100cal의 연소열이 된다. 이런 이유로 화재나 자연발열 시에 발생되는 열량은 어느 경우에서나 공기(즉 산소)공급량에 의하여 제한을 받는다.

② 자연발열(Spontaneous Heating)

자연발열이라 함은 어떤 물질이 외부로부터 열의 공급을 받지 아니하고 온도가 상승하는 현상이다. 자연발열에 의하여 물질의 온도가 발화점 이상이 되면 자연발화 한다. 실제 자연발화 하는 원인은 흔하지는 않으나 일단 이런 원인이 있기만 하면 위험을 필연적으로 초래하고 그런 위험을 당하는 사례가 적지 아니하다. 어떤 산화반응이 위험성 있는 가열을 초래할 수 있느냐 하는 것은 열 발생속도, 공기의 공급, 주위의 열차단 등 제조건에 의하여 결정된다. 거의 모든 유기물질은 대기에 노출되면 산화하여 열을 발생할 수 있다.

그러나 일반적으로 상온에서는 산화속도가 매우 느려서 발생된 열이 주위로 전달되어 비록 산화는 일어나지만 가연물이 가열되지는 않는다. 그러나 모든 가연성 물질이 다 그렇지는 않다. 공기 중에서의 지르코늄(Zirconium)의 산화와 같이 어떤 것은 상온에서의 산화반응이 주위로 발산될 수 있는 열보다 많은 열을 발생하여 자연발화를 초래한다.

자연발화가 일어나기 위해서는 공기의 공급이 충분하여야 하지만 발생된 열을 대류 작용에 의하여 제거되지 않을 정도라야 한다. 쓰레기통 바닥에서는 자연발열할 수 있는 기름걸레라도 빨랫줄에 걸어 놓으면 공기가 열을 제거하므로 자연발열이 일어나지 않는다. 그러나 기름걸레가 느슨히 뭉쳐져 있으면 자연발열할 수 있는 최적 조건이 된다.

자연발열은 공기의 공급과 차열에 관계되는 요인이 복잡하게 결합되어 작용하므로 확실한 예측은 매우 어렵다.

물질이 공기 중에서 산화를 할 때는 처음에는 부분적으로 산화를 일으켜 이때 생성된 것이 다음 단계의 산화작용에 촉매역할을 한다. 예를 들어 공기 중에 장시간 노출된 올리브유는 그렇지 않은 올리브유 보다 산화되는 속도가 빠르다. 상온에서는 자연발열하지 않을 수 있는 것이 외부에서 약간의 열을 받음으로써 자연발열을 일으키는 수도 있다. 건조기에서 꺼낸 스펀지 고무가 자연발화 하여 화재를 일으킨 예도 많이 있다. 상온에서 안전한 것으로 여기어지는 면직물도 어떤 조건하에서는 광선과 습기에 노출된 채 녹이 슨 철분의 촉매작용에 의하여 자연발열이 급격하게 일어나 상온보다 100℃ 이상 상승하기도 한다.

곡물이 가열되는 원인 중 보통 있는 것이 박테리아에 의한 산화로 알려져 있다. 대개의 박테리아가 70℃～80℃ 이상이면 생존할 수 없는 것이므로 박테리아에 의한 산화 이후에 급격한 산화반응이 일어나 발화점에 이르도록 가열되는 것으로 생각된다

③ 분해열(Heat of Decomposition)

화합물이 분해할 때 발생하는 열을 분해열이라 한다. 화합물이 생성될 때는 대체로 발열반응에 의하므로 분해열을 내는 경우는 흔하지 않다. 그러나 흡열반응에 의하여 생성되는 화합물은 흔히 불안정하다. 어떤 특정 온도 이상으로 가열되어 분해가 시작되면 열을 방출하며 분해를 계속한다. 니트로셀룰로오스는 분해하여 열을 위험할 정도로 발생하는 물질로 잘 알려진 제품이다. 상업

용 혹은 군용의 폭발물의 효과는 불안정한 화합물의 급격한 분해를 이용하는 것이 대부분이다.

④ 용해열(Heat of Solution)

어떤 물질이 액체에 용해될 때는 열을 방출한다. 이때 발생하는 열을 용해열이라고 하나 모든 물질의 용해열이 화재를 발생시킬 만큼 위험한 것은 아니다. 그러나 농황산과 같은 경우는 물로 희석할 때 매우 많은 열이 발생하여 위험상태에 이르기도 한다. 이와 같이 물과 반응하여 열이 발생되는 물질은 자기 자신이 타는 것이 아니라 주위의 가연물을 연소시킬 위험이 있다.

이와는 반대로 질산 암모늄(ammonium nitrate)과 같은 물질은 물에 용해되면 열을 흡수한다. 이러한 열을 부용해열(negative heat of solution)이라 하며 질산 암모늄에 물을 가하여 포장을 차게 하는 방법도 있다.

(2) 전기에너지(Electrical Heat Energy)

전기에너지는 도체에 전류가 흐를 때 혹은 스파크가 공기 중으로 튀어 나올 때 열이 발생한다. 전기에너지에 의하여 발생되는 열은 다음과 같은 것이 있다.

① 저항열(Resistance Heating)

도체에 전류가 흐르면 물질의 원자구조특성에 따르는 전기저항 때문에 전기에너지의 일부가 열로 변한다. 발생하는 열량은 저항 및 전류의 제곱에 비례한다. 저항열에 의해서 발생하는 도체의 온도는 주위로 발산하는 열량의 크기에 달려 있으므로 나선은 절연피복선보다 많은 전류가 흐른다. 그리고 단선으로 된 전선은 연선보다 많은 전류가 흐를 수 있다.

백열전구에서 열이 발생하는 것은 전구내의 필라멘트의 저항에 기인한다. 이런 전구의 필라멘트는 고융점의 물질을 사용하고 전구내의 산소를 제거하여 산화되는 것을 막는다.

적외선램프의 필라멘트는 작동온도를 낮게 하여 적열시킨다. 그리고 적외선등 반사체로는 금을 사용하는데 이는 금이 적외열선에는 가장 좋은 반사효과가 있기 때문이다.

② 유도열(Induction Heating)

도체 주위에 자장이 존재하면 전위차를 발생하고 이 전위차로 말미암아 전류의 흐름이 일어난다. 또 전류는 도체의 저항 때문에 열이 발생한다.

유도열을 이용한 형태의 하나로 고주파 전류가 흐르는 코일 내에서 가열시키는 방법이 있다. 전선에 교류 전류가 흐르면 그 전선에 평행한 다른 전선에 전류를 유도한다. 유도된 전류가 흐르는 전선에 그 유도전류의 크기에 적당한 전류용량을 갖지 못하면 저항열이 생긴다.

③ 누전열(Leakage Current Heating)

실제로 사용하는 절연물질은 완전한 절연능력을 갖지 못한다. 그러므로 절연물질에 전류가 흐른다. 이 전류를 보통 누설전류라 한다.

이 누실전류에 의한 열은 열의 반생 견지에서 볼 때 과히 중요한 것은 아니지만 이 절연물질이 적당하지 못하거나 경제성 또는 공간의 제약 또는 콘덴서 용량 증대를 위하여 너무 얇은 절연체를 쓰게 되면 누설전류가 커서 절연물질을 가열하여 절연이 파괴된다. 더욱이 고주파의 교류에서 이런 현상은 더욱 두드러진다.

④ 아크열(Heat from Arcing)

아크는 보통 전류가 흐르는 회로가 나이프스위치에 의하여 또는 우발적인 접촉 혹은 접점이 느슨하여 전류가 끊길 때 발생한다. 아크의 온도는 매우 높기 때문에 거기서 방출된 열이 주위의 가연성 또는 인화성 물질을 점화시킬 수 있나. 어떤 경우에는 아크가 도체를 녹여 이 녹은 금속물이 비산하는 수도 있다. 본질적으로 안전하기 위해서는 아크에서 방출되는 열이 주위의 위험물질을 점화시키지 못할 정도로 작아야만 한다.

⑤ 정전기열(Static Electricity Heating)

정전기 혹은 마찰전기(Static or frictional electricity)는 두 물질이 접촉하였다가 떨어질 때 그 물질표면에 축적되는 전하를 말한다. 한 쪽 표면에는 양의 전하가, 다른 한쪽에는 음의 전하가 모인다. 만일 그 두 물체가 접지되지 않으면 그 물체에는 충분한 양의 전하량이 축적되어 스파크 방전이 일어난다. 정전기 방전은 그 시간이 짧고 많은 열을 발생하지 않으므로 종이와 같은 가연물을 점화시키지는 못한다.

그러나 가연성 증기나 기체 또는 가연성 분진은 발화시킬 수가 있다. 때때로 배관 내에 연료가 흐름으로 해서 발생하는 정전기에 의해 주위의 가연성 증기가 폭발하는 경우도 있다.

⑥ 낙뢰에 의한 열(Heat of Generated by Lightning)

번개는 구름에 축적된 전하가 다른 구름이나 지상과 같은 반대 전하에 대한 방전현상이다. 번개는 구름이나 지상을 통과 중에 나무나 돌과 같이 저항이 큰 물질에서 대량의 열이 발생한다.

(3) 기계적 에너지(Mechanical Heat Energy)

기계적 에너지에 의하여 발생하는 열로 인한 화재가 매년 증가하고 있다. 기계적 에너지로부터 발생하는 열에 의한 화재는 마찰열이 대부분이나 압축에 의한 것도 있다.

① 마찰열(Frictional Heat)

두 물체(특히 고체)를 마주 대고 마찰시키면 열이 발생하는데 이는 운동에 대한 저항 때문이다. 이때의 위험은 기계적 에너지 중 어느 정도의 양이 열로 변하느냐 하는 것과 열이 발생하는 속도에 달려 있다. 마찰열의 예로는 벨트와 도르래 사이에서 발생하는 열이나 그라인더에서 불꽃이 튀는 것 등이 있다.

② 마찰 스파크(Friction spark)

금속물체와 다른 고체물체가 충돌하여 스파크가 일어나서 불이 일어나는 경우가 있다. 예를 들면 철제 공구가 콘크리트 바닥 위에 떨어지거나, 기계 위에 떨어져서 또는 콘크리트 바닥위의 구두못 등으로 인해서 불이 일어나는 경우가 마찰 스파크 때문이다.

마찰 스파크는 다음과 같이 일어난다. 즉 마찰이나 충격으로 발생한 열이 처음에는 조그만 입자를 가열시키지만 그 금속 입자의 연소열과 산화의 용이도에 따라서는 주위의 분자가 다시 산화되어 그 열에 의해 백열한다. 백열하는데 필요한 온도는 금속에 따라 다르나 가열성 금속의 발화온도보다 훨씬 높다 (예 : 철제공구의 스파크의 온도는 대략 1,370℃에 이르며 철이 약간 포함된 구리-니켈 합금은 260℃이다.).

그러나 실제 발화는 총열량에 따라 영향이 있으므로 스파크 온도가 1,000℃보다 높더라도 그렇게 위험한 것은 아니다. 화재가 발생하는 경우는 완전히 부풀은 건조된 면이나 가연성 분진, 폭발물 등 특별한 경우에만 한한다. 그러나 가연성 액체, 가스, 증기가 체류하는 곳에는 그라인딩이나 기타 스파크가 일어날 작업을 피하여야 한다.

니켈이나 청동은 스파크 위험이 거의 없으며 스테인리스 스틸도 일반 철보다는 스파크 위험이 적다. 또 스파크의 위험을 줄이기 위하여 동-베릴륨 합금 등 특수 합금으로 된 공구를 개발하여 위험한 곳에서 사용하고 있으나 이들 또한 스파크 위험을 완전히 제거한 것이 아니기 때문에 사용 시 주의를 잊어서는 안 된다. 가죽이나 플라스틱, 나무로 된 공구는 마찰 스파크 위험이 없다고 하나 석유화학 공장에서의 완전한 폭발을 방지하기 위해서는 철로 된 공구 대신 손밖에 별도리가 없다는 결론도 있다.

③ 압축열(Heat of Compression)

기체를 급히 압축하면 열을 발생한다. 그 예로 디젤엔진의 경우를 들 수 있다. 즉 디젤엔진에서는 압축에 의하여 발생되는 열로 연료와 공기의 혼합 가스가 점화된다. 기체를 압축하는 과정에서는 항상 열의 발생을 수반하므로 이 때 발생된 열이 바람직하지 않을 때는 냉각하여야 한다. 그러나 이 냉각기능이 미비하거나 결함이 있을 때는 위험을 초래한다.

(4) 원자력 에너지

원자력에너지는 말 그대로 원자의 핵으로부터 나오는 에너지이다. 원자핵에 에너지의 입자를 충돌시키면 막대한 에너지가 방출한다. 이 때 발생하는 에너지는 열, 압력, 방사능 등의 형태로 나온다. 원자핵이 쪼개져서 에너지를 방출하는 것은 핵분열이고 두개의 원자핵이 융합하면서 에너지를 방출하는 것은 핵융합이다.

원자력 에너지가 순식간에 대량으로 방출되는 것은 원폭 혹은 핵폭탄이고 서서히 방출되는 열을 이용하는 것은 원자력 발전이다.

7. 연소형태

가. 연소속도에 의한 분류

(1) 정상연소

연소에 필요한 산소의 공급이 일정 속도로 공급되어 연소 속도가 일정하게 정상적으로 진행되는 연소

(2) 비정상연소

연소에 필요한 산소의 공급이 부족하거나, 산소의 공급이 과잉되어 연소의 속도가 일정하게 진행되지 않는 비정상적인 연소

나. 산화정도에 위한 분류

(1) 완전연소

산소의 공급이 충분하여 연소의 온도가 높으며 가연성 원소가 완전히 산화되어 CO_2 등의 연소생성물이 발생되는 연소

$$C + O_2 \rightarrow CO_2 + 97.2\text{kcal}$$

(2) 불완전연소

산소의 공급이 불충분하여 연소의 온도가 낮으며 가연성 원소가 완전히 산화되지 못하여 CO 등의 연소생성물이 발생되는 연소

$$C + \frac{1}{2}O_2 \rightarrow CO + 29.2\text{kcal}$$

다. 연소물질에 의한 분류

(1) 기체의 경우 : 불꽃연소

(2) 액체의 경우 : 증발연소, 분해연소

(3) 고체의 경우
- 표면연소 : 목탄, 코크스(Cokes), 금속분
- 분해연소 : 목재, 종이, 플라스틱
- 증발연소 : 유황, 나프탈린, 양초
- 자기연소 : 5류 위험물(질산에스터류, Celluloid류)

· 표면연소 : 가열시 열분해에 의해 증발되는 성분이 없고 물체 표면에서 산소와 직접 반응하여 연소하는 형태

· 분해연소 : 가열시 열분해에 의해 가연성 가스가 발생하며 발생된 가스가 착화하여 연소가 진행되는 형태

· 증발연소 : 가열시 열분해가 없이 직접 증발하여 증기가 연소하거나, 융해된 액체가 기화하여 연소하는 형태(연소 시 현상은 액체와 동일)

· 자기연소 : 가열시 열분해에 의해 가스 생성물과 함께 산소를 발생하며 공기 중의 산소가 부족하여도 연소가 진행되는 형태

라. 가연성 기체의 확산연소와 예혼합연소

가연성 기체는 연소될 때 불꽃 화염을 나타내게 되는데 이를 불꽃연소 또는 발염연소라고 한다. 버너에서 연료 및 공기 공급방식에 따라 확산연소와 예혼합연소 방식이 있다.

(1) 확산연소

① 가연성 가스와 공기를 미리 혼합하지 않고 산소공급을 가스의 "확산"에 의해서 주위에 있는 공기와 혼합연소하는 것을 확산연소라 한다.
예) 양초, 석유난로, 가스화재, 가스레인지

② 가연성 가스와 산소가 반응에 의해 농도가 0이 되는 화염 쪽으로 이동되는 "확산"이라는 과정을 통해 연소

(2) 예혼합연소

가연성 가스와 지연성 가스가 미리 일정 농도로 혼합된 상태에서의 연소
"화염전파"라고 하는 과정을 통해 연소
예) 분젠버너, 산소용접기, 가솔린엔진 등

마. 연소파와 폭굉파

(1) 연소파

가연성 가스(수소, 아세틸렌, 프로판 등)에 적당한 공기를 미리 혼합하여 그 농도를 폭발범위내로 한 것은 확산과정이 생략된 것으로 연소전파속도가 매우 빠르다. 이러한 혼합가스가 점화원에 의해 착화하면 국한된 반응영역이 형성되고 이것이 혼합가스 중을 전파하여 간다. 그 진행속도는 가스 조성에 따라 다르나 대체로 0.1～10m/sec이다. 그 반응영역을 연소파(Combustion Wave)라고 한다.

만일 이 혼합가스가 밀폐된 용기 또는 폐쇄된 곳에 존재할 때는 발생한 연소열 때문에 연소가스는 팽창하여 7～8kg/cm²의 고압을 발생시켜 기물 또는 건물 등을 파괴하게 된다. 이것을 가스폭발이라 한다.

(2) 폭굉파

혼합가스가 착화하였을 때 연소파가 어떤 거리를 진행한 후 돌발적으로 연소전파속도를 증가하여 차례로 그 연소속도가 1,000～3,500m/sec에 도달하는 경우가 있다. 이와 같은 현상을 폭굉현상(Detonation)이라 하며 이때 국한된 반응영역을 폭굉파(Detonation Wave)라고 한다. 폭굉파의 전파속도는 음속을 넘는 것으로 그 진행방면에 충격파가 형성된다. 또한 충격파는 그 진행방향에 고속유동층이 존재하고 있기 때문에 이것이 물체에 충돌하면 아주 단시간이지만 강력한 충돌압력이 발생하여 기계적인 파괴작용을 일으킨다.

8. 연소생성물

연소생성물은 크게 나누어 (1) 화재가스, (2) 불꽃, (3) 열, (4) 가시성 연기가 있다.

이들 모두는 화재 시 여러 가지 형태로 발생한다. 또한 화재에 포함된 물질과 화재로 생긴 화학작용은 화재예방에서 고려해야 할 여러 가지를 만든다.

(1) 화재가스

많은 사람들은 화재 시 사망과 부상이 화염이나 열과 접촉에서 생긴 것으로 생각한다. 그러나 실제로 화재에서 인명손실의 주원인은 뜨겁고 유독하고 산소가 결핍한 가스와 연기 흡입에 있다. 화재기간 동안 및 화재 후에 있는 화재가스의 종류와 양은 물질연소로 발생한 화학적 혼합물, 잔존 산소와 그 온도 등 여러 가지이다. 인체에 미치는 유독가스와 연기의 영향은 노출 시간, 해당 가스의 공기 중 농도와 각 개인의 신체 조건에 따라 결정된다. 일반적으로 몇 가지 기체가 화재 시 존재한다. 가장 치명적인 것들은 일산화탄소, 이산화탄소, 시안화수소, 염화수소, 아크로레인 등에 의한 산소 결핍이다.

① 일산화탄소

일산화탄소가 화재가스 중에서 가장 독성이 강하지는 않지만 가장 많이 배출되는 가스중의 하나이다. 공기의 공급이 양호한 상태에서 불은 대부분의 유기가연물질 안에 있는 탄소는 이산화탄소로 변한다. 그러나 대다수의 화재는 공기의 공급이 불충분하여 완전연소가 되지 않은 상태로 전개되므로 일산화탄소가 발생한다.

구획된 상태의 훈소 화재에서 일산화탄소(CO)와 이산화탄소(CO_2)의 비율은 환기가 잘된 개방된 공간에서 보다 훨씬 일산화탄소가 높다.

CO의 독성은 기본적으로 혈액 속 헤모글로빈과 친화력 때문이다. 혈중 일산화탄소의 농도는 측정하기 쉽고 카복시헤모글로빈(COHb)의 포화 퍼센트로 표시된다. 부분적으로 헤모글로빈이 카복시헤모글로빈으로 변하더라도 신체조직으로 산소공급을 감소(hypoxia)시키게 된다.

최소한 어느 정도의 COHb 포화 상태가 사망과 관련이 있는가에 대한 기준은 없으며 그 이하라도 다른 원인 기타의 독성이 죽음에 이르게 하는 것은 확실하다. 의식불명과 죽음 모두와 관련된 실제 혈중 COHb 포화 수준은 사람에 따라 다르고 여러 가지 요소에 따라 다르다. 신체적으로 장애가 있는 사람들에게는 아주 낮은 COHb 포화에서도 위험할 수 있다. 아주 어리거나, 나이가 많거나 몸이 약한 사람들은 알코올, 약물복용 또는 심장병이 있을 때 특히 영향을 받기 쉽다.

대략 30% 이상의 COHb 포화상태는 모든 사람에게 위험한 것으로 생각된다. 50% 이상의 포화상태는 대다수의 사람들의 치사량이다.

위험한 COHb 수준에 도달하기 필요한 CO의 농도에 대하여 어림으로 설명할 수 있다. 생성물의 농도(ppm) × 시간(분)으로 계산한 값이 35,000ppm-분 이상이면 위험하다. 따라서 일산화탄소 3,500ppm 상태에서 10분간 노출되면 위험하고 대부분은 의식을 잃는다. 농도 × 시간의 어림계산은 농도가 증가되어 점차로 낮아지는 경우에는 독성이 감소하므로 고 농도 위험에만 적용해야 한다. 그러나 보통 화재에서 발생하는 CO 농도에 범위에서 합리적으로 적용할 수 있다.

② 이산화탄소

이산화탄소는 일산화탄소와 같은 경로의 독성은 아니다. 그러나 다량의 이산화탄소가 화재에서 발생한다. 이러한 가스를 평균량 이상 호흡하면 호흡이 가빠진다. 공기 중 2% 농도의 이산화탄소로 호흡이 50% 빨라진다. 이것이 10%로 높아지면 이산화탄소가 몇 분 안에 사람을 죽게 한다. 고 농도의 이산화탄소는 호흡 속도를 증가시켜 화재로 발생된 다른 독성 가스를 보다 쉽게 들여마시므로 더 많이 생명에 위협을 준다.

③ 시안화수소

시안화수소(HCN)은 질소가 함유된 물질이 연소할 때 발생된다. 모, 실크, 아크릴로니트릴 폴리머, 나일론, 폴리우레탄 및 요소수지와 같은 천연 및 합성물질들이 여기에 속한다.

시안화수소는 일산화탄소에 비해 20배 정도 더 빠르게 작용하는 유독물질이다. 헤모글로빈과 결합하지는 않지만 세포에 의한 산소의 이용을 막는다(histotoxic hypoxia).

HCN의 농도에 따른 사람의 증상에 대한 자료는 아주 드물다. 이에 대한 설명 자료는 50ppm에서 30에서 60분은 허용되고 100ppm 농도에서 동일 기간 노출은 치명적이며 135ppm에서 30분이면 치명적이며 181ppm은 10분 안에 치명적인 것으로 보고되고 있다. 의식불명은 치사량의 1/3에서 1/2에서 발생하므로 이 자료는 HCN의 의식불명에 이르는 농도는 100ppm에서 2,500ppm-분, 200ppm에서 750ppm-분이라고 예측된다. 일산화탄소의 독성의 어림계산 방법을 사용하면 시안화수소의 농도(ppm) × 시간(분)으로 계산하여 1,500ppm-분은 사람에게 위험 수준이 된다. 농도가 증가되어 점차로 낮아지는 경우에는 독성이 감소하므로 고 농도 위험에만 적용해야 한다. 그러나 보통 화재에서 발생하는 시안화수소 농도 범위에서 합리적으로 적용할 수 있다.

④ 염화수소

염화수소는 염소가 함유된 물질이 연소하여 발생하며 대표적으로 폴리염화비닐(PVC)이 있다. 이것은 강력한 신경 자극제인 동시에 강력한 폐 자극제이다. 75ppm의 낮은 농도에서 눈과 상부 호흡계에 심한 자극을 주고 행동을 멈추게 한다. 그러나 염화수소 가스는 인간 이외의 동물에서 17,000ppm에서 5분간 노출되더라도 의식을 잃지는 않는 것으로 밝혀졌다. 이 가스는 의식불명이 아닌 농도에서 나중에 사망원인으로 보고되었다. 실제의 PVC 연기를 사용한 비교조사는 하지 않았지만 실제화재에서 PVC에 다른 자극성 물질이 있다는 것이다. 그 외에 의문은 염화수소와 PVC 연기에 노출로 인한 질병의 감염과 호흡기 장애가 확대되는 것이다.

⑤ 아크로레인

아크로레인은 감각과 폐에 특히 강력한 자극을 주는데 많은 화재에서 나타난다. 이것은 모든 섬유질의 훈소와 폴리우레탄의 열분해 과정에서 발생한다. 아크로레인은 불과 몇 ppm의 낮은 농도에서도 눈에 강한 자극을 주고 정신적인 무력감을 준다. 동물실험 결과에서 놀랍게도 2,780ppm 농도에서 5분 노출 시 신체적으로 아무런 이상이 없었다. 그러나 이보다 낮은 농도에서 폐에 합병증으로 수 시간 안에 치사하였다.

⑥ 산소결핍

연소과정에 또 하나의 위협적 존재는 산소 농도의 감소이다. 공기 중의 산소

농도는 평시에는 21%이다. 17% 이하가 되면 근육제어기능의 상실(anoxia)이 된다. 더 낮아지면(10에서 14%) 의식은 있지만 판단력을 잃고 쉽게 피로하게 된다. 산소 농도가 6에서 10%가 되면 쓰러지고 죽지 않으려면 수분 안에 신선한 공기나 산소를 공급해 주어야 한다.

(2) 화염

공기 중에서 타는 모든 물질은 거의가 볼 수 있는 불꽃이 있다. 이 불꽃에서 발생하는 복사열이나 불꽃에 직접 닿으면 화상을 입을 수 있다.

(3) 열

튜브 박사는 그의 저서 "방화화학의 원칙"에서 화재로 발생하는 열에 대하여 다음과 같이 기술하고 있다.

불의 기본성질의 하나는 열의 발생이다. 모든 연소반응이나 산화 반응은 발열성으로 열이 발생한다. 여기서 발생하는 열의 발생속도와 크기는 다양하며 여러 요소에 영향을 받는다. 대부분의 화재에서 화재의 발열속도와 양을 밝히는 것은 거의 불가능하다. 이러한 이유 때문에 이들 요소들은 일반적인 방법으로만 판단할 수 있다.

화재에 의한 열은 사람이 그것에 노출한 기간과 열의 온도에 따라 영향을 준다. 화재로 인한 열에 노출되는 위험은 약간의 화상에서부터 사망까지 넓은 범위이다. 가열공기에 노출은 심장박동을 증가시키고 탈수, 기진맥진, 호흡정지 및 화상을 촉진한다. 소방관은 방열복과 호흡장비 없이 48.8℃에서 54.4℃ 이상인 장소에는 들어가지 말아야 한다. 단기간 건조한 환경의 화재온도에서 생존하여 호흡할 수 있는 한계는 148.8℃로 예측된다. 공기가 습해지면 위험이 증가되며 생존기간은 급격히 하강한다.

화상은 보통 1도, 2도, 3도로 분류한다. 1도 화상은 피부의 외부에만 영향을 준다. 아프지만 2도, 3도처럼 심하지 않다. 2도 화상은 피부 속으로 깊이 침투한 경우이다. 물집이 생겨 피부 밑에 진물이 상당히 생긴다. 3도 화상은 더욱 피부 속으로 침투하여 보다 심각하다. 그러나 말초신경이 파괴되어 1도, 2도 화상처럼 아프지 않다.

과도한 열에 노출되면 열이 폐 속으로 너무 많이 들어가 사망할 수 있다. 이러한 증세는 외적인 화상 없이 일어날 수 있다. 혈압이 떨어져 혈액순환이 멎으며 체온이 올라가 뇌신경을 손상시킨다.

(4) 연기

연기는 하나의 물질이 열분해 또는 연소할 때 나오는 화재가스와 액체 입자 및 공기 중에 고체라고 정의할 수 있다. 산소가 부족한 상태에서 불완전연소가 되면 나무, 석유, 종이 기타 일반 가연물은 연기로 보이는 탄소입자가 나온다.

보이지 않는 독성 가스를 머금은 연기는 화재의 주 사망원인으로 화재 사망원인의 50에서 75%를 차지한다. 연기는 화재건물에서 온도가 위험상태에 오기 이전에 인명안전에 위험한 상황을 만드는 경우가 많다.

연기는 눈과 폐를 자극하며 경우에 따라서 패닉의 원인이 된다. 메탄, 포름알데히드와 초산과 같은 화재가스는 불완전연소 시에 발생되어 연기입자에 응축하여 폐 속으로 들어가 사망의 원인이 된다.

9. 화재와 연기

근래의 화재는 보통 주택이나 점포인 경우나 빌딩의 경우 모두 연기(煙氣)가 매우 많이 발생한다. 그 원인은 건물의 내장(內裝)이나 가구(家具) 등에 플라스틱 계통의 재료를 많이 사용하고 있기 때문이다.

플라스틱 계통의 재료는 온도가 높아져서 열분해(熱分解)가 시작되면 분해속도가 급속히 빨라지면서 분해입자의 연소에 필요한 공기가 부족해져서 이들 입자의 산화(酸化)가 충분히 이루어지지 못하고, 한편 재료 중에 탄소(炭素)의 양이 많기 때문에 많은 연기가 생겨난다.

이러한 연기는 고온이면서 유독(有毒)하여 인체(人體)에 심한 영향을 미친다.

이러한 영향을 구체적으로 열거한다면

① 피부의 화상

② 고온 연기의 흡입에 의한 폐포(肺胞)의 변화

③ 연기의 미립자가 폐포의 내면에 침착(沈着)함으로써 발생되는 호흡면적의 축소

④ 일산화탄소(CO)를 주성분으로 하는 유독가스의 영향

⑤ 이러한 가스의 발생에 동반되는 공기 중의 산소비율의 감소에 의한 질식 등이다.

가연물질이 연소하면 공기 중의 산소는 감소되며, 이산화탄소(CO_2)나 일산화탄소(CO)가 발생한다. 가연물질에 따라서는 메탄(CH_4), 에틸렌(C_2H_4), 시안화수소(HCN), 암모니아(NH_3) 등이 발생하기도 하므로 이들 가스의 독성에 유의하여야 한다. 대량으로 발생하는 일산화탄소는 독성이 크면서도 색이 없고 냄새도 없으므로 더욱 위험하다. 화재 시 가스중독의 대부분은 일산화탄소에 의한 중독이다.

표준체력을 가진 사람이 1.5%의 일산화탄소를 7분만 계속 호흡하면 생명을 잃게 된다. 일산화탄소는 인체의 혈액과의 친화력(親和力)이 산소의 210배이며, 혈액 중의 헤모글로빈과 결합하여 산소와의 결합을 방해하기 때문에 산소 부족으로 체내에서 질식상태가 되므로, 신경계통이 마비되어 혼수상태에 빠지고 결국 중독으로 사망하게 된다. 그리고 사람은 10% 이상의 이산화탄소가스에서도 의식을 상실하게 된다.

연기입자는 매우 작아 낙하속도가 극히 작다. 따라서 연기입자는 연소에 의해 가열된 공기와 같이 운동한다고 생각할 수 있다.

빌딩 내에서 화재가 발생했을 경우, 출입문이나 창문의 개폐(開閉)에 따라 다르겠지만 계단은 하나의 연통 역할을 하기 때문에 하부에서는 빨아들이고 상부에서는 뿜어내는 현상이 나타난다. 또한 빌딩 내에서 화재가 일어나고 있는 복도를 생각할 때, 연기를 포함한 고온의 공기는 복도의 천장을 따라 흐르고, 그 반대로 신선한 찬 공기는 연소가 진행 중인 곳을 향해서 복도의 바닥 위를 흐르게 된다. 따라서 연기는 항상 위쪽의 농도가 짙다. 화재 피난과 구출 시에 이러한 상황을 응용하면 큰 도움이 된다.

1.2 목재와 섬유질의 연소

1. 목재의 건조과정

화재가 일어났을 때에 연소하는 물질들은 건물 자체와 그 속에 들어 있는 가구, 의류, 책 등인데 이러한 것들의 재료는 목재나 동·식물성 자연섬유질(自然纖維質)과 합성섬유질(合成纖維質) 등이다.

자연섬유질들의 연소 성질은 목재의 경우와 매우 비슷하므로 대표적으로 목재에 대해서만 설명한다.

목재의 성분은 나무의 종류에 따라서 약간의 차이는 있지만 주성분은 셀룰로오스(cellulose)이며 기타 여러 가지 다른 성분을 함유하고 있다. 또한 목재는 일반적으로 수분을 함유하고 있으며, 수분의 함유량은 때에 따라 크게 변한다. 건조한 목재의 경우는 수분을 불과 몇 % 정도만 포함하고 있지만 물에 잠겨 있는 목재나 생나무(生木)의 경우는 50%이상 90%까지도 수분을 포함하고 있다.

목재가 수분을 함유하는 형태는 3가지이다. 첫째, 수분이 목재의 세포와 세포 사이에 들어 있는 형태(이 수분은 공기의 습도 변화에 따라 변한다), 둘째는 수분이 세포 속에 들어 있는 형태이며, 셋째는 수분이 결정수(結晶水)가 되어 함유되는 형태이다.

목재의 발화온도는 나무의 종류에 따라 약간 다르다. 참고로 몇 가지 나무에 대한 발화온도를 보인 것이 표 1-2이다. 이때의 발화온도는 목재를 가열했을 경우에 나오는 혼합기체인 분해성분(分解成分) 가스의 발화온도에 해당되는 것이다.

표 1-2. 여러 가지 목재의 발화온도

종 류	발화온도(℃)	종 류	발화온도(℃)
후박나무	480	호도나무	490
오동나무	485	자작나무	490
삼 나 무	485	참 나 무	495
회 나 무	485	느디나무	495
라 왕	485	니도밤나무	505

목재에 열을 가해주면 목재의 온도가 높아진다. 그러면 처음에는 앞서 설명한 첫 번째 수분함유 형태인 세포와 세포 사이에 끼어 들어갔던 수분이 증발하면서 건조된다. 목재의 온도가 100℃에 달하면 공급된 열은 모두 수분을 증발시키는데 사용되므로 두 번째 함유형태인 목재의 세포 속에 들어 있는 수분과 세 번째 함유형태인 결정수까지 증발된다.

증발이 계속되는 한 온도는 100℃를 계속 유지한다. 수분이 모두 증발해버리면 다시 100℃ 이상으로 목재의 온도가 상승되기 시작한다.

2. 목재의 열분해와 발화

목재의 온도가 100℃ 정도에 달하면 앞에서와 같이 단순히 수분만의 증발에 그치지 않고 목재의 성분 중 휘발성분이 증발하기 시작한다. 이러한 상태에서 열이 계속 가해지면 목재의 온도는 더욱 높아진다. 온도가 170℃ 정도에 달하게 되면 목재의 성분은 분해되기 시작하고, 200~350℃ 정도로 온도가 높아지면 건조생성물(乾燥生成物)의 상태, 즉 목탄(木炭) 직전의 상태에 달하게 된다. 이 상태에서 온도의 상승을 멈추게 하면 목재는 분해(熱分解)되어 검은 색의 숯이 된다.

열분해가 이루어질 때에는 목재로부터 분해가스가 발생한다. 분해가스는 온도가 높을수록 많이 발생한다. 공기 중에 어느 정도 이상으로 분해가스의 농도가 증가되면 이러한 혼합기체는 인화성(引火性)을 가지게 된다. 인화온도(引火溫度)는 물질의 종류에 따라 다르다. 목재라 하더라도 나무 종류에 따라 인화온도가 약간씩 다르다(표 1-3 참조).

표 1-3. 여러 가지 목재의 인화온도

종 류	인화온도(℃)	종 류	인화온도(℃)
삼나무	240	느티나무	264
회나무	253	오동나무	269
적 송	263	너도밤나무	272

침엽수(針葉樹)가 활엽수(闊葉樹)보다 인화온도가 낮아, 침엽수 쪽이 더 쉽게 인화된다. 인화온도는 목재가 스스로 연소하기 시작하는 온도가 아니다. 목재는 인화온도 정도에서는 아직 연소가 시작되지 않는다. 연소가 시작되려면 발화온도(發火溫度)에 달하여야 한다.

화재로 연소중인 장소 부근에 있는 건물은 강한 복사열을 받아 열분해(熱分解)를 일으켜 가스가 발생한다. 이러한 경우에는 화기(火氣)의 접촉도 없고 더욱이 연소 장소의 풍상측(風上側)에 있다 하더라도 불이 옮겨 붙지 않을 것이라고 안심할 수 없다. 조그마한 불똥이 떨어져도 즉시 인화되어 연소되기 시작하는 경우도 있기 때문이다.

인화성의 혼합가스가 일단 인화(引火)되면 가스가 연소할 때의 연소열 때문에 온도가 크게 상승하여 목재의 온도가 발화온도에 달하여 연소를 시작하게 된다. 화재 시에는 인화온도가 발화온도보다 훨씬 낮다는 사실에 유의하지 않으면 안 된다.

1.3 목재의 함수량과 연소

1. 목재의 함수량

목재를 연소시키려면 목재의 온도를 그 목재의 발화온도에 이르기까지 외부에서 열을 공급해주지 않으면 안 된다. 이러한 열의 공급 즉, 가열(加熱)에 열이 많이 필요하면 연소는 쉽게 시작되지 않는다. 그리고 목재는 항상 수분을 다소 포함하고 있으므로 연소는 목재의 함수량(含水量)에 따라서 크게 좌우된다. 목재의 건조 정도는 주로 공기의 습도(濕度)에 따라 좌우된다.

물에 젖은 목재나 생나무(生木)는 수분을 많이 포함하고 있으므로 그늘에 놓아두어도 수분이 점차 증발되어 가벼워진다. 그러나 어느 정도까지 수분이 증발되어 버리면 그 후는 주위에 있는 공기의 습도에 따라 함수량이 달라지므로 목재의 중량이 공기의 습도에 따라 달라진다. 이러한 사실은 공기의 습도와 목재의 함수량 사이에는 밀접한 관계가 있음을 나타낸다. 즉 목재의 함수량이 적은 경우에 습도가 높으면 목재는 공기 중의 수분을 흡수하여 함수량이 증가한다.

물에 침수되었던 목재나 생나무에 함유되어 있는 수분 중 그늘에서도 쉽게 증발될 수 있는 수분은 목재의 세포와 세포 사이의 틈에 들어 있는 수분이다. 일단 목재의 함수량이 공기의 습도 정도에 도달된 이후에 공기의 습도에 따라 목재 바깥의 습도에 맞추어 출입하는 수분은 세포의 벽에 흡착된 상태에 있던 것이다. 목재의 세포와 세포 사이에 들어 있는 수분은 대수곡선적(代數曲線的)으로 건조하는 성질을 가지고 있어서 수분이 건조되는 속도가 그때 가지고 있는 수분의 양에 따라 결정되며, 세포벽에 흡착되어 있는 수분은 그 출입속도가 목재의 흡착력(吸着力)의 영향을 받는다.

항습조(恒濕槽)를 사용하여 공기의 습도 상태에 따라 목재나 섬유질의 함수량 특성의 변화는 습도 0～10% 부근에서 재료의 함수량이 급격히 변화하는 경향이 있고, 중간 정도의 습도(20～60%)에서는 함수량이 습도에 대체로 비례한다. 그리고 높은 습도(70～100%)에서는 함수량의 변화가 다시 급해진다. 목재의 함수량 곡선의 특성은 완만한 역 S자 형태이다. 재료의 함수량은 기온에 따라서도 달라지고 재료의 종류에 따라서도 달라지지만 그 곡선의 특성은 대체로 비슷하다.

2. 함수량과 연소

물은 비열(比熱)이 크기 때문에 목재가 수분을 많이 함유하고 있으면 목재의 온도를 높이기 위하여 많은 열을 필요로 하게 된다. 앞에서 언급했던 것처럼 건조한 목재의 비열은 0.33인데 물의 비열은 1.00이다.

물의 비열이 건조한 목재의 비열의 3배에 달하므로 목재의 함수량(含水量)이 증가되면 증가될수록 같은 온도를 상승시키는데 필요로 하는 열량이 많아진다. 건조한 목재라면 1g의 목재 온도를 100℃만큼 상승시키는 데는 33cal의 열량이 필요하지만, 20% 함수량을 가진 목재라면 온도를 같은 100℃만큼 상승시키는데 앞의 경우보다 40% 정도 증가된 46cal의 열량이 필요하며, 40% 함수량을 가진 경우라면 60cal의 열량이 필요하게 된다.

더욱이 물 1g을 증발시키는데 필요한 열량은, 그 때의 온도에 따라서 약간의 차이가 있지만, 대체로 560cal이다. 이것을 물의 증발열(蒸發熱)이라 한다.

이와 같이 목재가 수분을 함유하게 되면 목재의 온도를 높일 때 수분의 온도를 함께 높일 뿐만 아니라 수분을 증발시키기도 하여야 하기 때문에 더욱 많은 양의 열이 소모된다.

마르지 않은 장작은 태우려 애를 써도 잘 타지 않는다. 또한 일단 타기 시작했다 하더라도 그냥 놓아두면 꺼져버리는 경우가 많다. 이러한 현상은 부분적으로 연소에 의하여 연소열이 공급되어도 공급된 열의 대부분이 수분을 증발시키는데 쓰여 연소를 계속하기에 필요한 열이 부족해지기 때문이다.

가연물질(可燃物質)의 함수량이 가연물질 전체 중량의 약 15% 이하인 경우에는 성냥불과 같은 작은 불씨로도 불을 붙일 수 있지만 함수량이 15% 이상이 되면 작은 불씨로는 불을 붙일 수 없다. 그러나 일단 큰 화재가 시작되면 함수량 자체는 중요하지 않게 되어 50% 이상의 함수량일 때에도 잘 연소된다.

산불(山火)의 경우에는 삼림 중의 낙엽(落葉)의 함수량이 큰 문제가 된다. 낙엽의 함수량과 산불과의 관계는 비교적 상세히 알려져 있다. 낙엽의 함수량과 연소성을 나타낸 것이 표 1-4이다. 즉 목재나 섬유질은 그 함수량이 클수록 연소가 어렵다.

표 1-4. 낙엽의 함수량과 연소성

낙엽의 함수량	연소성	비 고
2～ 7%	매우 큼	어떠한 화기(火氣)라도 위험
8～10%	큼	성냥불 정도도 위험
11～13%	중간 정도	성냥불은 위험(작은 불도 위험)
14～18%	적음	지핀 불은 위험
19～25%	매우 적음	—
26% 이상	연소 안 됨	—

1.4 대기의 상태와 연소

1. 습도의 영향

공기 중의 수증기량, 즉 습도(濕度)가 직접 연소에 어떠한 영향을 주는지를 알려면 전혀 습기를 포함하고 있지 않는 물질을 공기의 습도를 바꾸어가며 연소시켜 보고, 또한 습기를 잘 흡수하는 물질을 여러 가지 다른 함수량별로 여러 가지 다른 습도의 공기 중에서 연소시켜 보는 실험을 해 볼 필요가 있다.

양초를 큰 통속에서 태우면서 그 통 아래로부터 습한 공기와 건조한 공기를 각각 보내어 그 양초가 일정한 길이만큼 타 없어지는데 걸리는 시간을 측정한 실험에 의하면, 습도가 33%로 비교적 건조한 공기를 보내었을 때는 15.7분이 걸렸고, 습도가

90%로 습한 공기를 보내었을 때는 같은 길이만큼 타는데 20.2분이 걸렸다. 이 실험에서 공기 중의 수증기가 직접 연소속도에 영향을 미치고 있다는 것을 알 수 있다. 즉 습도가 높을수록 연소속도는 느려진다.

또한 건조한 선향(線香)을 건조한 공기 중에서와 습한 공기 중에서, 또한 습한 선향을 건조한 공기 중에서와 습한 공기 중에서 연소시키는 실험의 결과로 표 1-5와 같은 결과가 발표되었다. 이에 의하면 건조한 선향이라도 습한 공기 중에서는 연소속도가 분명히 늦다.

표 1-5. 대기의 습도와 선향(線香)의 연소속도

선향의 습도(%)*	공기의 습도	
	34%	100%
34	3.12mm/분	2.94mm/분
100	2.90mm/분	2.70mm/분

* 선향의 습도는 선향을 해당 습도의 공기 중에 적당한 시간동안 노출시켜 놓은 상태를 나타냄.

일반적으로 습한 공기 중에서 선향의 연소가 느려지는 것은 선향이 습해진다는 사실과 공기가 습하다는 사실과의 두 가지 원인이 겹쳐서 나타나는 결과이다. 선향의 경우 이들 두 가지 원인은 그 효력이 비슷하다고 생각된다.

선향(線香)은 훈향(薰香)을 빻아서 설탕, 빻은 밀, 송진 등으로 결합시켜 만든 것으로서 본질적으로 목재와 다를 바가 없으므로 목재가 연소하는 경우에도 대체로 같은 결과를 얻게 된다고 생각할 수 있다. 다만 선향은 매우 가늘기 때문에 공기에 노출되면 재빨리 선향의 함수량이 공기 중의 습도와 같아지는 성질이 있지만 일반 목재의 경우는 공기 중의 습도에 빠르게 적응되지 못한다는 점이 다를 뿐이다.

2. 기온의 영향

습도를 일정하게 유지할 때 온도(溫度) 변화에 따른 연소속도의 변화는 기온이 높을수록 연소속도가 커져서 연소 소요시간이 짧아지는 경향이 있다. 또한 건조하여 습도가 낮은 경우에 연소속도가 커서 연소 소요시간이 짧아진다.

기온이 높을 때에 연소가 활발하게 일어나는 이유는 기온이 높을수록 가연물질의 발화온도(發火溫度)에 접근되기 때문이라고 할 수 있다. 선향은 가늘기 때문에 선향의 온도는 기온과 큰 차가 없다고 볼 수 있다.

또한 목재를 태우는 경우에도, 목재의 발화온도는 약 490℃이므로 기온이 0℃일 때 연소가 시작되도록 하자면 490℃까지 목재의 온도를 높여 주지 않으면 안 된다. 그런데 기온이 30℃라면 목재의 온도를 460℃만 높여 주면 발화온도에 달한다. 기온 0℃의 경우는 기온 30℃의 경우보다도 7%의 열을 더 많이 필요로 하고 있다. 따라서 연소시키기에 그만큼 더 어렵다.

3. 풍속의 영향

물실이 연소할 때에는 산소를 필요로 한다. 따라서 연소 장소의 부근에 있는 산소는 점차로 감소되므로 공기가 이동하여 새로운 산소가 공급되지 않으면 연소는 중단되고 만다. 예를 들어 잘 타던 불도 항아리에 넣고 뚜껑을 닫아두면 새로운 공기가 차단되므로 불이 꺼지고 만다는 원리와 같다.

반대로 난로의 연통은 대류(對流)를 촉진시켜 새로운 공기의 공급을 촉진시키는 역할을 하여 연소를 가속시킨다고 볼 수 있다.

즉 풍속이 약할 때는 풍속이 증가됨에 따라 선향의 연소속도도 점차로 증가하여 풍속이 1.0m/sec 정도에서 최대 연소속도에 달한다. 이때의 연소속도는 무풍 시에 비하여 약 10% 정도 더 빠르다. 풍속이 점차 더 증가되면 연소속도는 반대로 점차 느려져서 풍속 2.2m/sec 정도에서 꺼져버리고 만다. 이러한 현상은 풍속이 증가하면 산소의 공급이 증가하겠지만 이와 동시에 서늘한 공기가 다량으로 불어 들어 냉각작용을 일으켜 선향의 온도를 발화온도 이하로 떨어뜨리기 때문이다.

불꽃(火炎)을 내는 물질이 연소하는 경우에도 바람의 영향은 마찬가지 이어서 어느 정도 이상으로 강한 바람이 불면 불꽃이 불려가 버리므로 불이 꺼진다. 이러한 현상은 우리가 성냥을 켤 때 보통 경험할 수 있는 일이다.

그러나 연소의 규모가 커져서 건물화재 정도가 되면 발열량(發熱量)이 크므로 바람에 의한 냉각작용의 영향은 무시된다. 따라서 화재의 경우는 보통 부는 정도의 풍속에서는 풍속이 증가될수록 연소가 더욱 왕성해진다.

CHAPTER

2

화재 특성과 형태

화재가 언제 발생할 것인지, 화재의 발단, 파괴범위의 정확한 예측은 사실상 불가능하다. 그러나 발화의 과학적인 지식 즉, 고체, 액체 및 기체의 가연성 물질과 연소생성물을 통해서 화재와 폭발의 위험성을 통제하는 효과적 방법을 결정할 수 있다.

2.1 화재의 우연성

화재가 지속되는 동안 일어나는 화학 · 물리적 반응을 한 장에서 완전하게 설명하려는 것은 무모하다. 이러한 시도는 화재에 포함된 여러 가지 필수사항들 - 가연물(연료), 발화원 및 연소를 유지하는데 필요한 산소- 이 무한하므로 걸림돌이 된다. 불꽃, 열 및 연기에 대한 기술적 지식이 계속 더 많이 알려지고, 발화, 가연성, 여러 가지 고체, 액체, 기체의 화염전파와 관련된 추가 정보가 계속 쌓이고 있지만 화재의 발화 확률이나 이러한 발화의 결과를 정확히 예측하는 것은 불가능하다. 따라서 실험실 상태의 통제된 화재에 대한 연구는 여러 가지 유익한 정보를 주는 반면 대다수의 원치 않는 화재는 넓고 다양한 상황에서 일어나 성장하여 그로부터 모든 내용을 수집하기는 실제로 불가능하다. 이러한 사실이 원치 않는 화재의 발견 시간에서 통제 수단을 적용할 시간에 이르는 과정 때문에 더욱 복잡하다.

연소과정은 여러 가지 사항에 영향을 받는 아주 복잡한 화학 반응이다. 예컨대 고체의 크기와 형태는 연소방법에 영향을 준다. 고체인 나무토막은 잘 타지 않지만 대팻밥은 불이 잘 붙는다. 즉 나무가 먼지 같이 잘게 쪼개져 구름같이 공기 중에 퍼진 상태에서 불을 붙이면 폭발할 수 있다.

2.2 불의 원리

튜브 박사(Dr. Richard L. Tuve)는 저서 "방화화학 기초(Principles of Fire Protection Chemistry)"에서 불을 다음과 같이 설명한다.

불은 빠르고, 여러 세기의 열과 빛을 수반하는 자기 산화 작용이다.

이 정의는 완벽하고 간단한 시적 표현이지만 이 정의에서 기본원칙의 중요성을 생각해야 한다. 이 장 앞에서 설명한 바와 같이 불이 발화하기 위해서 3요소가 필요하다. 즉, 가연물(연료), 발화원(열이나 열에너지)과 산소이다. 연료의 발화특성은 2.3절 "물질의 화재 위험"에서 설명한다. 가장 일반적인 발화원은 화학반응(성냥을 그어 불이 생기는 것과 같은), 전기 에너지(아크와 같은 것) 또는 기계적 에너지(마찰)로 생기는 열이다. 발화에 3번째 요소인 산화는 보통 공기에서 공급된다. 이 세 요소를 합하여 불의 3각형이라고 얘기하고 있다.

튜브 박사의 불에 대한 정의는 연소가 아닌 3가지 핵심 단어인 신속, 자기반응과 산화라는 단어가 들어간다. 반대 순서로 설명하면, "산화"는 두 가지 물질 - 하나는 산화제이며 하나는 환원제 - 이 모체물질보다 덜 반응적인 생성물을 만들려고 결합하는 화학반응이다. 연소는 산소가 항상 산화제(예외가 있음)이고 연료나 탈 것이 환원제인 특수한 형태의 화학반응이다. 가장 일반적 환원제 또는 연료는 탄소나 수소가 많이 포함된 물질이다.

다음의 핵심 단어는 "자기반응"이다. 산화과정이 스스로 이루어지면 계속 성장하여 나가거나 최소한 상태가 유지되어야 한다. 산소와 연료 사이의 산화반응을 일으키는 인화는 또 다른 적은 일련의 산소와 연료의 산화를 일으킬 수 있는 넉넉한 에너지를 발생하여야 한다. 이런 방법으로 연소반응은 사슬 모양으로 지속한다.

세 번째 핵심단어는 "신속"이다. 이 연소반응은 여분의 에너지를 발생하고 열과 빛을 내고 상장하여 신속히 진행되어야 한다. 신속한 산화과정으로 연소는 느린 산화형태의 다른 것과 비교하여 생생하게 설명된다. 쇠의 녹은 아주 느린 산화과정이다. 인체의 신진대사는 빠르지만 아주 복잡한 산화과정이다. 간단히 설명하면 산소를 흡입하여 우리의 피를 연료로 소비한다. 이렇게 해서 신체적, 정신적으로 행동하는 에너지가 생긴다.

신속, 자기 산화반응의 혼합된 개념이 "연쇄반응"을 설명한다. 이 개념은 불의 삼각형에서 더 나아가 불의 4면체를 설명에서 인용한다. 이 사면체의 각 면은 다른 3면과 하나의 꼭짓점에서 만난다. 이것은 아주 간단히 연료, 열 또는 열에너지, 산소와 사슬반응의 상호 의존을 보여준다. 불의 3각형은 불의 발화관계를, 불의 4면체는 화재 발화의 성장을 보여준다.

전체 연소관계는 보다 천천히 설명하는 것이 알기 쉽다. 나무토막을 전기 가열 소자의 벌겋게 달군 코일에 가까이 가져가 본다. 나무토막이 가열되면 그 온도가 올라간다. 건조되기 시작한다. 연기의 증기와 표면이 갈색으로 되면서 "열분해"라는 분해과정이 일어나기 시작한다. 그러나 이 반응은 자기반응이 충분히 일어난 상태는 아니다.

코일에서 나무토막을 떼어놓는다. 이제 가스가 더 빠르게 발생하며 처음 실험과 다른 화학적인 차이가 생긴다. 이 반응이 나무의 속으로 깊이 이동함으로써 더 어둡게, 더 검게 숯으로 변한다. 열분해는 자기반응이 일어나는 점에 가까운 신속한 상태로 연소의 변화이다. 가스가 나오지 않아 나무토막 표면에 근처의 불똥이나 작은 불꽃이 가끔 발생한다면 점차 불똥이나 불꽃이 없어질 것이다. 이것이 발화(Ignition)이다.

나무토막의 가열이 계속되면 반응이 빨라져 사슬반응을 일으키는 넉넉한 에너지를 공급하고 나무에서 생긴 가스는 불꽃으로 터져 나온다. 이것이 연소(Combustion)이다. 이 점의 가스 농도를 "발화한계(limit of flammability)"라 하고 그때의 온도를 "발화온도(ignition temperature)"라 한다.

(1) 발화하려면 연료, 산소 및 에너지의 3가지가 필요하다.

(2) 자기연소로 발화가 확산되려면 4번째 요소인 사슬반응이 필요하다.

(3) 연료에는 적당 농도의 산소가 필요하다. 즉, 연소한계와 발화온도 이상이어야

한다.

(4) 연소는 다음 상황이 될 때까지 지속한다.

① 연료가 소비되고 없어진다.

② 산화제의 농도는 연소에 필요한 수준 이하로 감소된다.

③ 연료가 발화온도 이하로 냉각된다.

④ 사슬반응이 일어나지 않는 조치를 한다.

화재예방, 제어 또는 소화를 위한 NFPA 방화편람에 있는 모든 물질은 이 원칙을 기초로 한 것이다.

2.3 물질의 화재위험

이 세상에는 자연상태 또는 합성의 아주 많은 인화성 물질이 있는데 이것들은 인명과 재산 모두에게 위협을 줄 수 있다. 이러한 물질의 물리·화학적 성질, 적정한 취급 및 저장 방법과 그것들이 관련된 화재가 발생할 때 취할 적절한 절차 등에 대하여 알아두어야 할 사항이 많다.

물리적 세계의 모두를 구성하는 두 가지 요소는 물질과 에너지이다. 에너지는 화학적, 물리적 모두로 변화를 가져오는 힘이다. 즉 이것은 여러 조건에서 물질의 상호작용의 결과이다. 에너지는 "일", "행위"이며 그것이 이루어지는 것을 우리는 감각으로 대부분 쉽게 알 수 있다. 우리의 물리적 세계의 또 하나의 기본 요소인 물질은 (1) 질량과 (2) 공간을 차지하는 2가지 성질이 있다. 물질은 기체, 액체 또는 고체의 형태로 존재한다. 예컨대 물은 평상시에는 액체이다. 끓이면 스팀 - 증기 또는 기체가 된다. 그리고 얼면 고체가 된다. 이러한 모든 형태를 "물질"이라고 하며 이 장에서는 이것에 대하여 설명한다.

1. 가연성 고체

대부분의 사람들은 타는 물건의 이름을 물으면 나무라고 물질의 고체이름으로 대답한다. 나무 또는 종이, 카드보드처럼 나무로 만든 물건은 가연성 고체의 대부분을 차지한다. 플라스틱, 중합체와 섬유는 방화관점에서 또 하나의 주 고려 대상이다.

(1) 목재

다세대 주택의 화재가 미국의 화재에서 사망과 부상에 가장 높은 퍼센트를 차지한다. 구조재로 가장 보편적으로 이용되는 목재는 다세대는 물론 다른 용도를 건축하는 가장 지배적인 재료이다. 뼈대와 지붕과 외벽, 바닥, 내장은 물론 가구를 만드는 목재는 일단 건축이 되면 화재 시 연료원으로 준비가 된 것이다. 충분히 높은 열과 닿으면 모든 목재와 나무가 원료인 제품들은 빠르거나 천천히 발화원과 노출 기간에 따라 불이 붙는다.

목재와 목제품은 난연성 화학물질로 처리할 수 있다. 이렇게 처리하면 이들 물품의 발화 용이성은 극도로 감소된다. 그것들의 가연성은 다른 물질과 혼합하여 사용하면 감소시킬 수 있다.

① 물리적 성질

나무의 물리적 형태는 발화의 용이성과 연소속도 관점에서 중요하다. 통나무나 보는 타기 어렵다. 대팻밥은 잘 타고 빨리 퍼진다. 나무가루는 작은 불티로도 불이 붙어 격렬히 폭발한다. 대팻밥과 나무가루는 더 많은 공기에 나무 입자가 노출하여 나무 입자에서 열을 빼앗는데 더 적은 양만 있어도 된다. 나무는 열을 잘 전도하지 않아 통나무나 보 형태일 때는 속으로 침투하기 어렵다. 또한 화재로 나무 표면이 숯이 되면 단열효과가 생긴다.

나무의 낮은 열전도성은 이 물질의 또 하나의 중요한 물리적 특성으로 어떤 화재 상황에서 아주 중요하다. 상당히 두꺼운 나무가 보통의 열이나 화염에 노출된다면 노출 표면에서 내부로 급속히 숯으로 된다. 이렇게 숯이 되면 원래의 나무보다 열전도성이 낮아지며 나무속으로 열의 침투속도는 이러한 작용으로 더욱 지연된다. 헤비딤버 구조 또는 대형 집성 목재 트러스인 경우, 건물의 구조 강도는 동일한 응력의 철골에 비하여 화재 시 더 긴 시간의 강도를 발휘한다. 금속의 열전도율이 더 크기 때문에 열이 내부로 급속히 침투하여 더 쉽게 강도를 잃기 때문이다.

표 2-1은 여러 가지 물질의 열전도율이 화재 상황에서 어떠한 영향을 미치는가를 보여준다.

표 2-1. 화재 상황에서 영향을 받는 여러 물질의 열전도성

물 질	열전도율(k) (cal/s·cm·℃)×10^{-3}	물 질	열전도율(k) (cal/s·cm·℃)×10^{-3}
알루미늄 (금속)	500	대리석	6.2
벽돌(일반)	1.7	석면(블랑켓)	0.1
숯	0.21	종이	0.3
콘크리트	4.1	플라스터	1.7
구리(금속)	910	플라스틱 (고체)	0.45
콜크판	0.1	버미큘라이트	0.14
섬유판 (셀로텍스 타입)	0.14	나무(오크)	0.41
유리	2.3	나무 (와이트 파인)	0.29
철(금속)	150	나무 (느슨한 덮개)	0.8

주 : 튜브 박사 저서 "방화 화학의 원리"에서 인용함

② 함수율

나무는 주로 탄소, 수소 및 산소로 구성된다. 생나무의 세포는 상당량의 물을 지닌다. 나무가 죽으면 공기가 나무세포 구조 안에 물이 있던 자리를 대부분 차지한다.

동일한 크기와 모양의 나무와 다른 가연물과의 연소의 행태는 함수율에 따라 큰 차이를 보인다.

분명한 것은 젖은 나무가 불이 잘 붙지 않고 마른 나무만큼 빨리 타지 않는다. 따라서 연소속도는 함수율에 영향을 받는다.

함수율의 영향은 산불의 행동에서 가장 잘 나타난다. 숲이 젖으면 나무가 포함하는 물의 양과 숲이 태양 또는 기타 열원으로부터 많은 열을 흡수한다. 이러한 열을 흡수한 결과로 물이 증발한다. 물은 큰 비열을 가지고 있기 때문에 나무에서 습기가 증발하는데 많은 열이 필요하다.

다량의 수증기는 가연성 나무와 숲속 나뭇가지, 낙엽(숲속 바닥에 있는 부분적으로 부패된 유기물)주위의 공기 중 산소농도를 희석시킨다. 이러한 과정이 가연성 증기의 성장과 그 점화 또는 지속적인 연소 모두에 영향을 준다. 숲속이 장기간 뜨겁고 건조하고 상풍이 남아 있는 습기를 빼앗아 버리면 숲은 시들고 죽게 된다. 이 때 숲은 쉽게 불이 붙고 뒤이은 불길은 숲을 빠르게 태워버린다. 숲에서 "산불의 계절" 여부를 판단하는 주요소는 숲이 지닌 물의 양이다. 기타 중요 요소는 주위의 습도, 바람, 숲의 상황과 계절적 요소이다.

고온에 상당기간 노출되더라도 나무(기타 유사 연료)의 함수율이 15% 이상일 때는 불이 잘 붙지 않는다. 예컨대 여름에 자주 있는 고 습도는 겨울철 난방이 된 건물의 습도가 15% 이하로 떨어질 때의 기후에서 보다 나무에 불이 잘 붙지 않게 한다. 그러나 불이 일단 붙어 화재로 되면 복사열과 열분해 속도는 습기 요소의 중요성을 감소 시켜 어떤 경우에는 나무의 함수율 50% 이상에서도 연소한다.

③ 목재의 발화

나무는 그 표면에서 가연성 기체가 방출하는 시점까지 가열되어야 불이 붙을 수 있다. 상온 및 상압에서 나무는 가연성 고체처럼 - 가연성 액체와 기체와 달리 - 인화성 증기를 발생하지 않는다. 나무는 인화성 기체가 나올 수 있는 기간만큼 열원에 노출시켜야 불이 붙는다. 나무는 불꽃을 내는 토치로 표면에 잠시 쏘여 그 온도가 나무의 발화점 이상이더라도 불이 붙지 않을 수 있다. 반면에 불꽃 토치보다 훨씬 낮은 온도의 스팀 파이프에 나무가 장기간 닿으면 나무에 불이 붙을 수 있다.

나무가 탈 때의 온도는 나무의 종류, 형태, 크기 및 함수율에 따라 각각 다르다. 소나무나 가문비나무(스프루스)와 같은 저밀도의 부드러운 나무는 참나무나 단풍나무와 같이 고밀도인 단단한 것보다 더 낮은 온도에서 인화한다. 가열속도, 가열 시간 및 나무에 가해지는 열원의 성질도 인화점에 영향을 준다. 또한 공급되는 산소의 양도 인화점에 영향을 준다.

따라서 분명한 것은 나무의 인화점은 여러 요소와 관련되기 때문에 한마디로 몇 도라고 말하기 어렵다는 것이다. 일반적으로 나무의 평균 인화점은 200℃ (392°F) 정도로 생각된다. 이 온도에서 가연성 증기가 인화할 수 있을 만큼 충분히 발생한다. 연소과정과 온도가 증가함에 따라 일산화탄소가 방출되기 시작한다. 마지막으로 연소한 나무는 숯과 재가 된다. 나무의 분해하는 4단계와 각 단계의 온도에 대한 설명이 표 2-2이다.

표 2-2. 나무의 열 분해의 4단계

온 도	반 응
200℃	수증기, 탄산가스, 개미산 및 초산(모두 비가연성)의 발생
200℃~280℃	수증기 감소, 일부 일산화탄소 발생(아직 흡열반응 상태)
280℃~500℃	인화성 증기와 입자와 함께 발열반응, 숯이 되는 일부 2차 반응
500℃ 이상	뚜렷한 촉매작용으로 숯으로 변함

그러나 나무는 200℃ 이하의 온도에서 인화할 수 있다. 예컨대 나무가 장기간 스팀파이프에 닿으면 화학적 변화가 발생한다. 이 변화로 숯이 되는데 자연발화 될 수 있다. 연구에 따르면 100℃ - 물의 비등점 - 가 나무가 점화하지 않는 최고 온도로 밝혀졌다. 튜브 박사는 이에 대하여 다음과 같이 설명하고 있다. 나무의 자연발화 온도와 관련하여 말한다면 그와 관련된 여러 영향은 발생한 가스가 불꽃을 내는 것 보다 더 불확실하다. 나무가 발생하는 가연성 기체의 점화하는데 필요한 것 보다 더 적은 열을 지속적으로 받아 서서히 화학성분이 변하는 것을 고려하면 이렇게 오랜 기간 노출의 최종점에 이르러 극도의 다공질 숯이 되는 것이다. 숯은 기체와 증기를 흡수할 수 있는 물질이다. 만일 이

러한 기체상태의 물질이 가연성이고 숯 속에서 열의 발생으로 서서히 붕괴한다면 숯과 그와 접촉하는 어떤 나무의 자연발화가 가능한 온도에 도달될 수 있다.

④ 플래시오버

화재가 구획된 방안에서 발생하면 플래시오버가 발생할 수 있다. 플래시오버는 방 상부의 복사열이 그 방안에 있는 가연물질을 동시에 점화시킬 수 있는 온도로 가열할 때 일어난다. 수 초 안에 온도는 수배(약 5배)로 높아지고 산소가 급속히 감소되며 일산화탄소가 치사량으로 발생하며 이산화탄소가 급격히 증가한다. 이 가연성 가스농도가 증가하여 연소범위 내의 농도에 도달하면 착화하여 천장이 화염에 쌓이게 된다. 이 이후에는 천장면으로부터의 복사열에 의하여 바닥면 위의 가연물이 급속히 가열착화하여 바닥면 전체가 화염으로 덮이게 된다. 순발연소라고도 한다. 실내 화재에서 이러한 현상은 자주 일어난다. 따라서 소방관은 플래시오버의 존재 위험을 알아 둘 필요가 있다.

순발연소는,

① 내장재의 재질과 두께, ② 화원크기, ③ 개구부의 크기 등에 달라진다.

화염 확산 : 나무와 기타 가연성 고체의 표면을 따른 불길의 확산은 화재의 세기의 영향을 준다. 화염전파 - 이것은 대류에 의하여 전달되는 열임 - 는 가연성 고체가 화재를 전파하는 가장 많은 수단이다. 기타 가연성 내장재료는 화염전파가 빨라 인명을 급격히 위험에 처하게 한다. 화염전파는 가연성 타일 천장이나 벽 마감을 통해 방 전체와 그 수납물을 일시에 포함되었던 "플래시오버"와는 나르게 전개된다. 나무와 기타 보통 건물재료의 화염 전파성질은 UL의 스타이너(A. J. Steiner)가 고안한 "터널 테스트"기기로 측정하여 정한다.

⑤ 화재하중(Fire Load)

㉮ 화재의 규모를 결정하는 것은 화재실의 가연물의 총량이며 이 가연물에는 고정식 가연물(내장재, 고정식가구, 인테리어장식 등)과 이동식 가연물(각종 서류, 기타 수납물품 등)이 있다. 고정식 가연물은 양을 파악하기가 용이하나 이동식 가연물은 가변적이므로 정확한 양의 파악이 곤란하다.

㉯ 실내가연물에는 위와 같이 다양한 종류가 있으며 연소 시 발열량이 각각

상이하므로 전체 발열량을 파악하기 위하여 「화재실의 가연물을 같은 발열량의 목재로 환산한 값(等價목재중량)을 사용하며 이를 등가가연물의 양이라 한다.」

㉰ 산정 방법

화재실의 단위 바닥면적당 등가가연물의 양을 구하는 것으로 단위는 kg/m²가 되며 다음의 식으로 산정한다.

$$q = \frac{\sum G_i \cdot H_i}{H_o \cdot A} = \frac{Q_t}{4500 \cdot A}$$

q : 화재하중

G_i : 가연물량(kg)

H_i : 가연물의 단위발열량(kcal/kg)

H_o : 목재 시 단위발열량(4500kcal/kg)

A : 화재실의 바닥면적(m^2)

Q_t : 화재실의 가연물 총량(kg)

나무와 이와 유사한 물질은 7,000에서 8,000Btu/lb(1Btu = 1,054J)의 열을 발생한다. 이 내용을 이용하면 건물화재의 세기와 지속기간을 알 수 있다.

⑥ 연기

화재 초기에서 나무는 다량의 연기를 발생한다. 완전연소에 필요한 산소가 부족할 때 연소 중인 나무에서 발생하는 증기와 가스에 타르의 입자가 포함되어 연기가 발생한다. 연기의 위험을 완벽하게 이해하고 화재로 생기는 연기와 독성 가스양을 제한하기 위하여 여러 건축재료 사용을 제어하는 방법을 결정하기 위한 연구가 계속 진행되고 있다. 연기와 독성 가스는 인명 안전에 심각한 위험을 계속 가한다.

(2) 플라스틱과 중합체

또 다른 일반적 가연성 고체는 "플라스틱"이라고 부르는 많은 그룹의 물질이다.

수천 가지 다른 플라스틱 형태(수지)가 고체, 필름이나 판, 발포재, 성형재, 섬유, 페렛 및 가루와 같이 아주 광범위하게 크기와 형태로 제조된다. 플라스틱과 중합체는 약 30개의 주요 그룹과 등급이 있다. 또한 거의 모든 최종 플라스틱 제품은 착색제, 보강제, 가소제, 충전제, 안정제 및 윤활제와 같은 첨가제가 들어간다. 이들 첨가제는 더욱 제품의 화학적 성질이 변화시키고 원래의 수지의 가연성과 큰 차이가 있기도 하다. 이 결과, 어떤 일반적 플라스틱 그룹으로 화재 위험이나 가연성의 한계를 정하는 것이 실제로 불가능하다. 특정 플라스틱의 화재 위험의 판단 방법은 정확한 "최종 사용" 조건에 맞추어 시험하는 것이다.

① 제조

플라스틱 제품의 제조는 (1) 수지의 제조, (2) 수지를 제품의 형틀에 맞게 몰딩, 사출 또는 주조(프로세싱), (3) 제품의 절곡, 머시닝, 시멘팅, 데코레이팅 및 폴리싱(패브리케이팅)의 3가지 기본 단계로 이루어진다.

기본 플라스틱 수지의 제조는 보통 인화성 원료 또는 용제를 넣는다. 앞에서 설명한 바와 같이 대다수의 최종 플라스틱 제품은 여러 첨가제가 들어가는데 이것들은 그 플라스틱의 인화성에 영향을 준다. 플라스틱 재료에서 몰딩이나 머시닝으로 제품을 만드는 공장은 기본 플라스틱을 만드는 공장과 동일한 정도의 화재위험은 없다. 대다수의 플라스틱 공장에서 사용되는 인화성 유기용제의 부적절한 취급으로 화재가 많이 발생한다. 증기 제거 설비의 설치, 방폭형 전기장비의 사용과 정전기 스파크가 생기지 않도록 하는 등이 화재위험을 최소로 할 수 있는 조치이다.

② 화재 양상

플라스틱재료의 화재양상은 기본 플라스틱의 화학성분, 첨가제의 종류, 재료의 크기와 형상 및 "최종 사용"에 따라 차이가 있다. 대부분의 플라스틱 물질은 가연성이며, 어떤 화재에서도 연료가 된다. 예컨대 폴리에틸렌과 가소성 PVC와 같은 열가소성 플라스틱과 폴리에스터와 같은 열경화성 플라스틱은 심각한 화재 위험이 있다. 화재 속에서 열가소성 플라스틱은 용융한 다음 가연성 액체처럼 작용하며 연소한다. 인화점은 화염전파 속도에 따라 다르다. 나무 또는 나무제품이 화재에 노출되면 어떻게 될 것인가를 예측하는 것에 비해서 연소

중인 플라스틱 물질에서 발생한 연기와 기체는 특정 플라스틱에 따라 다르다. 어떤 플라스틱은 다량의 짙은 연기가 나지만 어떤 것은 깨끗하고 소량의 연기만 난다.

건물 안에 구조용과 마감재료로 플라스틱의 사용의 증가로 (1) 수지 성형품 속에 난연제의 첨가(선처리), (2) 플라스틱제품 속에 난연처리(후처리)의 두 가지 방안으로 나아가고 있다. 이러한 첨가제와 후처리로 인화가 잘 안되고 연소속도를 감소시킬 수 있다.

③ 저장

화학성분, 물리적 형상(예: 다공질 형상의 플라스틱은 화재위험이 크다)과 플라스틱을 저장하는 방법과 배치 등이 화재 위험 정도에 큰 영향을 준다. 일반적으로 다량의 연기는 저장된 플라스틱에 화재에서 발생하며 저장소의 환기 가능 여부에 따라 상황의 심각성이 달라진다. 높은 방수 밀조의 자동 스프링클러 설비가 플라스틱 저장소의 적정한 방화대책으로 필요하다.

(3) 섬유

섬유는 일상생활의 필수품이다. 의류, 침구, 카펫, 커튼 기타 여러 가지 사람들이 접하게 되는 것이 섬유 또는 섬유를 기본으로 한 제품이다. 실제로 모든 섬유제품은 가연성이다. 화학 성분, 섬유의 중량, 직조형태와 섬유의 마감처리 등은 섬유가 연소하는 방법에 영향을 미치는 여러 가지 요인 중 몇 가지이다.

섬유의 가연성은 우리의 일상생활과 밀접히 관계되므로 섬유관련화재 원인을 발표하고 그 결과로서 관련 사상자 수를 발표한다. NFPA는 소방기관의 조사에서 수집된 자료에서 미국 화재사망자의 6.5%가 옷에 붙은 불이었다고 밝히고 있다.

성냥이나 담뱃불 같은 아주 작은 발화원이라도 면화를 불 붙일 수 있다. 뒤따르는 불은 성장하여 신속히 확산한다. 이것은 레이온에도 같이 적용된다. 면화와 레이온은 모든 섬유직물에 널리 쓰이고 있다. 의류연소의 범위와 세기는 불이 직접 피부에 닿는 화상보다 여러 섬유의 화학성분과 마감처리 때문에 더 심각하다. 연구에 따르면 의류연소의 화상은 의류화재가 아닌 화상 피해의 4배 정도 더 심한 것으로 나타난다.

① 천연섬유

천연섬유는 (1) 식물에서 추출된 섬유, (2) 동물에서 추출된 섬유의 기본적으로 두 가지이다. 면화와 아마와 삼 같은 기타의 식물에서 만든 섬유는 탄소, 수소 및 산소의 화학성분을 기본적으로 한 셀룰로오스(cellulose)로 이루어진다. 면화 기타 식물성 섬유는 가연성이지만 연소 중 용융하지 않는다. 연소 중인 식물성 섬유의 생성물은 탄산가스, 일산화탄소와 물이다.

동물성 섬유는 기본 요소가 단백질로 분자 구성에는 상대적으로 높은 질소가 포함되어 식물성 섬유와는 근본적으로 다르다. 모직과 같은 동물성 섬유는 잘 타지는 않고 면화와 기타의 식물성 섬유와 같이 연소를 조장한다. 예컨대 면화의 인화점은 400℃인 반면, 모직의 인화점은 600℃이다.

② 합성섬유

옷감으로 자연심유의 사용은 합성섬유에 의해 계속 도전을 받고 있다. 합성은 합성섬유를 일부 또는 전부로 직조한 섬유이다. 예컨대 레이온은 면화와 목섬유로 만든 순 셀룰로오스를 "재구성"해서 만든 합성물질이다. 셀룰로오스 아세테이트는 순 셀룰로오스를 초산과 반응시켜 만든다. 앞에서 레이온에 속하는 아세테이트는 미국 연방 거래처에서 별도의 카테고리로 묶는다. 레이온과 아세테이트 기타 이와 비슷한 것은 식물성 섬유와 화학적으로 유사한 오직 하나 뿐인 합성섬유이다.

표 2-3은 합성섬유에 사용되는 여러 가지 플라스틱 수지의 종류를 묶은 것이다. 이 표에서 각 종류별 상품명과 화재위험에 대한 인화성관련 사항도 알 수 있다. 연소 중인 합성섬유의 설명은 축소 시험을 근거로 하기 때문에 오해가 생길 수 있다. 몇몇 합성섬유는 성냥과 같은 작은 불꽃이 닿으면 난연성을 나타내기도 한다. 그러나 동일한 섬유의 대규모 시험에서 불꽃을 터뜨리고 다량의 흑연을 발생한다.

마지막으로 둘 이상의 서로 다른 섬유를 혼합하여 각각의 섬유와는 아주 다른 연소 억제 양상이 나타나기도 한다. 이에 좋은 예가 면과 폴리에스터의 혼방으로 인기 있는 영구 다림 섬유인데 이것은 면이나 폴리에스터일 때보다 불도 잘 붙고 잘 탄다.

표 2-3. 합성섬유

플라스틱 수지	상 품 명	화재위험성
아세테이트	크롬스펀, 셀라펀, 아넬 (트리아세테이트)	불꽃에서 연소, 용융, 인화점 475℃
비스코즈	애비스코, 아빌, 벰베르그 (쿠프람모니윰)	면과 같이 연소
나일론	안트론, 카프롤란	잘 타지 않음. 용융방울이 생기고 용융점 160~260℃. 인화점 425℃ 이상
폴리에스터	다크론, 포트렐, 비크론, 코델, 테릴렌	쉽게 연소. 인화점 450~485℃ 연화온도 256~291℃, 방울 생김
아크릴	아크릴판, 오르론, 제프크롬, 제프란, 크레슬란	연소하고 용융됨, 인화점 560℃ 연화온도 235~330℃
올레핀	허큘론	서서히 연소. 인화점 570℃ 용융으로 방울이 생김.
모다크릴	베렐, 다이넬	아주 서서히 연소하며 용융함.
사란	로바나, 벨론	연소를 조장하지 않음. 용융됨
플로로카본	테플론	연소를 조장하지 않음. 용융됨 용융점 327℃ 이상. 인화점 600℃ 이상
스판덱스	라이크라, 바이렌	연소 용융. 인화점 425℃ 연화온도 230~260℃
고무	라텍스	연소
페놀	카이놀	연소

③ 난연성 섬유

의류의 인화위험 때문에 면 기타 섬유에 대한 방염처리에 많은 관심을 기울여 왔다. 현재까지 어린이용으로 사이즈 14까지의 잠옷과 인화성이 큰 부러시드 레이온과 같은 것만 규제 대상이다. 의류제조에 사용하는 대다수의 합성섬유는 고온에서 용융한다. 이러한 성질은 화상을 더욱 악화시킨다. 섬유산업체는 경제성에서 방염처리를 꺼린다.

많은 섬유관련 화재는 매트리스나 푹신푹신한 가구에 담뱃불 기타 불이 붙은 물질을 부주의하게 떨어뜨려 인화한다. 어떤 병원, 요양원 기타 의료시설은 환자용 매트리스에는 현재 방염처리 하고 있다. 소비자 안전용품회의에서 매트리스와 매트리스용 깔개의 방염처리를 규제하는 기준을 공포하였다.

대부분의 지역에서 집회장의 커튼과 포장 등을 포함 무대장치는 방염처리 할 것을 법으로 정한다. 1회용품 또는 부직포는 기본적으로 셀룰로오스 섬유로 만들고 일반적으로 방염처리 한다.

④ 저장

앞에서 알고 있는 바와 같이 천연 및 합성섬유는 가연성과 인화성이 여러 가지이다. 저장을 하기 위한 섬유의 포장방법은 저장환경의 화재 위험인 섬유의 레벨 판단에 주요소이다. 딱딱한 나무 케이스는 가연성 삼베 벌랩 포장이 좋다. 충분한 중간 통로의 배치, 파일의 안정과 파일링 제한은 저장 시 발생되는 화재위험을 줄이는 중요한 요소들이다.

2. 인화성 및 가연성 액체

인화, 가연성 액체의 부적절한 저장, 취급 및 사용은 많은 화재참사의 원인이 된다. 이들 액체의 물리적 성질과 구분 - 특히 화재와 연소 특성 및 저장, 취급 시의 화재 예방 수칙을 알아야 한다. 이러한 이해는 이들 액체를 제조, 사용하는 공장과 소방관과 방화 관리자에게 필수사항이다.

일반적으로 액체는 고체, 액체와 기체의 물리적 세계의 중간점으로 생각할 수 있다. 액체의 분자는 고체보다 더 자유롭게 이동한다. 예컨대 대부분의 액체는 용기의 모양대로 쉽게 변한다. 그러나 액체 속의 분자들은 서로 분리되지 않고 기체 속의 분자처럼 무한히 확산하는 특성이 있다.

이런 분자들은 보다 자유롭기 때문에 액체와 기체 사이의 상태의 변화가 더 일반적이다. 액체는 온도가 상승되거나 압력이 낮아지면 기체가 된다. 바꾸어 말하면 기체는 온도가 낮아지거나 압력이 높아지면 액체로 된다. 물질의 임계온도는 그 물질이 기체상태로 있을 수 있는 이상의 온도이다.

액체가 공기 중 또는 가열 상태일 때 액체 자체이기 보다 인화성 및 가연성 액체의 증발로 발생한 증기가 연소한다. 증기 혼합이 너무 희박하여 연소나 폭발을 하지 않는 범위 이하 또는 증기 혼합이 풍부하여 연소나 폭발이 일어날 수 있는 상한인 범위인 인화 범위가 있다. 가솔린에서 - 가장 많이 사용하는 인화성 액체 - 인화범위는 공기 체적으로 1.4에서 7.6% 사이이다. 이 증기 - 공기 혼합물이 연소하한범위(Lower Flammable Limit; LFL) 또는 연소상한범위(Upper Flammable Limit; UFL) 중 어느 하나에 가까이 있을 때 중간 범위에 있을 때보다 폭발이 약하다. 폭발의 세기는 증기 - 공기 혼합물의 양과 증기의 농도 및 저장 용기의 형태에 따라 다르다. 따라서 밀폐된 적절한 용기 안에 가솔린 기타 인화성 액체의 저장과 공기 중의 노출을 최소한으로 하는 것이 저장 및 사용 중 화재 위험 제어에 기본적 중요 사항이다. 그러나 화재로부터 가열된 탱크 기타의 용기는 적정한 배기 장치를 하지 않고 노출된 탱크나 용기를 호스 물로 냉각시키지 않으면 위험한 폭발을 수반할 수 있다.

표 2-4는 몇 가지 일반 액체와 기체의 여러 연소범위이다. 넓은 연소범위를 가진 이런 물질들은 물론 그렇지 않은 것에 비하여 더 위험하다. 이러한 넓은 연소범위를 여러 조건에서 발생할 수 있는 인화 가능성이 증가하는 결과가 된다.

표 2-4. 몇 가지 액체와 기체의 인화점과 연소범위

액체(또는 상온에서 기체)	인화점(℃)	연소범위(vol%)
아세틸렌	기체	2.5～81.0
벤젠	−11	1.3～7.1
에텔	−45	1.9～36.0
연료 유 (일반 No.2) (중질유 No.5)	 38 54	 상온에서 없음 상온에서 없음
가솔린(high test)	−38	1.4～7.4
수소	기체	4.0～75.0
제트연료(A&A-1)	43～65	상온에서 없음
등유(연료유 No.1)	38	0.7～5.0
LPG(프로판-부탄)	기체	1.9～9.5
라카 솔벤트(부틸 아세테이트)	22	1.7～7.6
메탄(천연가스)	기체	5.0～15.0
메틸 알코올	11	6.7～36.0
터펜타인	35	0.8～무한
바졸(표준 솔벤트)	43	0.7～5.0
식물성 기름(조리용, 땅콩)	282	(발화점＝833°F)

인화성 및 가연성 액체관련 소화는 가능한 한 연료공급을 차단하고 그 지역에서 공기를 차단, 액체의 냉각 또는 이들 방법의 혼합할 필요가 있다. 이러한 조건에서 기본 화재 및 폭발예방 원칙은 (1) 발화원의 배제, (2) 공기의 배제, (3) 밀폐용기 속에 액체의 보관, (4) 증기가 체류하지 않는 환기조치와 (5) 공기 이외의 불활성 기체의 환경 조성 등이다.

(1) 성질에 의한 분류

연소 시 NFPA 321, 인화성 및 가연성 액체의 기본 분류 기준에서 분류되는 액체는 인화점, 비등점 및 증기압에 기초로 한 것이다. 증기압은 기체에서 액체를 분리하는 기본 판단요소이다. 40psi(2068.6mmHg)또는 그 이하의 증기압을 지닌 액체는 액체로 고려한다. NFPA 321은 인화성(Class I 액체)과 가연성(Class II 및 Class III 액체)의 3가지로 액체를 분류한다.

(2) 인화성 액체(Flammable Liquid)의 정의

인화성 액체는 인화점 37.8℃ 이하로 37.8℃에서 증기압이 40psi(2068.6mmHg)를 초과하지 않는 것을 말한다.

Class I 액체는 인화점 37.8℃ 이하로 다음과 같이 분류한다.

Class IA는 인화점 22.8℃ 이하로 비등점 37.8℃ 이하인 것이 포함된다.

Class IB는 인화점 22.8℃ 이하로 비등점 37.8℃ 이상인 것이 포함된다.

Class IC는 인화점 22.8℃ 이상이고 비등점 37.8℃ 이하인 것이 포함된다.

(3) 가연성 액체(Combustible Liquid)의 정의

가연성 액체는 인화점 37.8℃ 이상인 것으로 아래와 같이 분류한다.

Class II 액체는 인화점 22.8℃ 이상이고 60℃ 이하인 것이 포함된다.

Class IIA 액체는 인화점 60℃ 이상이고 93.4℃ 이하인 것이 포함된다.

Class IIIB 액체는 인화점 93.4℃ 이상인 것이 포함된다.

(4) 성질

액체의 성질을 설명하는 데에 여러 가지 용어가 사용된다. 이러한 성질은 화재 양상에서 영향을 미치는 것으로 생각할 수 있다. 다음 용어들은 방화전문 분야와 관계가 있는 액체의 특성에 관한 것이다.

① 증기압

분자는 모든 액체 표면에서 이탈한다. 액체가 밀폐된 용기 속에 있을 때, 액체의 분자는 액체 위 공간으로 방출되어 그 액체 속으로 다시 응축한다. 방출량과 돌아가는 양이 평형을 이룰 때 그 액체 위 공간에 있는 분자에 의하여 형성된 압력은 증기압이라고 한다.

액체의 증기압은 밀폐용기 안에 액 표면 위 증기-공기 혼합물을 측정하는데 사용된다. 증기의 퍼센트는 액체의 증기압과 그 혼합물의 총압력의 비율에 비례한다. 열이 가하여지면 분자들은 더욱 활성화되어 압력이 증가한다. 많은 액체의 증기압이 측정되어 여러 화학 핸드북에 나열하고 있다. 이 증기압은 psia (pounds per square inch absolute)로 표기한다. 액체의 인화점과 증기압을 알면 그 증기의 하한 연소범위를 계산할 수 있다.

② 인화점

액체의 인화점은 그 액체의 증기압이 인화성 혼합기체를 발생시켜 불꽃이 나게 하는 시점의 최저 온도이다. 이 불꽃은 점화원이 제거되면 지속되지 않으므로 온도가 내려간다.

하나의 물질의 안전 여부를 가리는 액체의 인화점은 물질의 화재특성 중 가장 중요한 요소의 하나이다. 이 인화점에서 액체는 점화원이 혼합물에 있으면 기체에 계속해서 인화와 폭발도 발생할 수 있는 양과 속도의 인화성 증기를 발생한다.

③ 비등점

액체의 비등점은 증기압이 표면의 총압력과 같을 때의 온도이다. 보통의 비등점은 대기압(14.7psia)하에서 액체가 끓는 온도를 말한다. 비등점은 압력이 증가하면 증가하고 총 표면 압력에 따라 다르다.

④ 비중

액체의 비중은 인화성 및 가연성 액체 화재의 진화 시 중요한 고려 사항이다. 액체의 비중은 그 액체의 중량과 동일한 체적의 물의 무게와의 비율로 물의 비중은 1이다. 1보다 작은 비중의 액체는 물위에 뜬다(물에 녹지 않는 경우). 어느 액체의 비중이 1보다 크면 물이 그 액체 위에 뜬다. 비중이 0.8인 가솔린은 물위에 뜬다. 비중이 1.3인 글리세린은 물밑으로 가라앉는다.

⑤ 증발률

앞에서 설명한 바와 같이 분자는 모든 액체 표면으로부터 증기 형태로 이탈한다. 어떤 액체가 개방된 용기에 있을 때 분자들이 도망간다. 증발률은 주어진 온도와 압력 상태에서 그 액체를 증기로 환산한 비율이다.

⑥ 점도

아스팔트나 왁스와 같은 몇 몇 액체는 액체와 고체 사이의 경계에 있다. 이런 액체를 점액이라 한다. 액체의 점도는 용기 안이나 개방된 부분으로 흐르는 그 액체에 필요한 시간으로 측정한다.

⑦ 증발잠열

액체의 또 다른 측정치로 증발잠열이라는 것이 있다. 이것은 1기압의 비등점에서 1그램의 액체가 증기로 변하는데 필요한 열로 측정한다. 잠열은 일반적으로 Btu/lb나 cal/g로 표기한다.

⑧ 발화온도

액체의 발화온도(자동발화온도로 알려진)는 그 액체가 가열소자와 별도로 자체 연소를 시작하는데 가열해야 할 최소 온도이다. 등유의 발화온도는 210℃이며 모터유는 260℃ 내외이다.

(5) 저장 및 취급

인화성 및 가연성 액체의 적정한 저장과 취급의 기본원칙은 화재와 폭발의 가능성을 감소시키기 위한 조치를 하는 것이다. 인화성 증기의 체류를 막기 위한 환기는 기본적으로 중요한 조치이다. 일반적으로 액체는 어느 순간에서 공기에 노출되며 항상 밀폐용기와 취급설비가 새거나 파손될 우려가 있다. 인화성 액체를 저장, 취급, 사용하는 장소에는 점화원을 가능한 한 제거하는 것이 중요하다.

인화성 액체를 제조나 사용하는 장소의 환기는 자연이나 강제 수단으로 할 수 있다. 컴프레서(compressor), 증류기 펌프 등의 장비는 항상 개방된 장소로 충분한 공간을 두어야 한다. 가솔린 기타 대부분의 인화성 액체는 공기보다 무거운 증기를 발생하여 지면, 바닥으로 흘러 낮은 곳에 고인다. 이러한 증기는 지면부분에서 제거하지 않으면 먼 곳까지 가며 증기 발생한 곳에서 먼 곳에서 인화하여 불꽃이 역류한다. NFPA 30, 인화성 및 가연성 액체 기준은 이러한 액체들의 안전저장, 취급과 사용에 대한 공식 기준이다.

건물 안에서 용기의 저장은 물론 지하 저장탱크, 지상 탱크의 방유제, 구조, 시공, 설치간격, 환기 등에 주의하여야 한다. NFPA 30은 액체의 안전공급과 안전운반, 로딩, 언로딩에 대한 사항도 정한다.

3. 기체

고체와 액체의 경우에서처럼, 기체는 아주 많고 여러 형태로 존재한다. 기체는 계속 운동하는 분자로 만들어진다. 온도가 높을수록 더 빠른 운동을 한다. 고체는 형태와 부피가 있으며 액체는 부피는 있지만 형태를 스스로 만들지 못하며 기체는 형태와 부피를 스스로 만들지 못한다. 그러나 그것이 차지하는 어떤 부피 속 전체를 차지하고 형태를 취한다.

모든 물질은 일정 온도 이상에서 기체로 될 수 있고 어떤 물질은 21℃에서 40 lb/in^2($184kg/6.5cm^2$) 이상의 절대 압력일 때 기체가 된다.

기체는 화학적 성질, 물리적 성질 또는 용도에 따른 분류와 같이 여러 가지로 분류할 수 있다. 화학적 성질의 분류는 사람과 화재 시 기체의 위험성을 아는데 도움을 준다.

(1) 화학적 성질

① 인화성 기체

공기 중의 산소와 일반적인 농도에서 연소하는 기체가 인화성 기체이다. 인화성 액체 증기와 같이 이 기체의 공기 중 연소속도는 기체-공기 혼합물의 연소 범위 안에 있다(연소범위).

"인화점(flash point)"은 인화성 액체와 관련된 정보로 인화성 기체와는 실제로 관계가 없다. 인화성 액체의 인화점은 항상 일반 비등점 이하이다. 그것이 기체 상태이고 액체 상태일 망정 인화성 기체는 일반적으로 그 비등점을 초과하므로 이미 인화점이 초과된 상태이다. 기체의 점화온도는 연소가 시작되는데 필요한 온도이다.

② 비인화성 기체

비인화성 기체는 공기 중에서 연소나 산소와 혼합한 상태에서 연소하지 않는다. 그러나 여러 비연소성 기체는 연소를 조장한다. 이들 기체를 "산화제" 또는 "산화성 기체"라 한다.

일반적으로 연소하지 않는 비인화성 기체는 "불활성 기체"라 한다. 가장 일반적 불활성 기체로는 질소, 아르곤, 헬륨 및 이산화탄소가 있다.

③ 독성 기체

독성 기체는 흡입하면 생명을 위태롭게 하는 기체이다. 아신, 염소, 황화수소(유화수소), 이산화황, 암모니아와 일산화탄소와 같은 기체들은 독성이 있거나 흡입하면 자극을 주고 이런 기체 속에서 소화활동을 할 때 심각한 위험을 준다.

④ 반응성 기체

반응성 기체는 다른 물질과 반응하거나 연소 이외의 반응으로 그들 스스로 반응하는 물질이다. 열이나 충격을 가하면 어떤 반응성 기체는 화학적으로 저절로 재배치된다. 이러한 기체들은 위험한 열이나 반응물질을 발생할 수 있다. 예컨대 불소는 아주 반응성이 높은 기체이다. 상온, 상압에서 대다수의 유기물, 무기물과 급격한 반응으로 불꽃을 낸다. 또 다른 반응성 기체에는 아세틸렌과 염소가 있다.

(2) 물리적 성질

기체를 분류하는 두 번째 방법은 물리적 성질에 의한 것이다. 기체들은 압축시키면 액화되거나 그렇지 않은 것이 있다. 비액화 압축기체는 21℃에서 용기 안에 기체의 압력을 증가해도 액화할 수 없는 기체이다. 기체 용기 속에서 비액화 기체의 연소범위는 하한은 25psig에서 상한 6000psig로 아주 범위가 크다. 비액화 압축기체를 담는 일반 이동용 실린더는 아주 많이 기체를 담지 않는다.

용기 속 기체는 21℃에서 기체 상태나 액체 상태로 존재할 수 있으며 이것을 액화기체라 한다. 이 기체는 그 용기 안에 조금의 액체가 남아있는 한 장기간 그 액체의 증기압으로 존재한다.

용기 안의 기체가 −150℃의 온도 상태이고 그때까지도 액상(고체가 아닌)이라면 극저온액체로 분류된다.

① 압축기체

비액화 압축기체는 기체 용기 내부가 상온이고 그 압력에서 기체 상태로만 존재한다. 보통의 비액화 압축기체는 수소, 아르곤, 질소, 헬륨, 산소 및 에틸렌 등이다. 수소는 높은 확산율과 극히 인화성이 강하다. 또한 넓은 연소범위를 가지고 있어 마찰과 같은 아주 작은 에너지원에서도 점화될 수 있다.

산소는 비인화성 기체이지만 연소를 조장할 수 있고 불꽃을 촉진시키고 폭발 상황으로 갈 수 있다. 다른 물질의 가연성을 급변하게 하기 때문에 산소는 스스로 인화성은 없지만 어떤 조건에서는 위험하다.

에틸렌은 아주 낮은 농도에서 과일을 익게 하는 약제로 쓰인다. 에틸렌은 아주 인화성이 크고 산화 기체들과 급격한 반응을 한다. 대기 중에 방출된 에틸렌은 공기와 급격히 혼합하여 아주 빨리 폭발성 혼합물을 만든다.

② 액화 기체

액화 기체는 21℃에서 증기압에 압력을 가하면 쉽게 액화하는 기체이다. 액화 기체는 그 기체의 상온 증기압에서 쉽게 저장된다. 저장시, 액화 기체는 액상과 기체상태의 두 상태 모두 존재한다. 저장 압력상태에서 액화 기체용기 안의 액체 및 기체는 평형을 이루며 그 용기 속에 액체가 있는 장기간 동안 남는다. 일반적인 액화 기체는 프로판, 부탄, 암모니아, 염소 등이다.

아세틸렌은 액화 기체로 취급하며 그 반응을 억제하기 위해 특수용기에 저장해야 하는 극히 반응성이 큰 인화성 기체이다.

③ 초저온 액체

초저온 액체는 아주 낮은 온도로 냉각하여 액화시킨 기체로 만든다. 미국 표준국(NBS)은 비등점 −150℃ 이하인 액체를 초저온 액체로 정의한다. 초저온 액체로 출하되는 일반 기체는 산소, 질소, 수소, 아르곤, 헬륨과 천연가스(LNG) 등이다. 이들 기체는 상대적으로 낮은 압력으로 저온 상태로 용기 속을 유지하여야 한다. 초저온 액체는 가능한 특수 용기 안에 그들의 비등점 이하로 저장하여 기체가 서서히 끓어 이탈할 수 없도록 한다. 이렇게 하여 용기 안에 쌓여 파괴시킬 수 있는 압력을 미리 막는다. 액화 기체와 초저온 기체로 출고되는 기체는 증발하면 다량의 기체체적을 만든다. 예컨대 1기압 그 비등점에서 액화질소 1체적은 1기압 실온으로 덮이면 약 700체적의 질소로 증발한다.

(3) 용도에 의한 분류

용도에 의한 기체의 분류를 하는 것은 이 분류가 법령과 기준 및 일반 산업과 의료 용어로 사용되므로 방화와 관련하여 중요하다. 용도에 따른 기체의 분류는 크게 세 가지로 (1) 천연 기체나 가정용 난방과 조리용인 액화석유가스를 포함한 연료가스, (2) 용접, 절단, 냉동, 열처리와 화학공정에 사용되는 산업용 가스와 (3) 마취와 호흡치료용의 특수 가스인 의료용 가스 등으로 분류한다.

다음에 NFPA의 3가지 용도별로 분류한 기체에 대하여 설명한다.

① 연료가스

연료가스는 열을 발생시키기 위해 공기와 연소하는 인화성 기체로서 열원, 동력 또는 빛을 내는 것으로 쓰인다. 현재까지 가장 기본적으로 널리 사용되는 연료가스는 천연가스와 액화 석유가스인 부탄과 프로판이다.

② 산업용 가스

산업용 가스는 화학적 성질로 분류된 모든 기체를 포함하며 일반적으로 용접, 절단, 열처리, 화학공정, 냉동, 수처리 등으로 쓰인다.

③ 의료용 가스

현재까지 의료용 가스는 마취제와 호흡기 치료제와 같이 의료용으로 사용되는 것이다. 사이클로프로판, 산소 및 산화질소는 일반적인 의료용 가스이다. 모든 의료용 가스와 가스혼합물은 미국 식품의약국(FDA)이 약품이나 의료용 장치로 표시를 한다.

2.4 화재 일반

화재에 관한 정확한 특성, 예를 들면 화재발생의 추이, 발생원인, 피해상황 등의 정확한 파악은 화재 예방을 위한 기본 대책의 수립과 연구에 매우 중요한 역할을 담당한다.

우리나라의 화재 통계는 1910년대부터 이루어지고 있다. 그리고 1955년부터는 남한만의 지역별 계절별 인명피해, 재산피해 등이 통계되고 있다. 1970년대 초부터 경제성장이 고도화되면서 각종 대형 화재가 사회적인 문제로 대두되어 화재통계 방법도 화재 원인 및 피해 상황 등의 조사로 다양해졌고 화재 통계의 중요성도 인식되기에 이르렀다.

이러한 화재 통계에 근거하여 우리나라의 화재의 기상학적인 특성과 외국의 화재 특성을 살펴본다.

1. 화재의 정의

인간의 근본적인 의도와는 달리 인명과 재산에 피해를 일으키기 때문에 소화(消火)할 필요가 있는 연소현상(燃燒現象)을 화재(火災)라 한다.

화재는 화기(火氣), 가연물질(可燃物質) 등의 취급 부주의로 발생하기도 하는데 이러한 화재를 실화(失火)라고 한다. 이에 대하여 원한(怨恨), 보험금 수혜, 도덕적 타락 등이 원인이 되어 고의로 화재를 일으키기도 한다. 이러한 화재를 방화(放火)라고 한다. 실화나 방화는 모두가 인위적(人爲的) 원인에 의한 화재이다.

이와는 대조적으로 지진, 벼락, 등 천재지변(天災地變)에 의한 화재 또는 정전기(靜電氣), 화학변화, 마찰 등 자연현상에 의한 화재가 있는데 이들을 자연적(自然的) 원인에 의한 화재라고 한다.

화재는 연소의 개념과는 달리 인명과 재산에 피해가 되기 때문에 소화(消火)할 필요가 있는 연소현상이다. 즉 실화, 방화 등 인간의 근본적인 의도와는 반대로 발생하는 연소현상이다.

2. 화재의 분류

화재는 그 대상 물체에 따라서 다음과 같이 분류할 수 있다.

① 건물화재 - 건물 또는 그 수용물(收容物)의 화재
② 차량화재 - 차량, 피견인차 또는 이들이 적재한 물체의 화재
③ 선박화재 - 선박 또는 선박이 적재한 물체의 화재
④ 항공기화재 - 항공기 또는 항공기가 적재한 물체의 화재
⑤ 산림화재 - 산림, 들, 또는 이들 위에 자라고 있는 수목이나 풀들의 화재
⑥ 위험물화재 - 유류, 가연성 가스, 방사선 동위원소, 화공약품 등의 연소 또는 폭발에 의한 화재

한편 연소되고 있는 물질에 의해 분류하면 다음과 같다.

① A급 화재 - 종이, 목재, 섬유, 플라스틱 제품 등 보통의 가연물질의 화재
② B급 화재 - 가연성 액체, 가스, 유류의 화재
③ C급 화재 - 전기가 부하된 상태에서의 화재
④ D급 화재 - 티타늄, 지르코늄, 핵연료, 철, 칼슘, 바륨, 마그네슘 등 금속성 화재
⑤ K(F)급 화재 - 가연성 튀김기름을 포함한 조리로 인한 화재
(식물성 또는 동물성 기름 및 지방)

화재의 규모를 표시할 때 화재 대상물의 소실 정도가 얼마나 되는가에 따라 다음과 같은 용어를 사용한다.

① 전소 - 건물의 70% 이상(입체면적에 대한 비율)이 소실되었거나 또는 그

미만이라도 잔존부분을 보수하여도 재사용이 불가능한 것

② 반소 - 건물의 30% 이상 70% 미만이 소실된 것

③ 부분소 - 전소, 반소에 해당하지 아니하는 것

또한, 자동차, 철도차량, 선박 및 항공기 등의 소실 정도도 위 규정을 준용한다.

3. 화재의 연소(延燒, 화염확산, 화염전파)와 소화

가연물질이 일정한 속도로 지속적으로 연소(燃燒)하는 현상을 연소(延燒, 화염확산, 화염전파)라 한다. 연소(延燒)하는 속도는 가연물질의 종류, 상태, 기상 조건, 화재규모 및 화재 경과시간 등에 따라 다르다. 일반적으로는 내화조(耐火造)를 1이라 할 때 방화조(防火造)는 3, 목조(木造)는 5의 비율이다.

연소(延燒)는 정상연소, 접염연소, 대류연소, 복사연소, 및 비화연소로 분류할 수 있다. 정상연소(定常延燒)란 가연물질이 일정한 속도를 유지하면서 서서히 연소하는 현상을 말한다. 이러한 정상연소의 연소속도는 가연물질의 성질에 따라 다르다. 한편 화염이 가연물질에 접촉됨으로서 가연물질이 착화되어 연소하는 것을 접염연소(接炎延燒)라 한다. 이때는 불길의 온도가 높을수록, 또한 가연물질이 연소하기 쉬운 것일수록 연소가 활발하게 이루어진다.

한편 직접 화염이 닿아서 연소되는 것이 아니고 뜨거운 공기가 흘러 가연물질을 가열시켜 착화되는 연소현상을 대류연소(對流延燒)라 한다. 이에 대하여 복사열이 가연물질에 전달되어 발화되는 현상을 복사연소(輻射延燒)라 한다. 대류연소는 주간에는 연기로 보이며 야간에는 불길과 같이 보일 수도 있어 접염연소와 혼동되기도 한다. 복사연소를 일으키는 복사열은 육안으로는 볼 수 없기 때문에 대상물이 발화하기까지는 그 연소를 알기가 어렵다.

비화연소(飛火延燒)란 연소 중인 물질의 일부분이 기류를 타거나 폭발에 의해 불티(花盆)로 날려 가연물질에 착화되어 연소하는 현상이다. 비화는 불티, 가연물, 및 바람의 조건에 따라 발생한다.

이러한 연소를 소화(消火)하기 위해서는 우선 화재 중인 가연물질의 종류에 따라 화재의 종류를 알 필요가 있다. 즉 A급, B급, C급, D급 화재 중 어느 화재인가를 알

아 적절한 소화방법을 결정하여야 한다.

소화(消火)는 온도를 낮추는 냉각법, 산소 공급원으로서의 공기를 차단하는 질식법, 가연물질의 제거시키는 제거법 및 산소나 가연기체의 농도를 묽게 해주는 희석법 등이 있다.

냉각소화법(冷却消火法)은 연소물질을 냉각시켜 온도를 발화점 이하로 내려 소화하는 방법이다. 일반적으로 화재 시에 물을 많이 사용한다. 물은 값이 싸다는 이점도 있지만 금수성(禁水性) 물질을 제외하고는 어떠한 분류의 화재에 대해서도 대류, 복사, 전도에 의한 열을 냉각시킬 수 있기 때문이다. 물이 증발할 때 1kg당 539kcal의 열을 흡수하여 연소물을 냉각시킬 뿐만 아니라 약 1,700배의 수증기가 생성되어 산소를 희석시킨다.

산소의 공급을 차단하여 연소를 중단시키는 소화법을 질식소화법(窒息燒火法)이라 한다. 이러한 방법으로는 탄산가스가 사용되어진다. 한편 연소물을 파괴, 제거, 반출, 분단하거나, 산림화재 또는 대화재의 경우에 어느 범위의 나무나 건물을 제거하여 방어선을 구축하여 연소를 차단하기도 한다. 이런 방법을 제거소화법(除去消火法)이라 한다.

산소나 가연성 기체는 그 농도를 희석시키면 연소능력 이하로 떨어져 소화된다. 이러한 방법을 희석소화법(稀釋消火法)이라 한다. 즉 알코올이나 아세톤은 물을 다량으로 섞으면 소화되며, 불연성 기체를 화염 속에 투입하면 산소의 농도가 감소하여 소화될 수 있다. 즉 공기 중의 산소가 15% 이하로 떨어지면 연소 불꽃이 중지된다. 한편 폭약 등으로 폭풍을 일으켜 희석시키는 희석소화법도 있다. 기타 부촉매효과소화법(負觸媒效果消火法)도 쓰인다.

4. 기상과 화재

화재는 기상과 밀접한 관계가 있음은 말할 나위가 없다. 그 중에서도 상대습도, 실효습도, 기온 및 바람은 화재발생과 매우 밀접한 관계를 가지고 있다.

각각의 기상요소와 화재와의 관련성을 규명하고 아울러 여러 기상요소가 종합적으로 작용하여 화재발생과 확대에 미치는 영향을 평가함으로서 화재발생 빈도를 예측할 수 있음을 예시로 보이고자 한다. 아울러 화재예방을 위한 기상정보의 이용면도 살펴본다.

특히 화재와 산불 발생에 대한 원인과 피해를 분석하고 이를 정리해 보면 그 당시의 기상조건이 직접 또는 간접으로 상당한 영향을 준 것으로 판명된다. 우선 기상은 화재건수에 영향을 주는데 이것은 계절에 따라 기상조건이 변하면서 사람들의 생활이나 행동 패턴이 달라지기 때문이다. 또한 화재가 일단 발생하면 그때의 기상상태에 따라서 피해정도에 큰 차이를 보인다. 그리고 대규모의 화재가 발생한 뒤에는 예기치 못한 기상이변이 일어나서 설상가상의 피해를 유발시킨다. 따라서 기상과 화재의 상관관계를 규명하고 이를 화재 전반에 적용시키는 일은 매우 중요한 일이다.

(1) 상대습도와 화재

물질의 함수량과 연소(燃燒)의 난이성(難易性) 사이에는 밀접한 관계가 있다는 것이 사실이다.

우선 매일 발생하는 화재건수와 그 날의 공기의 건조(乾燥) 정도를 나타내는 상대습도(相對濕度)와의 사이에 어떠한 관계가 있는가를 살펴보자.

화재발생의 원인이 다양하고, 불을 다루는 주체(主體)가 사람이기 때문에 확실한 관계를 도출해내기는 어렵지만 일반적으로 상대습도가 작아 건조한 날에는 화재발생수가 많아지고, 상대습도가 커서 습한 날에는 화재발생수가 적어진다는 것은 확실하다. 이러한 경향을 명확하게 인식하기 위해서 통계적으로 나타내어 본다.

비록 일본 동경의 화재통계이지만 화재가 있었던 날의 평균상대습도와 출화건수 사이의 관계를 그림 2-1과 같이 계절별로 나타내었다. 이에 의하면 겨울에는 건조하여 상대습도가 30～40% 되는 날은 하루에 4～5건의 화재가 있었고, 상대습도가 90～100% 되는 습한 날에는 화재가 1～2건에 불과했다.

그러나 이처럼 습도가 높을 때에도 화재가 전혀 발생하지 않았던 것은 출화가 직접적으로 사람들의 부주의에 기인되는 것이고 습도의 크기는 다만 연소를 촉진하거나 억제하는 역할을 담당할 뿐이라고 생각되기 때문이다.

또한 그림 2-1에서 출화건수의 계절에 따른 차이를 볼 수 있다. 즉 겨울과 봄은 거의 같은 경향을 나타내며, 여름과 가을이 또한 거의 같은 경향을 나타낸다. 여름과 가을은 같은 상대습도 값에 대하여 겨울이나 봄에 비하여 화재발생수도 2/3 정도로 줄어

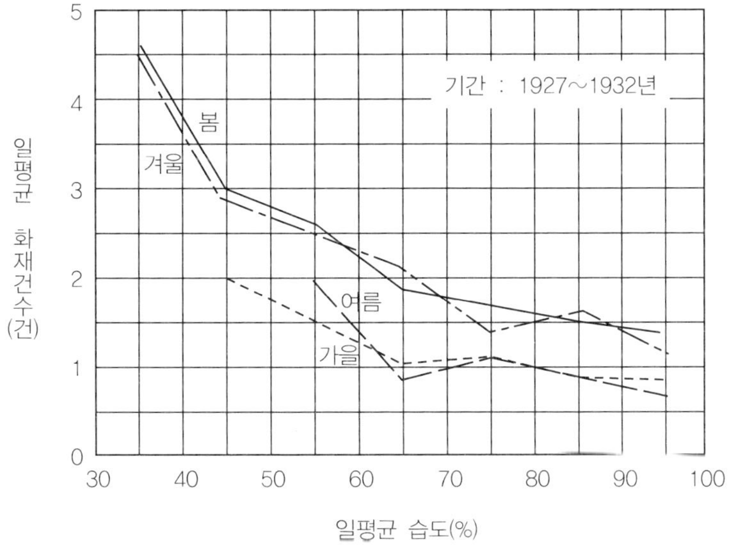

그림 2-1. 일평균 습도와 화재발생건수(일본 동경)

든다. 이러한 차이는 불의 사용 빈도의 차이, 즉 실화(失火)의 발생회수의 차이 때문이라고 생각된다. 실효습도와 출화와의 관계에 대해서도 여러 가지 계수에 대하여 각각 조사하였다. 결과적으로 출화건수는 그날그날의 평균상대습도와 가장 관계가 깊고, 과거의 영향을 고려한 실효습도와는 오히려 관계가 적다는 사실을 알게 되었다. 그 이유는, 출화건수가 얇은 종이나 직물 등이 건조된 정도, 또한 두꺼운 것이나 굵은 것이라면 극히 표면층이 건조된 정도에 따라 결정되기 때문이라고 생각할 수 있다.

상대습도가 낮아지면 출화건수가 증가한다. 상대습도가 40% 정도일 때의 출화건수는 90~100% 정도일 때의 출화건수의 약 2배 이상이 되므로 출화 위험률이 2배 이상 된다고 볼 수 있다. 또한 흥미 있는 점은 같은 상대습도라도 월에 따라 출화건수는 달라진다는 것이다. 즉 12월부터 3월까지의 추운 시기는 같은 습도값에서도 평균 출화건수가 따뜻한 시기인 5월부터 10월까지의 평균 출화건수의 약 2배에 달한다.

기온이 10℃ 이하가 되면 난방을 하지 않으면 대부분의 사람이 추위를 느낀다. 12월부터 3월까지는 매일 난방을 하고 11월과 4월에도 불을 꽤 많이 사용하고 있다는 것이 원인이다. 이를 우리나라의 경우로 본다면 평균 최저기온 10℃ 이하가 서울에서는 10월 중순부터 4월 하순까지이며, 부산에서는 11월 상순부터 4월 중순까지라는 점에 유의한다면 우리나라에서의 출화건수도 거의 비슷한 상황으로 나타날 것으로 보인다.

위의 조사는 오래된 것이지만 1952~59(8년)의 결과도 위의 경우와 거의 같다. 즉 4월과 11월이 추운 계절과 따뜻한 계절의 중간값인 것도 동일하다. 다만 추운 계절과 따뜻한 계절의 출화건수의 차이가 줄어들었다는 점이 달라진 점이라 할 수 있다. 추운 계절의 평균 출화건수와 따뜻한 계절의 평균 출화건수의 비가 10 : 6으로부터 10 : 8로 줄어들었다. 이것은 화재 원인에 관련된 문제로서 여름과 겨울의 공통 화재 발생 원인이 많아졌다는 의미로 받아들일 수 있다.

이상에서 언급된 바와 같이 전체 출화건수는 그날그날의 상대습도와 관계가 제일 크다. 그 이유는 물질 표면의 함수량이나 얇은 종이 등의 함수량은 그때그때의 습도에 의해서 결정되기 때문이다.

(2) 실효습도와 화재

출화건수에서 소화(小火)를 제외시킨 화재건수는 당일의 상대습도보다는 계수가 0.5~0.7 정도의 실효습도와의 관계가 제일 크다.

이는 약간 두꺼운 판자나 어느 정도 굵은 각목의 건조 정도와 관계가 깊기 때문이다. 계수 0.5~0.7의 실효습도는 약간 두꺼운 판자 또는 가느다란 각목 등의 건조 정도를 나타내고 있다는 사실은 앞에서 이미 언급된 바가 있다.

또한 1회에 소실면적이 50평 이상의 어느 정도 소화재(小火災)라고 할 수 있는 것은 0.7보다 더 큰 계수의 실효습도와 관계가 깊다. 그것은 한 변의 길이 7cm 이상의 굵은 각목 또는 기둥 전체의 건조 정도와 밀접한 관계를 가진다는 것을 의미한다.

1947~50(4년)의 자료로 일본 동경의 출화원인별로 출화건수와 습도와의 관계를 조사한 연구에 의하면 출화원인을 다음 5종류로 분류하고 있다.

A. 작은 화원(火源) - 담배꽁초, 타다 남은 성냥개비, 굴뚝에서의 불똥 등

B. 큰 화원 - 난로, 화로, 과열 연돌, 전열기 등

C. 옥외 인입 전선(電線)

D. 인화물질 - 유지류, 셀룰로이드 등

E. 자연발화 - 셀룰로이드, 약품, 기름걸레 등

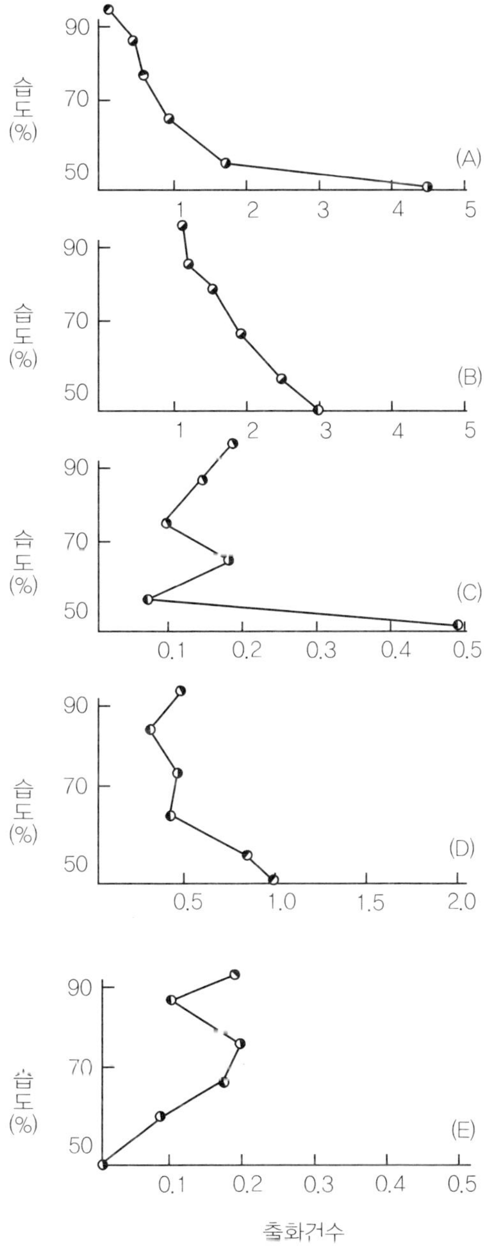

그림 2-2. 화재원인별로 본 습도와 출화건수의 관계

위의 출하원인 분류 중 A, B, C, D는 출화건수와 습도와의 관계가 그림 2-2에서와 같이, 앞서 기술한 대로 습도가 감소함에 따라서 출화건수가 증가하고 있지만, 단지 자연발화(E)만은 반대이다.

즉 습도가 증가하면 출화건수가 많아지고 습도가 감소하면 출화건수도 적어진다. 또한 자연발화의 경우는 다른 종류의 화재와는 반대로 풍속이 작을 때에 출화가 많아진다는 것이 특징이다.

(3) 기온과 화재

일평균기온과 출화건수와의 사이의 관계는 일정한 경향성이 없다. 즉 더운 5~9월에는 일평균기온이 높은 날에 출화건수가 많고 일평균기온이 낮은 날에는 출화건수가 오히려 적다. 추운 10~3월에는 반대로 일평균기온이 높은 날에 출화건수가 적고, 일평균기온이 낮은 날에는 출화건수가 많아진다. 이러한 관계는 화재건수에 대하여 조사하여도 마찬가지이다.

매일의 평균상대습도에 대한 출화건수의 기준값을 만들어 실제의 출화건수에서 이 기준값을 빼낸 나머지, 즉 편차에 대하여 똑같이 조사해보면 출화건수의 편차는 기온에 대하여 물리적인 인과관계가 거의 없다는 것을 알 수 있다. 이러한 사실은 화재건수에 대해서도 마찬가지이다.

(4) 바람과 화재

조사 발표에 의하면 1932~37(6년) 일본 동경에서의 출화건수는 풍속이 큰 날에 많았다. 그러나 대체로 건조한 날에 강한 바람이 부는 경향이 있어서 그 날의 상대습도에 대한 표준 출화건수에서 그 날의 출화건수를 뺀 출화건수 편차와 평균풍속과의 관계를 구해 보았으나 그 관계는 크지 않았다.

한편 1935~44(10년)의 일본 동경의 가옥화재에 대하여 통계적으로 매일의 출화건수와 평균상대습도 및 평균풍속과의 관계를 구한 결과보고에 의하면 일평균 습도가 50% 감소하면 일평균 출화건수는 3.5건 증가하였으나 일평균 풍속이 5m/sec 만큼 증가하면 일평균 출화건수는 0.5건 밖에 증가하지 않았다.

출화원인 A, B, C, D는 모두 풍속이 커지면 출화건수도 커지는 경향을 나타내고 있지만, 출화원인 E는 풍속이 커지면 반대로 출화건수가 작아지는 경향을 나타내고 있다.

출화원인 E는 셀룰로이드, 약품, 철가루, 기름넝마 등의 자연발화이다. 이러한 것들은 바람이 강할 때는 통풍이 잘되어 화학반응으로 발생하는 열이 발산되기 쉽고, 또한 건조한 다른 공기 속으로 섞여 화학반응을 일으키기 어렵게 된다고 생각할 수 있다.

화재를 규모별로 나누었을 때 화재건수와 풍속과의 관계는 표 2-5에서와 같이 화재의 규모를 소실면적 50평 이하로부터 1,000평 이상까지 6계급으로 구분하여 계급별로 풍속 3~6m/sec의 날과 6m/sec 초과의 날의 출화건수를 전체 출화건수에 대한 백분율로 구하고, 이 표의 아래 난에는 풍속 3~6m/sec와 6m/sec 초과 일수의 전체 일수에 대한 백분율을 같이 나타내고 있다.

표 2-5. 화재규모로 본 풍속과 출화건수의 관계

화재규모 (평)	출화수(A) (건)	일평균풍속 3~6m/sec		일평균풍속 6m/sec 초과	
		출화수 (건)	A에 대한 비율 (%)	출화수 (건)	A에 대한 비율 (%)
50 미만	1,057	507	48	58	5.5
50~ 100	594	281	47	35	5.9
100~ 200	347	170	49	20	5.8
200~ 400	154	82	53	11	7.2
400~1,000	63	38	60	9	14.3
1,000 이상	10	8	80	2	20.0
		일평균풍속 3~6m/sec의 출현율 : 42%		일평균풍속 6m/sec 이상의 출현율 : 3.4%	

이 표에 의하면 화재의 규모가 클수록 바람이 강했던 날에 많이 나타나고 있는 것을 알 수 있다.

즉 작은 화재까지 계산한 전체 출화건수의 많고 적음은 그 날 풍속의 크고 작음에는 별로 관계가 없지만, 규모가 큰 화재의 경우는 바람이 강한 날에 일어나는 비율이 크다는 것을 나타낸다. 이는 바람이 강할 때 화재의 연소 위험이 증가하기 때문이다. 작은 화재까지 넣을 때의 전체 출화건수가 풍속의 크고 작음에 거의 관계가 없다는 것은 작은 화재까지 넣은 전체 출화건수에 비하여 규모가 큰 화재건수가 무시될 만큼 적기 때문이다.

연소의 속도는 풍하측으로 가장 빠르다는 것은 누구나 상식적으로 알고 있다. 풍상측으로나 풍향에 대한 직각방향으로의 연소속도는 풍하측의 것에 비하면 훨씬 작다.

연소속도는 풍속, 습도 그리고 타고 있는 물체의 함수량 등 자연조건에 따라서 달라질 뿐만 아니라 건물의 구조, 공지비율 등 시가지의 구성요소에 의해서도 달라지며, 또한 소방이나 수리(水利) 등 사회적 요소에 의해서도 달라진다. 연소속도에 대한 이러한 여러 가지 요소의 영향을 과학적으로 규명한다는 것은 매우 어려운 일이다.

5. 화재로 인한 특이 기상

(1) 화재선풍

큰 화재가 발생할 경우 주위의 공기가 가열되면서 예기치 못한 기상변화가 일어나 사람들을 더욱 당황시킨다. 불이 날 경우 대규모의 대류 즉, 공기가 상하로 이동하기 때문에 강한 바람이 불게 된다. 이때의 상승기류로 거대한 소나기 구름이 만들어지면서 천둥 번개가 치는가 하면, 회오리바람과 비슷한 '화재선풍'이 휘몰아치기도 한다.

풍속이 강했던 화재선풍의 경우 직경 50cm 정도의 나무가 뿌리째 뽑힌 사례가 있다. 또한 화재선풍이 불어 함석판이 높이 날려서 약 10km 거리까지 간 예도 있다. 화재선풍은 비바람을 몰고 오는 저기압처럼 반시계 방향으로 회전하면서 진행하는 것이 보통이나 그 반대의 경우도 간혹 있다. 그리고 선풍이 덮쳐오기 전에는 파도가 소용돌이치는 소리나 폭포소리, 비행기 엔진소리와 같은 소리가 들렸다는 보고가 있다.

(2) 비화(飛火)

바람에 날려 온 불티에 의해서 화재가 나는 것을 비화라 한다. 대형화재의 경우 상승기류의 속도는 초속 10~15m 가량 되며 이 기류는 2~3천m 높이까지 도달한다. 상승기류를 타고 높이 올라간 불티는 중력이 작용되는 동시에 바람에 날려 수평 방향으로 멀리 날아가게 된다. 비화거리는 바람의 속도에 따라 달라지나 도시화재의 경우 600~700m까지 이르는 것이 보통이다. 기록으로는 2,750m까지 불티가 날려서 또 다른 화재가 난 경우도 있다. 따라서 1,000m 이내의 가까운 곳에서 불이 났다면 자신의 집 주위도 계속 살펴야 안전하다.

2.5 소화 방법 및 대책

연소의 3요소 중 한 가지 요소만 제거해도 발화 또는 연소는 일어나지 않으며, 일반적인 발화의 억제 방법은 다음과 같다.

1. 소화의 원리 및 방법

소화의 원리는 연소의 반대 개념으로서 연소의 4요소인 가연물, 산소, 열(점화에너지), 연쇄반응이 성립되지 못하게 제어하는 것으로서 다음의 4가지 방법이 있다.

이중 냉각, 질식, 제거소화는 물리적 소화(Physical Extinguishment)이나, 억제소화는 화학적 소화(Chemical Extinguishment)가 된다.

물리적 소화	① 냉각소화(Cooling Extinguishment)	☞ 점화에너지를 차단
	② 질식소화(Oxygen Dilution Extinguishment)	☞ 산소를 차단
	③ 제거소화(Fuel Removal Extinguishment)	☞ 가연물을 차단
화학적 소화	④ 억제소화(Inhibition Extinguishment)	☞ 연쇄반응을 차단

물리적 소화는 연소의 3요소를 억제하는 것으로서 불꽃연소(Flaming Mode) 및 작열연소(Glowing Mode)에 모두 유효하나, 화학적 소화는 연소의 4요소 중 연쇄반응을 억제하는 것으로서 불꽃연소(Flaming Mode)에만 적응성이 있다.

연소과정은 (1) 불꽃이 있는 경우와 (2) 불꽃 없는 표면모드가 있다. 불꽃모드는 폭발이 포함되며 상대적으로 빠른 연소속도의 성질이 있다. 고온과 많은 발열량이 있다. 한편 불꽃 없는 표면모드는 숯불을 만든다.

불꽃모드는 이 장 앞에서 설명한 불의 4면체를 구성한다. 이 4면체는 열, 연료, 산소와 연쇄반응이다. 이에 대하여 불꽃 없는 연소모드는 연료, 열 및 산소의 3개로 구성된 종래의 불의 3각형으로 설명된다.

불꽃모드와 불꽃 없는 모드는 별개가 아니다. 즉, 연소에서 하나 또는 두 가지 모드가 포함될 수 있다. 많은 불은 불꽃모드로 발생하여 점차 불꽃 없는 모드로 옮겨간다. 이 과정에서 어떤 시점은 동시에 두 가지 모드가 발생한다. 그러나 이들 모드에서 불꽃모드는 소화에 4가지 고려사항이 필요하며 불꽃 없는 모드는 3가지 고려요소가 있다. 화재와 폭발 제어의 4가지 방법은 (1) 물(열을 감소시키는) (2) 산소의 제거 (3) 연료의 제거 (4) 화학적 수단에 의한 불꽃의 차단(연쇄반응의 제거)이다.

(1) 물에 의한 방법(냉각소화)

나무, 종이, 의류처럼 대부분의 가연물의 화재 시 열을 제거하는 가장 효과적 방법은 물을 사용하는 것이다. 물의 사용은 화재 형태에 따라 다양할 수 있다. 물분무는 가장 효과적이지만 큰 화재는 봉상의 주수가 더 멀리 뻗치고 더 강력히 적시는 효과가 있다.

연소하는 연료에 물을 부으면 연료가 식어 가연성 증기와 기체의 방출량이 줄어 결국 멈춘다.

화재로 방출하는 열은 복사, 전도 및 대류로 멀리 이동하는 경향이 있다. 이 사실은 열량을 줄이고 물의 효과를 높이는데 도움이 된다. 발생열의 상대적으로 소량만이 소화를 위한 물로 흡수된다. 무상이나 봉상의 효과는 연소 중인 연료에 직접 물이 닿아야 효과가 있다. 이 때문에 소방관 호스의 물이 닿지 않는 장소 - 고층건물과 높이 쌓은 창고 등 - 는 자동스프링클러 기타의 자동 소화장치를 하여야 한다.

화재에 물분무를 사용할 때, 물이 스팀으로 변할 수 있다. 한때는 이 스팀이 진화에 도움이 되는 것으로 생각한 적이 있다. 그러나 스팀은 빨리 흩어지고 화재장소를 어느 정도 산소 농도를 낮추는데 도움이 되지만 스팀은 소화를 본격적으로 하지는 않는다.

어떤 연소 중인 물질은 물과 격렬하게 반응한다. 이런 것은 적당한 불활성 물질로 질식 소화하는 것이 최선의 방법일 수 있다.

(2) 산소 차단방법(질식소화)

산소는 대기 중에 20.9% 정도가 존재하고 있기 때문에 항시 연소에 필요한 산소는 존재하고 있다. 따라서 소화에 필요한 탄산가스나 질소가스를 투입하여 산소율(%)을 인위적으로 줄일 수 있다. 이러한 산소의 희석은 증기의 형태로 가능하며, 이 증기는 일정하게 구획된 장소의 화재에서 물에 의한 소화 과정에서도 발생하게 된다.

연소를 멈추는데 필요한 산소의 희석량은 연소 중인 물질에 따라 다르다. 보통 탄화수소 기체들과 증기는 산소치가 15% 이하이면 연소하지 않는다. 아세틸렌은 산소의 농도를 더 낮추지 않으면 계속 연소하며 4 내지 5%까지 낮추어도 표면이 이글이글 탈 것이다.

구획된 화재는 산소를 소비하여 저절로 꺼진다. 그러나 불완전연소로 산소가 소비될 때 많은 인화성 가스가 발생한다. 소방관은 이러한 장소에 환기가 나쁘고 갑자기 산소가 유입되는 경우, 격렬한 화염 역류현상이나 폭발에 조심해야 한다.

산소의 제거나 희석으로 화재를 쫓는 일반적인 방법은 전체 화재장소에 이산화탄소 또는 어떤 기타의 불활성 기체를 일시에 쏟아 넣는 것이다.

(3) 제거 소화방법

연료 제거는 여러 가지 방법으로 할 수 있다. 가장 보편적인 방법은 산불에서 불의 앞을 불도저로 밀어내는 것이다. 즉 불길이 번지는 길목에 나무나 숲을 제거하여 탈 것을 없애는 것이다.

석탄이나 목재펄프가 야적된 상태에서 화재는 화재 지역에 쌓인 연료를 제거하는 것이 화재를 제어하는 유일한 방법이다. 대규모 유류 저장탱크의 화재는 연소 중인 탱크의 연료를 빈 탱크로 옮겨 불을 제어할 수 있다. 가스배관이 파열되어 가스에 불이 붙으면 가스공급을 차단하는 것이 유일한 소화방법이다.

연료의 제거가 여의치 않은 경우, 연료증기를 차단하거나 연소 중이거나 작열하는 연료를 덮어 제어할 수 있다. 소화용 포말과 분말 소화기는 화재를 덮거나 코팅하여 임무를 완수하는 물질의 예이다.

산불진압 소방관은 물에 젤링제를 사용하여 연소중인 나무, 채소류를 코팅하고 물이 없어지는 것을 지연시키는데 효과가 있다.

(4) 억제 소화방법

할로겐 화합물이나 알칼리 금속염을 화염 속에 투입하면 투입물 그 자체 또는 열분해에서 생기는 생성물이 연소에 중요한 역할을 하고 있는 원자나 연소물과 반응하여 불활성 물질로 변화시키기 때문에 연소가 억제된다.

불꽃을 화학적으로 없애는 소화방법은 아직도 계속 연구를 하는 중이다. 어떤 소화약제 - 가스 및 액상의 할로겐화물, 일부 알칼리염(분말) 및 암모늄염과 같은 것들 - 는 효과적으로 불꽃을 없앤다. 따라서 불꽃제거는 물로 냉각, 산소의 희석 또는 연료의 제거와 같은 종래의 방법은 쓰지 않고 목적을 이룰 수 있다. 적정량의 이들 소화약제를 불꽃에 분사하면 이 약제는 부촉매 작용으로 불꽃을 없애는 작용으로 화재가 소화된다. 이러한 소화의 4번째 방법은 불꽃모드에만 사용된다. 이러한 형태의 소화의 목적은 억제되지 않은 연소 연쇄반응을 끊는 것이다.

2. 화재발생시 소화대책

화재가 발생하면 "불이야"하고 외치거나 비상경보벨을 울리는 행동이 가장 급선무이며 이어서 대피 또는 119 신고 등이 이루어져야 할 것이다. 그러나 평소 교육・훈련을 통하여 배워 익히지 않으면 당황하게 되므로 충분한 사전 예비지식을 갖도록 해야 한다.

(1) 초기 소화작업의 단계적 조치

① 소화작업은 침착하게 화재현장의 상황을 정확하게 판단하고 신속하게 진행한다.

② 소화작업은 화점에 가깝게 접근하여 불꽃을 중앙에 두고 포위하여 사방에서 동원 가능한 소화기구 또는 시설을 최대한 활용하여 집중적으로 소화작업을 행해야 하며 작업 순서는 불이 타고 있는 아랫부분부터 끈 후 윗부분을 끄도록 한다.

③ 불길을 잡을 수 없을 때에는 다른 장소로 한걸음 후퇴하면서 화재가 더 이상 확대되지 않도록 연소방지에 주력한다.

④ 화재현장 주위의 불길이 옮겨 붙을 우려가 있는 가연성 물질은 재빨리 제거한다.

⑤ 발화건물의 외벽 등에 물을 뿌리면 건물 자체의 구조내력이 손상되어 붕괴위험이 있기 때문에 주의를 기울여야 하며 기왓장이나 벽돌 등에도 다치지 않도록 안전에 만전을 기해야 한다.

(2) 소화요령

① 담요나 기타 덮개 등을 이용한 소화 : 석유 난로가 넘어져서 타고 있을 경우 물에 적신 담요나 옷가지 등으로 덮어주거나 혹은 모래 등을 뿌려 완전 질식 소화 할 수 있다.

② 소화기를 이용한 초기 소화 : 소화기는 특수한 상황을 제외하고는 바람이 부는 쪽을 등에 지고, 화점에 가깝게 접근하여 안전핀을 뽑고 소화기의 방출구를 화점에 가깝게 향한 후 손잡이를 움켜쥔다.

③ 옥내 소화전에 의한 초기 소화 : 옥내 소화전은 건축물 기타 공작물 내에서 발생한 화재를 발화 초기에 신속히 진화할 수 있도록 설치되어 있는 것이다.

3. 가연성 가스 화재 및 화재방지대책

폭발이란 그 연소반응이 급격히 진행되어 열과 빛을 발하는 것 이외에도 폭음과 충격압력이 발생되어 순간적으로 반응이 진행되는 비정상 연소를 말한다.

화재의 대책으로는 크게 예방대책, 국한대책, 소화대책, 피난대책으로 나눌 수 있다.

(1) 예방대책

예방대책이란 화재가 발생하지 않도록 최초 발화를 방지하는 대책으로서 가장 근본적인 방화대책이다.

이것은 발화물실이 되는 위험성 물질과 여기에 발화의 에너지를 주는 발화원을 유효적절하게 관리하는 방법이외에는 없다.

즉 이들 위험성 물질과 발화원에 대한 충분한 지식을 가지고 이들을 적절히 관리하여 발화조건을 만들지 않도록 하는 것이 화재의 예방대책이다.

(2) 국한대책

국한대책이란 화재가 발생하게 되었을 때 그 화재를 연소에 의해 확대되지 않도록 하는 것이 국한대책으로서 그 예는 다음과 같다.

① 가연물의 집적방지

발화점 근처에 다량의 가연물이 집적되어 있기 때문에 화재가 확대되는 경우가 많다. 즉 발화위험이 있는 작업장에 불필요한 원료, 제품, 상품 등을 다량으로 집적하면 대단히 위험하다.

② 건물, 설비 등의 불연화

건물은 방화구조로 되어 있는 내화구조로 하고 내부의 가구, 가구 등의 설비도 가능한 한 불연성 재료로 사용한다. 또한 화재가 났을 때 난연성 물질과 같이 다량의 연기 및 유해가스를 발생하는 재료는 사용을 피하여야 한다.

③ 방화벽, 방유제 및 방액제 등의 정비

건물의 중간이나 통로에 방화벽을 세운다.

또한 가연성 액체는 탱크 주변에 방유제, 액화가스탱크 주변에는 방액제를 설치하고 내용물이 누출할 때에는 누출물이 멀리 확대되지 않도록 한다.

④ 공한지의 확보

위험성 물질의 저장소 및 위험장소를 행하는 건물의 주변에는 일정한 공한지를 확보하고 안전거리를 보유하며 화재 위험이 다른 시설에 미치지 않도록 한다.

(3) 소화대책

소화대책이란 화재발생 시 소화하는 대책으로서 초기 소화의 본격적 소화로 나눌 수 있다.

① 초기 소화

최초 발화직후에 소화기나 소화설비로서 대처하는 응급조치 방법이다.

② 본격적 소화

공장 내의 자위소방대나 공설소방대에 의한 본격적인 소화방법이다.

(4) 피난대책

피난대책이란 화재 발생 시 위험구역으로부터 안전한 장소로 대피하는 대책으로서 그 예는 다음과 같다.

① 배연설비

② 비상통로 및 비상구

③ 정전유도등

④ 활강대등

CHAPTER 3

화재의 현상

3.1 화재의 발생원인

1. 화재의 원인

어떤 사고든 원인이나 징후가 없이 돌발적으로 발생하는 경우는 극히 드물다. 화재 발생에 이르는 직접적인 원인을 크게 구분하여 보면 발화원과 가연물의 사용부주의 및 방화 등 인위적인 것과 낙뢰, 자연발화 등 자연현상에 의한 것이다. 화재원인이나 양상은 인간의 생활양식과 과학기술의 변천에 따라 현저하게 변화를 해왔다. 경제의 발전과 기술혁신으로 건물, 산업설비 등은 대형화, 다양화, 고층화하게 되었고 이에 따라 화재의 원인과 양상도 현저하게 복잡해졌다. 특히 종래에는 별로 문제가 되지 않았던 산업재해가 부각되었는데 이는 산업규모의 증대와 화학물질의 사용증가 및 공업지역의 확대 등으로 인한 화재발생 위험의 증가 때문인 것으로 분석된다. 산업사회 이전에는 대부분의 화재가 건축물의 화재였으나 현재는 화재의 대상이 공장, 선박, 항공기, 차량 등으로 다양화되었고 화재원인도 해석하기 매우 복잡한 연소 메커니즘으로 발생하고 있다.

지난 수년간 우리나라에서 발생한 화재원인을 살펴보면 전기 및 유류가 주를 이루고 있다. 그간 통계자료에 의한 화재원인의 유형을 요약하면 다음과 같다.

(1) 전기

대개 배선 및 모터에서 시작된다. 전기화재는 철저한 사전 안전점검과 보수로 대부분 예방될 수 있는 것이다. 특히 위험한 공정 및 창고에서의 전기화재 예방이 요구된다.

(2) 마찰

과열된 베어링, 고장난 기계 부분, 컨베이어 고장 등은 마찰의 주원인이 된다. 정기적 점검과 보수, 주유 등이 마찰을 방지하는데 효과가 있다.

(3) 과열된 물질

공정상의 비정상적인 온도상승, 특히 건조기에서 가열된 액체나 물질의 고온화 등에 대한 적절한 온도 상승 방지장치를 설치하는 외에 기계 · 기구의 올바른 관리가 필요하다.

(4) 과열된 기계·기구의 표면

보일러, 가열로, 덕트, 전등 등의 표면이 과열됨으로서 화재가 발생하는 경우가 많다. 안전한 구조로 된 것으로 대체하거나 과열된 확률이 많은 기계 · 기구를 가연성 물질과 격리시키거나 적당한 환기를 함으로서 위험을 감소시킬 수 있다.

(5) 버너(burner) 화염

이동식 토치(torch), 보일러, 가스버너 등의 화염을 오용함으로서 화재가 발생하는 경우가 종종 있다.

(6) 전기불꽃(spark)

각종 전기기기에서 발생하는 전기불꽃이 발화원이 되는 경우가 많다. 설계가 잘된 기기의 사용, 스파크 방지장치가 장착된 기기의 사용, 그리고 이상적인 구획이 전기불꽃에 의한 화재를 막을 수 있는 방법이다.

(7) 자연발화

기름걸레, 쓰레기, 건조기의 침전물, 공장폐기물 등에서 자연발화하는 경우가 있다.

자연발화하기 쉬운 물품을 격리 저장 등의 방법으로 관리함으로서 예방할 수 있다.

(8) 절단 및 용접

절단 및 용접시의 스파크(spark), 아크(arc) 등은 빈번히 화재의 원인으로 작용하고 있다. 규정에 의한 공사의 실시와 철저한 주의가 요망된다.

(9) 연소

인접한 곳에서 발생한 화재의 화염으로부터의 복사열이 화재의 원인이 되는 경우가 많다.

(10) 방화(放火)

최근 방화범의 증가는 사회문제 중의 하나이나. 방화범에 의한 화재를 줄이고 방화범을 색출하기 위하여 외국에서는 화재보험회사들이 방화협회까지 조직하기에 이르렀다.

(11) 화학적 작용

제어할 수 없는 화학공정, 다른 물질과의 화학반응, 분해하기 쉬운 화학물질의 분해 등을 들 수 있다.

(12) 기타

정전기, 낙뢰, 끽연 등이 있다

2. 화재발생원인의 일반적인 구조

어떠한 형태의 화재라도 그것이 발생하기 위해서는 반드시 원인이 있게 마련이다. 일본 안전공학협회는 화재론에서 이를 규명함에 있어 화재원인의 개략도로서 이를 설명하고 있다.

1단계의 발화조건에는 물질조건과 에너지조건에 의한 발화가 화재발생의 직접원인이 된다. 2단계의 이상사상에는 물질이나 에너지를 발화에 이르게 하는 위험한 상태, 즉 정상이 아닌 누출, 파손, 부식반응 등과 같은 물적요인과 오조작 및 고의 등의 인적요인 그리고 이 둘을 합한 복합요인을 저차원의 간접원인으로 보고 있다. 3단계의 지배요인에는 이상사상을 뒷받침하는 요인으로 재료나 장치의 결함이나 고장을 야기하는 물적요인과 설계나 시공의 불량, 과로 등의 인적요인, 그리고 지진, 태풍과 같은 자연요인을 고차원간접요인으로 설명하고 있다. 4단계는 사회적 요인으로서 인적·물적 요소에 영향을 미친다는 것이다. 이와 같은 원인의 일반적 구성에서 생각하면 화재발생은 발화에 필요한 물질과 발화조건, 그것이 일어나기 위한 이상사상의 생성, 그 뒷받침이 되는 지배적 요인의 존재 및 이들의 배경이 되는 사회요인의 네 가지의 스텝으로 성립되어 이들이 주요한 요소가 되어 있음을 알 수 있다.

3.2 화재의 성장

1. 화재의 성장

화재는 가연성 물질에 일정 수준 이상의 열이 가해지는 경우 생성된 가연성 증기와 주위에 있는 공기 중의 산소가 발열반응을 하여 빛과 열을 발하는 화염과 연소가스, 연기 등의 연소생성물을 발생시키며 연소하는 현상이다. 연소과정이 진행됨에 따라 고온의 연소생성물은 자연대류현상에 의하여 주위의 공기가 유입됨과 동시에 연료증기와 혼합하게 된다. 이 공기로부터 공급되는 산소와 연료로부터 방출되는 가연성 증기가 혼합되면 연소범위 내에서 발열반응으로 다양한 연소생성물을 방출하면서 확산하게 된다. 이와 같이 반복된 연소과정에 의한 상승작용으로 인하여 더욱 성장하게 된다. 따라서 화재는 연소현상의 일종이므로 빛과 열을 발산하면서 일어나는 매우 빠른 화학반응이다. 여기서 화학반응이란 어떤 물질에서 타 물질로의 물질의 변화를 말하며 이 반응을 일으키기 위해서는 일정한 크기의 에너지를 필요로 한다.

발생된 다종의 연소생성물은 연소과정에서 나타나는 열에 의한 온도의 차이로 발생하는 부력에 의하여 천장면에 도달할 때까지 계속 상승하고, 수평면에 도달한 후에는 수평 천장면을 따라 이동하게 되는데 이 현상은 기류가 천장면에 부딪치는 형상을 하게 되는 것이다. 이러한 유동현상에 의하여 화재구획 내에 개구부가 있는 경우에는 연기 및 불기둥이 대기로 방출되거나 화재발생구획 외로 확산되게 된다.

어떤 개구부도 없는 밀폐공간인 경우에는 시간이 경과함에 따라 불기둥 및 연기기둥으로부터 전달된 열기와 연기가 아래 부분까지 이르게 되어 고온의 연소생성층을 형성하게 되며, 이러한 형성층은 거주자로 하여금 패닉(panic) 현상을 야기시킬 뿐만 아니라 인체에 직접적인 위험을 주게 된다.

실내에서 발화된 화재는 플래시오버를 거쳐 그 구획 내의 가연물을 모두 태우고 인접구획으로 확산되면서 결국은 건물전체로 확산되게 된다. 건물전체로 확산된 화재에서 발생하는 복사열이나 비화 등은 인접건물을 착화시키고 더 발전하면 도시화재로 전이될 수 있다. 그러나 공설소방력의 보강과 각종의 규제에 의한 설비와 예방활동으로 현대에서 화재가 도시화재의 규모로 커지는 경우는 거의 없다.

2. 열 및 화염의 전달

화재란 원하지 않는 연소현상으로 간략히 표현될 수 있는데 이 연소현상이 확산되기 위해서는 열의 전달이 이루어져야 한다. 열전달은 전도, 대류 및 복사에 의해서 이루어지는데 화재가 확산되는 경로에는 여기에 접염과 비화가 포함된다.

(1) 전도

전도란 물질의 이동없이 열이 물체의 고온부에서 저온부로 이동하는 현상이다. 일반적으로 전도라 함은 물체 내에서 열이나 전기가 이동하는 현상을 통칭하는데 여기서의 전도란 엄밀히 이야기하면 열전도(thermal conduction)라고 할 수 있다.

열은 고온부에서 저온부로 이동하여 시간이 지나면 결국 두 부분의 온도가 같아지는 열평형에 이르게 된다. 물질에 따라 열의 이동속도가 다른데 이 정도를 열전도도 혹은 열전도율이라 한다. 전도가 직접적으로 연소에 미치는 영향을 살펴보면 물질 중에 열전도도가 높은 물질은 외부에서 열에너지를 가하더라도 그 열에너지를 물체 내부로 효과적으로 확산시키므로 열의축적이 적어서 가연성 증기를 발생시킬 수 있는 인화점까지 이르기가 힘들어진다. 따라서 열전도도가 낮을수록 인화가 용이한 물질이라고 할 수 있다.

전도가 화재의 확산 경로로서 작용하는 경우는 그리 흔하지 않다.

전도법칙은 Biot(Biot Number = hL/k)에 의한 실험적 관찰내용에 기초를 두고 있으며, Fourier의 이름을 따서 명명되었다. Fourier법칙은 어느 한 방향(즉, x방향)으로 전도에 의하여 일어나는 열유동률은 다음의 항들에 비례한다고 기술하고 있다.

지시한 방향에 대한 온도구배는 dT/dx, 열흐름방향에 수직인 면적은 A, 따라서 x방향의 열유동률은 다음과 같이 표시된다.

$$Q_x = -kA\frac{dT}{dx} \ \text{[W]} \tag{1}$$

여기서 Q_x는 x방향에 수직인 면적 A를 통하여 전달되는 x의 양의 방향으로 흐르는 열유동률이며, 다음 식은 동일한 방향에 대한 온도구배이다.

$$\frac{dT}{dx} = \lim_{\Delta x \to 0}\frac{\Delta T}{\Delta x} \tag{2}$$

비례상수 k는 열전도율(Thermal Conductivity)이라고 하며, 물질의 물성값(Property)이다.

이 개념의 응용을 예시하기 위하여, 물체내부에 선형적 온도분포를 갖는 평판(Slab)을 고려해 보자. 식 (1)은 다음과 같다.

$$\begin{aligned} Q_x &= -kA\frac{dT}{dx} \\ &= -kA\frac{T_2 - T_1}{x_2 - x_1} = kA\frac{T_1 - T_2}{x_2 - x_1} = kA\frac{\Delta T}{L} \end{aligned} \tag{3}$$

여기서, $x_2 - x_1 = L$은 평판의 두께로 양의 값이다.

단위면적당 열유동률은 열속(Heat Flux)이라고 정의한다. 따라서 Q_x를 면적 A로 나눈 값 q_x를 x방향 열속이라고 한다.

$$q_x = \frac{Q_x}{A} \ [\text{W/m}^2] \tag{4}$$

그러므로 q_x는 x방향의 단위시간당, 단위면적당 열흐름량을 나타낸다. 열유동률

Q_x를 W, 열속 q_x를 W/m²으로 표시하면, 열전도율 k는 W/(m · ℃) 또는 J/(m · s · ℃)의 단위를 갖게 된다.

문제

창유리의 내외부 표면온도가 각각 20℃와 −5℃이다. 유리의 크기는 100cm×50cm, 두께가 1.5cm, 열전도율이 0.78W/(m · ℃)라고 할 때, 이 유리를 통한 2시간 동안의 열손실을 구하라.

풀이

x좌표축의 중심은 고온 표면 $x_1 = 0$ 위에 놓여 있다. $x_2 = L = 0.015$m, $T_1 - 20$℃, $T_2 = -5$℃, $k = 0.78$W/(m·℃), $A = 1\text{m} \times 0.5\text{m} = 0.5\text{m}^2$이므로 식 (3)을 적용하면,

$$Q_x = kA\frac{T_1 - T_2}{x_2 - x_1} = kA\frac{\Delta T}{L}$$

$$= 0.78\text{W}/(\text{m}\cdot℃) \times (1 \times 0.5\text{m}^2) \times \frac{[20-(-5)]℃}{0.015\text{m}}$$

$$= 650\text{W} = 0.650\text{kW}$$

그러므로 $\Delta t = 2h$ 동안에 창유리를 통한 열손실은 다음과 같다.

$$\text{열손실} = Q_x \Delta t = 0.650\text{kW} \times 2h = 1.30\text{kW}\cdot h$$

(2) 대류(convection)

대류란 유체의 실질적인 흐름에 의해 열이 전달되는 현상이다.

유체 내부의 어느 부분의 온도가 높다면 이 부분의 유체는 열에 의해 팽창되어 밀도가 낮아지므로 가벼워져 상승하게 되고 주위의 낮은 온도의 유체가 그 구역으로 흘러 들어오는 순환의 과정이 연속된다. 고온부가 전체 유체의 아랫부분에 있으면 이런 순환 과정을 통해 쉽게 유체 전체의 온도를 높일 수가 있다.

실내화재에서 아래 부분의 가연물이 착화하여 화염이 발생하고 그 화염에서 발생한 열기류가 천장 부위의 가연물을 가열함으로서 착화에 이르게 하는 현상이 발생하는데 이를 대류연소라 한다. 실제로 화재에서 이 대류연소에 의해서 화재구획의 천장 부위로 화염이 확산됨으로서 화재의 최성기인 플래시오버(flash over)에 이르게 되므로 대류연소에 의한 화재의 확산 경로는 매우 큰 의미를 가진다.

(3) 복사(radiation)

모든 물체는 그 물체의 온도 때문에 열에너지를 파장의 형태로 계속적으로 방사하며, 그렇게 방사하는 에너지를 열복사라고 한다.

물체 내부에서 발생되는 복사는 표면을 통해서 방사된다. 반대로 한 물체의 표면에 입사되는 복사는 그 매체의 내부로 들어가면서 감소된다.

복사로 전달되는 열에너지의 양은 고온체와 저온체의 온도차의 4승에 비례한다.

화재에서 화염의 접촉 없이 연소가 확산되는 현상은 복사열에 의한 것으로 볼 수 있다. 인접건물의 화재로부터 발생한 화염에서 발생한 화염의 복사열에 의해 착화되어 화재가 확산되는 현상이 복사열에 의한 화재확산의 전형적인 현상이다.

열복사선은 육안으로 식별되지 않으므로 당장 그 작용이 격렬하게 진행되어도 대상물이 발화될 때까지는 인지를 못하므로 연소확대를 방지하는데 실패할 수 있다. 화재현장에서는 보통 풍상측이 풍하측보다 공기가 맑아 복사에 의한 열전달이 더 용이하게 이루어진다. 복사에 의한 열전달은 복사선에 의해서 이루어지므로 중간에 차단물이 있으면 이루어지지 않으며 입자로 구성된 연기 등으로부터 방해를 받을 수 있다.

모든 물체는 그들의 온도에 기인하여 에너지를 방출하고 있다. 이와 같이 물체가 그들의 온도에 따라서 방출하는 에너지를 열복사(Thermal Radiation)라고 한다. 복사에너지는 물체의 경계표면을 통하여 방출되고 있으나, 이 에너지는 물체내부영역으로부터 경계표면으로 공급된다. 마찬가지로 물체의 표면에 입사되는 복사에너지는 물체내부 깊숙이 침투하며 그곳에서 흡수된다.

복사에너지의 방사와 흡수가 표면으로부터 수 옹스트롬(Å, 10^{-8}cm) 정도의 극히 짧은 거리의 영역에서 발생하는 경우의 복사현상을 표면복사(Surface Radiation)라고 한다. 그리고 이러한 물체를 열복사에 대하여 불투명하다고 한다. 예를 들면 금속체, 나무, 돌, 종이 등과 같은 많은 물질들은 열복사에 대하여 불투명한 것으로 구분되고 있다. 다른 한편으로 유리판은 그 위에 입사되는 태양복사에너지에 대하여 반투명하다고 하며, 그 이유는 태양복사의 일부는 흡수되고, 그 일부는 반사되며, 그 나머지는 유리를 투과하기 때문이다.

매질내부를 전파해 나가는 복사는 매질의 에너지흡수에 의해 점차 약해진다. 진공속을 복사가 전파 할 때에는 어떠한 감쇠 또는 약화도 일어나지 않는다. 따라서 진공은 복사에 대하여 완전히 투명한 것으로 고려된다. 또한 실내에 있는 대기상태의 공기도 모든 실제적인 목적에서는 열복사에 대해 투명한 것으로 고려되며, 그 이유는 공기층이 수 킬로미터 정도로 두꺼운 경우가 아니라면 공기에 의한 복사의 감쇠가 거의 무의미하기 때문이다.

① 복사에너지의 방사

온도 T의 물체로부터 방사되는 최대복사열속은 다음의 Stefan-Boltzmann법칙에 의해 주어진다.

$$E_b = \sigma T^4 \ [\mathrm{W/m^2}] \tag{5}$$

여기서 σ는 Stefan-Boltzmann 상수[$\sigma = 5.6697 \times 10^{-8}$ W/m^2 · K^2]이며, E_b는 흑체방사도이고, T는 절대온도 Kelvin이다.

오직 이상적인 복사체 또는 이른바 흑체(Black Body)만이 식 (5)에 따르는 최대복사열속을 방출할 수 있다. 절대온도 T의 실제물체에 의해서 방사되는 복사열속 q는 언제나 흑체방사도 E_b보다 작으며, 다음 식으로 주어진다.

$$q = \varepsilon E_b = \varepsilon \sigma T^4 \tag{6}$$

여기서 ε는 물체의 방사율(Emissivity)이며, 이 값은 모든 실제물체에 대해서 언제나 1보다 작으며, 오직 흑체에 대해서만 1을 갖는다.

② 복사의 흡수

흑체에 입사되는 복사열속 q_{inc}는 흑체에 의해 완전히 흡수된다. 따라서

$$q_{abs} = q_{inc}$$

여기서 q_{abs}는 흡수된 에너지이다. 반면에 실체물체에 입사된 복사열속 q_{inc}는 그 일부만 물체에 흡수되며, 흡수된 에너지 q_{abs}는 다음 식으로 주어진다.

$$q_{abs} = \alpha q_{inc}$$

여기서 α는 흡수율(Absorptivity)이며, 0과 1 사이의 값을 갖는다. 오직 흑체에 대해서만 1의 값을 갖는다. 일반적으로 실제물체에서 흡수율 α는 방사율 ε와 크기가 서로 다르다.

(4) 접염연소

화염이 물체에 접촉하여 연소가 확산되는 현상으로 화염의 온도가 높을수록 잘 이루어진다.

화재에 있어서는 화염의 규모가 크고 그것에 접촉되는 범위도 넓어서 접염에 의한 연소가 광범위하게 이루어지며 사람들에게는 공포감을 유발하게 된다. 주간에는 완전연소 부분으로부터 발생하는 고열의 화염이 잘 보이지 않는 경우가 있고, 야간에는 화염에 면한 부분의 연기가 반사된 빛에 의해 화염으로 보이는 수도 있다.

(5) 비화

불티가 바람에 날리거나 튀어서 멀리 떨어진 곳에 있는 가연물에 착화되는 현상이 비화에 의한 연소의 확대이다.

비화에 대한 화재방어상의 관심사는 화원에서 상당한 거리에 있는 장소에 발생하는 다수의 발화이다. 불티는 클수록 발화의 위험률이 높지만 작은 불티라도 바람, 습도 등의 영향에 따라 화재로 발전될 수 있다. 그리고 불티의 비화거리와 범위는 연소물질의 종류, 발화부의 화세, 풍력 등에 따라서 달라진다. 야간에는 미세한 것까지 빨갛게 보이나 주간에는 검은 물체로 보일 수 있으므로 주의하여야 한다.

CHAPTER 4

방화공학

우리나라에서 소방이 학문으로 인식된 것은 근래에 와서부터이다. 그 이전에는 소방은 학문이기보다는 불을 끄고 보자는 우선 위급한 상황을 벗어나는 조치를 하는 것이 소방의 모두였다. 그리고 급한 불을 끄고 나면 일단 다시 원래의 위치로 돌아가 그 사고를 잊으려고 하였다. 1970년대의 대연각 화재 및 대왕코너 화재가 그랬고 씨랜드 화재가 그랬다. 이것은 후진국형 소방의 전형적인 예라 할 수 있다.

1960년대 이전의 산업화 이전에는 이러한 소방이 통하였다. 즉 화재가 발생하면 소방차가 출동하여 신속히 진압할 수 있도록 차량도 지금처럼 많지 않아 소방차 출동에도 문제가 없었고, 고층건물이 별로 없어 소방서 장비로 충분히 진압할 수 있었다. 국민소득이 미미하여 가진 것을 불로 모두 잃더라도 다시 시작하면 금방 만회할 수 있을 정도였고 사망자가 생기면 재수가 없어 액운을 당했다고 치부하였다.

60년대 산업화의 시작으로 도시밀집현상과 교통이 복잡해지면서 국가의 부가 과거 농경사회와는 비교할 수 없을 정도로 늘어나면서 우리는 70년대 대연각, 대왕코너 및 시민회관 같은 고층, 대형건물의 화재로 많은 인명과 재산을 잃는 경험을 하여 화재가 사회문제를 야기할 수 있고 소방서의 진압활동이 원천적으로 불가능하다는 것을 경험하게 되었다. 그것은 우선 소방서 증설로 나타났다. 이것은 충분한 타당성이 있다. 대규모 고층건물의 화재진압은 할 수 없지만 소방차로 진압할 수 있는 화재사고도 계속 늘어나고 있어 공공소방의 수요가 증가하고 있다.

그런데 여기서 간과하지 말아야 할 것은 소방서의 단순한 양적인 확대에 그치고 예방 소방 기술 개발에는 등한한 후진국형 소방이 아직도 소방이라는 착각 속에 있다는 점이다. 정보화 산업시대, 도시의 인텔리전트화 현상에 따라 안전의 필요성은 점차 증가하고 있다. 얼마 전에 세종로 정부종합청사 건물 화재에서 화재경보설비가 작동하지 않은 어처구니없는 사고가 일어났다. 정부청사 건물이 이럴진대 일반 건물의 소방설비의 상황은 명약관화하다.

4.1 방화공학의 필요성

오늘날의 화재는 과거에 비해 소방서의 진압활동이 점점 어려운 상황으로 변하고 있다. 도시의 고층화, 밀집화, 건물의 대형화, 에너지 사용의 증가, 건물의 화재하중의 증가, 새로운 산업의 출현 등 우리의 경험을 뛰어넘는 잠재위험이 증가하기 때문이다. 이러한 현상을 NFPA의 "Fire Concept Tree"에서는 성장하는 하나의 나무와 같이 보았다. 즉 방화의 목적을 이루기 위해서 "사전 예방적인 측면"과 "사후 충격관리적 측면"을 양대 수레바퀴로 하여 이 수레를 잘 끌고 가는 것이 방화의 목표로 할 것을 제안하고 있다. 또한 이러한 두 수레바퀴에는 수많은 바퀴살이 있는데 이 살은 마치 나뭇가지와 같이 새롭게 가지를 치는 것으로 사회의 발달에 따라 새로운 잠재 위험과 대처하여야 한다는 것이다. 오늘날 화재는 하나하나가 공학적인 면에서는 하나의 귀중한 시료(샘플)이다. 예컨대 달나라 로켓이 발사 과정에서 폭발하는 사고가 발생하였다면 과학자들이 그 폭발 원인을 찾아내는 것은 당연한 조치이다. 화재도 마찬가지이다. 화재는 가연성 물질 등의 원치 않는 화학작용 및 그 전개 과정이 어디에서 사고가 발생하였는가에 대한 과학적 조사가 필요하다.

이러한 조사능력이 없으면 형사적인 책임이나 보상문제만으로 귀중한 시료를 등한시한다.

우리의 소방관련 법령은 각 부처소관별로 정해져 있고 소방은 건축적으로 규정하는 건축법규에서 방화사항은 그 우선순위에서 한참 밀려 있는 것이 현실이다. 소방은 건축주의 자율에 맡길 수 없는 속성을 지닌다. 전기설비나 냉난방 통신설비는 자율에 맡기더라도 개선방향으로 나아갈 수 있지만 소방은 건물주의 자율에 맡기어 등한히 한다면 화재 시 참사를 자초하는 것이 된다.

따라서 주택을 제외한 건물의 소방시설은 소유주에게 직접, 간접적으로 강제화가 불가피하며 이에 대하여 우리 모두는 이해하고 있다. 그러나 공학적인 능력의 결여로 부처간의 법규가 일관성이 없고 즉흥적인 규정이나 과학적으로 검증되지 않은 것이 대부분으로 형식에 그치고 있는 것이 현실이다.

이러한 원인 제공은 거의가 소방의 과학적인 검증 없는 행정편의 규정 때문이다. 현재 대학과정에서 소방 관련학과가 개설되고 있지만 거의가 취업위주의 교육에 머물고 있고 소방과학이 아닌 외적인 필요성에 의해 개설되고 있는 인상이 짙다.

이에 따라 소방 기술자는 양산되고 있지만 소방서 증설과 같이 양적인 팽창과 맥락을 같이 하고 있다.

방화공학은 이러한 과학적인 검증을 지원하는 학문이다. 흔히 "안전불감증"이라는 말을 하는데 이것은 방화에 대한 비전문가들이 지어낸 말이다. 모든 안전사고를 국민의 안전불감증으로 돌리면 담당 공직자들은 편할 수 있게 될 것이다.

4.2 방화안전의 기본요건

건축물 방화설계의 목적은 기본적으로는 화재 시 인적·물적 피해의 저감 및 건물 이외의 부분에 대한 영향의 방지에 있다고 할 수 있지만, 구체적으로는 다음과 같은 개념에 의한 것이라고 할 수 있다.

종합방화설계법은 건축물이 목적으로 하는 방화안전성을 달성하기 위해서 취해야 하는 방화대책을 설계자의 재량에 의해 자유롭게 선택할 수 있도록 한다는 것을 기본 목표로 하고 있다. 이에 따라 종래의 법령 밑에서는 실현되지 않은 새로운 형태나 기능의 건축공간 창조가 가능해졌고, 능숙한 설계를 통해 보다 높은 안전성뿐만 아니라 합리적·경제적인 설계가 가능해졌지만 이를 위해서는 다음과 같이 여기서 목적으로 하는 방화안전의 개념을 분명히 할 필요가 있다.

(1) 인명안전이 우선

설계대상으로 하는 건축물에 거주하는 사람들의 안전을 도모하는 것이 첫 번째 목적인 것은 당연하다.

(2) 주변공간에의 가해방지

화재 건물에 있어서의 인명안전 외에 주변공간에의 가해방지(다른 건물에의 연소방지, 시가지 내에서 대규모 건물의 도괴에 의한 위해방지, 여기에는 주변공간의 인명안전도 물론 포함된다)를 별도의 목적으로 생각할 필요가 있다.

(3) 건물 내 연소방지에 관하여

방화설계 대상건물 또는 그 건물 내부에서의 재산손실을 막는다는 것은 건물 내의 연소방지로 나타낼 수 있다. 이것은 개별 설계의 주요 설계목표가 되는 경우도 있지만 모든 건물이 공통적으로 대비해야 하는 기본적인 요건이기도 하다. 일반적으로 사용되는 방법이나 관리주체가 다른 공간(예를 들면 공동주택과 같이 서로 다른 세대가 생활하는 주거, 복합용도의 건물 등) 사이에서, 한편의 공간 화재에 의해 그 밖의 공간이 연소하지 않을 것, 화재 후에 화재공간 이외의 공간 사용에 지장을 미치지 않고 기능회복이 가능할 것 등의 요건이 있지만, 실제에서는 각 건물의 특성, 소유주의 사고방식 등에 의해 목표 수준이 조금씩 달라지게 된다. 이렇게 보면 연소방지는 방화안전의 수단으로서 성격이 크지만, 실제로는 주변에의 가해방지라는 관점에서 하나의 위치를 정해놓은 것이다. 단지 그 평가는 위에 언급한 것과 같이 경우에 따라 다르고, 인명안전과 같이 기본적인 한 가지의 수준으로 나타낼 수 없다.

(4) 시가지의 화재확대방지

건축의 방화설계는 화재가 발생한 경우를 상정하여 그 건물의 인적 · 물적 안전을 확보하는 것에 중점이 있지만, 특정한 지역(현행의 법령 하에서는 방화지역이나 준방화지역 등)에 있어서의 시가지 화재방지를 위한 조건은 별개의 목적으로 설정한다.

(5) 출화방지와 소방활동의 Fail-safe

이상의 피난안전, 주변공간에의 가해방지(연소방지, 도괴방지), 시가지 화재방지의 3가지 요건이 건축물 방화안전의 기본 목표이다. 하지만 실제의 화재성상은 다양하고, 경우에 따라서는 일반적으로 예측할 수 없는 사태를 초래하는 화재도 종종 발생하고 있다. 이들에 대하여 건축적인 방재대책만으로 충분한 안전을 도모하기에는 경제적 · 기술적으로 곤란한 경우가 많다.

이상으로 방화안전의 목적에 의거하여 방화대책상 기본 요건이 되는 항목을 정리하면 다음과 같다.

① 출화방지
② 피난안전
③ 주변공간으로의 가해방지
 - 연소방지
 - 도괴방지
④ 소화활동의 원활화
⑤ 시가지 화재방지

4.3 방화안전을 위한 기본요건의 내용

이 장은 전술한 5개 항목의 방화안전 기본요건을 구체적으로 서술한 것으로, 방화안전 평가 시스템의 골자가 되는 조건이다. 이에 기초하여 각 항목마다 구체적인 평가기준이 설정된다. 다만 개별 건물마다 상이한 조건에 따라 평가기준이 항상 표준화되지는 않는다. 이 경우 기본 요건을 기초로 하면서 각 설계 조건에 맞는 가장 합리적인 평가기준이 설정되는 경우도 있다. 표준적인 평가기준은 출화확대, 피난, 연기제어, 내화설계 등 각 서브시스템에 서술한 것으로 여기서는 기본요건의 전체구성만을 소개한다.

1. 출화 및 급격한 화재확대의 방지

(1) 화원, 수납물의 관리

건축물 화재이 발생위험이 현저히 높지 않도록, 사용하는 에너지원, 수납물, 건축재료, 설비 및 방화관리체제 등을 적절히 계획한다.

(2) 위험물 등을 취급하는 건축물에의 배려

폭발성 물질, 가연성 물질 등 출화 위험이 높은 물질 또는 출화한 경우 위험의 확대 속도가 큰 물질을 취급하는 건축물은 그 물질의 특성, 잠재위험의 수준, 취급하는 양에 따라 위험방지를 위해 필요한 조치를 한다.

2. 피난안전의 확보

(1) 피난상 현저히 지장이 있는 건축재료 등의 사용제한

화염전파성이 매우 높은 재료, 화재 시 독성이 매우 높은 연소가스를 방출할 우려가 있는 건축재료를 화재 시 피난상 지장이 생길 우려가 있는 부분에 사용하지 않는다.

(2) 적절한 피난계획

건축물의 피난계획은 화재 시 재실자의 피난안전을 목적으로 하여 건물재실자, 이용형태, 관리 · 운영형태, 공간형상 및 화재감지 · 경보시스템 등의 특성을 감안하여 세운다.

(3) 안전한 피난장소의 확보

① 건축물은 화재 시 재실자의 피난안전을 위해 연기, 화열, 구조의 파손 기타 화재에 기인하는 여러 가지 위험이 미칠 우려가 없는 피난장소를 확보한다.
② 피난장소는 공공광장 등 건물 외부의 공간에 확보하는 것을 원칙으로 한다. 다만 건물 외부로의 피난을 적정 시간 내에 완료하기 곤란할 것이 예상되는 건축물에 있어서는 건물 내에 마련해도 좋다.
③ 피난장소는 피난계획이 복잡하게 되어 혼란을 일으킬 우려가 없는 경우에는 출화 위치에 따라 장소를 변경하도록 계획할 수도 있다.

(4) 안전한 피난 경로의 확보

① 건축물은 출화의 가능성이 높은 부분 중 어느 쪽에 화재가 발생한 경우에도 재실자에게 적어도 하나 이상의 안전한 피난 경로가 확보되도록 계획하는 것을

원칙으로 한다.

② 출화 시 건물 내의 재실자에게 안전한 피난경로가 확보되지 않을 우려가 있는 건물부분은 화재발생 가능성을 무시할 수 있는 수준으로 낮추거나, 출화하더라도 재실자에게 피난할 필요가 있을 정도의 위험이 미치지 못하도록 조치한다.

③ 피난경로는 재실자가 거주하는 각 부위로부터 최종 피난장소까지 연속하게 하여 재실자가 지장 없이 피난할 수 있도록 용량 · 형상 · 구조 · 설비 등을 계획한다.

④ 피난경로의 각 부분은 그 부분에 있어서의 피난이 완료하기까지 화재에 의한 연기, 화열, 붕괴, 파손 등에 기인하는 위험이 피난자에게 미치지 못하도록 계획한다.

3. 주변으로의 가해방지

(1) 주변의 건축물 또는 건축물 내의 다른 부분으로의 연소방지 : 건축물은 그 건물의 일부에 화재가 발생했을 경우 그 부분과 소유자, 관리자, 거주자가 다르며 화재의 피해를 미치게 해서는 안 되는 다른 건축물 또는 그 건축물 내의 다른 부분으로 연소의 우려가 없도록 적절한 조치를 취한다.

(2) 사회적으로 중요한 지장을 미치는 연소방지 : 건축물은 그 건물의 일부에 화재가 발생했을 경우 피난활동, 소방활동, 주변에의 영향 등으로 예측되지 못한 사태를 최대한 방지하기 위해 일정한 범위 밖으로 연소확대의 우려가 없도록 적절한 조치를 취한다.

(3) 건축물의 기능회복 : 건축물은 그 건물의 일부에 화재가 발생하여 화재손실 등의 피해를 낸 경우 다른 부분의 사용에 중대한 지장을 미치지 않고 손실부분의 기능회복을 할 수 있도록 형상 · 구조 · 설비 등을 계획한다.

(4) 사회적으로 중요한 지장을 미치는 도괴의 방지 : 화염에 의해 전체 또는 부분적으로 도괴한 경우 사회적으로 중대한 지장을 발생시킬 우려가 있는 건축물은 화재에 의해 도괴하지 않도록 조치를 취한다.

4. 소방활동의 확보

(1) 소방활동상 현저히 지장이 있는 건축재료 등의 사용제한 : 화염전파성이 매우 높은 연소가스를 방출할 우려가 있는 건축재료를 소방활동상 지장이 있는 부분에 사용하지 않는다.
(2) 소방대에 의한 인명탐색 · 구조활동의 확보 : 건축물은 화재 시 소방대에 의해 인명탐색 · 구조활동을 안전하고 신속히 수행하기 위해 필요한 조치를 취한다.
(3) 소방대에 의한 소화 · 연소방지 활동의 확보 : 건축물은 소방대에 의한 소화 · 연소방지 활동을 안전하고 효율적으로 수행하기 위해 필요한 조치를 취한다.

4.4 종합방화설계법 각 서브시스템의 개요

종합방화설계법은 방화안전을 위한 기본요건에 대응하는 서브시스템으로 구성되며, 이러한 서브시스템을 적용한 건축한 건축물 평가에 의해 전체 또는 부분의 안전성이 확인된다. 평가는 그 목적에 의해 또는 건축물의 계획조건에 의해 그 방법이 결정된다. 특정 서브시스템만을 적용할 수도 있는 것이다.

1. 출화확대 방지

출화확대 방지설계의 목적은 건축방화의 기본적인 출화방지, 연소확대 및 연소에 따른 가열에 의한 인명위험의 제거이다.

(1) 출화 방지
(2) 인명안전상 유해한 연소 방지
- 내장재료의 선택
- 자동소화설비에 의한 대체

(3) 다른 공간(동일 건물 내)에의 확대 방지

- 동일 층에서의 연소 방지
  - 벽, 바닥 등의 구획 부재
  - 구획관통부, 내부개구부
- 외부 개구부를 통한 연소 방지
- 수직통로를 통한 연소 방지

출화에 도달하지 않기 위한 조건은 건물의 사용방법, 화원의 관리방법 등에 따라 다르다. 그러나 여기서는 주로 건축기술 측면에서 평가를 하고 있기 때문에 출화 방지에 있어서는 일상적인 화기·발열기구에 의한 장시간 가열에 의한 내장재료나 바닥재가 착화하지 않는다는 것을 화기로부터의 입사열 등과 관련하여 평가를 한다. 화기의 방열조건과 계속 사용시간 등의 조건은 실태에 따라 정하면 좋겠지만, 특히 이를 예측할 수 없는 경우에는 표준 값에 의해 평가를 하도록 되어 있다.

인명안전상 유해한 연소의 방지 조건은 내장재료와 스프링클러 등 자동소화설비의 대책에 의해서 결정된다. 내장재료의 경우 작은 실에서는 플래시오버가 하나의 지표로 사용되지만, 일반적으로는 재실자가 일정 수준 이상의 강한 방사열 또는 고온의 공기에 휩쓸리는가의 여부를 검토한다. 이 중 전자의 경우 일반적으로는 방사열의 강도를 예측하는 것이 곤란하기 때문에 화염이 천장면 밑으로 따라 흐르지 않는가, 천장면 착화의 방지, 천장면 연소의 억제에 의해 평가하게 된다. 고온의 공기의 경우 연기제어 서브시스템 평가법에 준한다. 자동소화설비는 위와 같이 재실자가 위험에 처하기 전에 설비가 작동하는 것이 그 조건이다.

주변공간으로의 연소확대 방지는 원칙적으로 어떤 공간에도 화재가 발생될 수 있다는 것을 전제로 상정된 여러 연소 경로마다 평가하는 것이다. 동일 층 내의 수평방향으로의 확대 방지는 구획부재의 내화시간과 화재계속시간과의 관계 등으로, 상층연소는 하층의 외부 개구부로부터의 분출화염과의 관계로 평가한다. 또한 수직통로의 경우 공기의 유동을 전제로 다른 층에 피난행동상 현저하고 유해한 화열의 이동이 있는가의 여부를 판단한다.

다른 건축물에의 연소확대 방지에 있어서는 동일 부지내의 연소와 인접대지 사이의 연소를 구분한다. 전자에 있어서는 인접건물의 구법·거리 등이 명시되어 있기 때문에 외벽의 착화 방지, 개구부로부터의 화열의 침입 방지로 평가된다. 후자에 있어서는 인접 대지경계선으로부터 5m의 거리에 있는 목재를 착화시키지 않는 것을 또한 유소수해(類燒受害) 방지에 있어서는 인접 대지경계선상에 일정한 방사열원을 가정하여 연소하지 않는 조건을 평가방법으로 취하고 있다.

이 외에 소방활동의 요건과 관련하여 감지・통보, 출화장소에의 접근, 소방활동의 안전, 설비의 확보 등에 대해 평가한다.

2. 피난안전

건물 내 재실자의 피난안전은 연기, 화열・구조체의 손상・붕괴 등 여러 가지 요소에 의해 훼손된다. 이것은 상당히 종합적인 판단을 요하는 시스템으로 생각되어야 함을 의미한다.

피난안전설계법은 우선 대상으로 하는 건축물 내부에 적당한 출화장소(원칙적으로 생각할 수 있는 모든 경우)를 상정, 피난계획을 작성하고 피난경로, 피난장소로 사용될 공간을 설정하여 피난행동과 피난시간을 구한다. 이것에 전술한 건물조건에 따라 상정된 화원에 근거한 연기, 출화확대 서브시스템으로 해명되는 화열의 성장 또는 구조체의 도괴・변형 등을 대응시켜 각각의 장소에서 재실자의 안전을 확인한다. 안전의 확인은 화재실, 화재층, 비화재층의 피난경로에 대해 수행하며 필요한 경우 최종 피난장소에 대해서도 수행한다.

이 중에서 피난성상에 대해 그 행동특성과 피난시간을 구하는 것이 피난성상 예측방법이다. 안전의 평가는 연기나 화열이 어떤 성상이든 우선 피난의 성상을 파악하고 이에 연기의 성상을 대응시켜 평가한다. 본래 비상시의 피난행동은 화재의 성상에 관한 계산대로 정연하게 이루어지지 않는 경우가 많고, 당황・혼란 등의 사태 또한 상정해야 하기 때문에 피난과 화재의 진전을 독립적으로 생각하고 이를 대응시키는 방법에는 불완전한 면이 있는 것이다. 그러나 원래 그와 같은 혼란을 초래하는 사태가 발생할 경우 안전상 지장을 주기 때문에 피난안전의 원칙은 오히려 그와 같은 절박한 상황에서도 재실자가 거의 계획대로 피난할 수 있는가를 평가하고자 하는 것이다. 이를 평가할 때 계산상으로는 안전하더라도 필요에 따라 어느 정도의 안전율을 고려해야 한다는 것을 의미한다.

실내에서 초기 화재 시 인간이 견딜 수 있는지의 여부로 평가해야 한다. 이 평가는 전술한 바와 같이 출화확대방지의 서브시스템에 의한 평가법을 적용하지만, 이를 실제로 예측하는 것은 일반적으로 곤란한 경우가 많기 때문에 여기에서는 내장재료나 자동소화설비의 특성에 의해 천장면 착화 방지 또는 천장면 연소억제 여부를 재실자의 피난과의 관계로 평가한다. 스프링클러의 작동여부는 재료의 연소발열량 등으로 예측할 수 있지만 이를 최종적으로 어떻게 평가에 반영시키는가에 대해서는 여러 의견이 있을 수 있기 때문에 건물 전체의 연소확대에 의한 인명안전은 연소의 진행과 인간의 피난 등의 행동으로 결정된다.

이러한 연기제어 · 피난과 관련하여 개발된 기술은 다음과 같은 종류가 있다.

(1) 안전의 확인을 위하여 필요한 산성소선
- 피난자 조건 : 공간용도별 피난자수 및 피난능력, 피난개시시간 등
- 화재 조건 : 건물 용도별 표준화원, 스프링클러의 유무별 화재규모, 개구부 조건 · 설비의 작동 조건, 기상조건 등의 설정방법

(2) 피난자의 피난상태를 예측하기 위한 계산법 및 표준프로그램
(3) 연기유동 · 제어를 예측하기 위한 계산법 및 표준프로그램
(4) 재실자의 안전을 확인하기 위한 평가기준
- 피난경로, 피난장소에 대한 위험요인으로는 연기, 열, 구조체의 도괴 · 변형 등을 대상으로 한다.

(5) 예측계산 및 안전확인에 필요한 설계자료 및 시험법

3. 내화설계

여기에서 내화설계법은 피난 · 소방활동의 안전확보, 부지주변에의 위해방지, 피해건물의 물적 재산보전의 세 가지 항목을 목적으로 하여 주로 강구조를 대상으로 성기(盛期)화재 연소확대 방지를 위한 방화구획 및 건물의 구조 내력을 유지하는 기둥, 보, 벽, 바닥 등에 적용한다. 그 내용은 내화설계가 요구되는 건축물의 조건을 설정하고 특정 구획 내의 화재성상을 화재하중, 개구율, 주변 벽체의 열정수 등으로부터 계산하여 화재에 의한 부재의 온도, 변형 · 내력 등을 예측, 구획부재와 골조가 평가

기준을 만족하는지를 판정한다. 이에 따라 내화피복의 경감 또는 무피복 노출철골 건물이 이론상으로 가능해지는 경우도 발생한다. 철골의 경우에도 현재의 일반 강재는 온도가 350℃ 이상일 때 서서히 그 내력을 잃어가기 때문에 강재의 온도가 하나의 평가목표가 될 수 있지만 향후 고온에 견디는 성질을 갖는 강재가 개발되더라도 본 평가방법으로 동일하게 평가할 수 있는 것이다. 물론 이러한 내화설계 방법은 철근콘크리트 구조, 철골콘크리트 구조에도 적용할 수 있지만 이러한 구조의 경우 콘크리트의 고온 시 기계적 특성과 폭열현상 등이 아직 정량적인 계산으로 예측할 수 있는 수준에 도달하지 않은 것도 있으므로 평가기준이나 설계순서를 강구조의 경우와 완전히 동일하게 할 수는 없다.

4.5 화재로 인한 재해예방대책

화재가 발생되지 않도록 하는 가장 근본적인 대책은 최초의 점화를 방지하는 대책이다. 이것은 출화(出火)물질이 되는 위험물질과 여기에 발화의 에너지를 주는 발화원을 유효적절하게 관리하는 방법 이외는 없다.

(1) 가연물의 집적방지

화재가 확대될 때는, 출화점 근처에 다량의 가연물이 집적되어 그것이 원인이 되는 경우가 많다. 발화위험이 있는 작업장에는 불필요한 원료, 제품, 상품 등을 다량으로 집적하면 매우 위험하다. 안전한 창고 또는 집적장을 설치하고 저장 또는 보관시켜야 한다.

(2) 건물·설비의 불연화

건물은 방화구조가 되어 있는 내화구조로서, 내부의 가구, 기구 등의 설비도 가능한 한 불연성의 재료를 사용한다. 연소 시 다량의 연기 또는 유해가스를 내는 재료는 피해야 한다.

(3) 방화벽, 방유제 및 방액제 등의 정비

건물의 중간이나 통로에 방화벽을 세운다. 가연성 액체의 탱크주변에는 방유제, 액화가스 탱크주변에는 방액제를 설치하고 내용물이 누출할 때에는 누출물이 멀리 확대되지 않는 대책을 세운다.

(4) 공한지 확보

위험물질의 저장소 및 위험작업을 행하는 건물의 주변에는 일정한 공한지를 확보하고 화재위험이 다른 시설에 미치지 않도록 고려한다.

(5) 위험물시설 등의 지하매립

휘발유탱크, LPG탱크 등은 지하탱크로 하는 것이 안전하다.

(6) 화재예방수칙

① 흡연은 지정된 장소에서만 하고, 반드시 불을 끈 후 재떨이에 버리도록 한다.
② 화기 작업 시 감시자를 지정 · 배치하고 소화장비를 갖추고 작업한다.
③ 전원을 사용하고자 할 때에는 전기담당자의 안내를 받는다.
④ 화기엄금, 출입금지 등의 안전표지를 지킨다.
⑤ 위험물, 가스사용장소에서 화기는 충분한 안전거리를 유지한다.
⑥ 작업 후 정리정돈 및 청소를 깨끗이 한다.
⑦ 화기 사용 후에는 반드시 소화상태를 확인하고 작업장을 떠나야 한다.
⑧ 부서 내에 있는 소화기구 등은 정상작동이 될 수 있도록 항상 점검 관리한다.

CHAPTER

5 폭발개론

폭발이란 용어는 크고 예리한 소리와 함께 터지는 현상으로 초음속 충격파에서부터 비교적 약한 바람까지의 다양한 압력파면을 확장해 나가는 것이라고 일반적으로 이해되고 있다.

5.1 폭발의 정의

공학적 표현의 폭발의 정의는 "급격한 압력의 발생 결과로 고압의 가스가 폭음을 수반하여 급속하게 팽창하는 현상"을 말한다. 이 표현에서 첫 번째 key가 되는 것은 "급속하게"란 표현으로 방출이 충분히 빠르게 일어나서 고압가스 속의 에너지가 충격파 속으로 흩어질 수 있어야 한다. 그리고 두 번째 key가 되는 표현은 "고압"이며 이는 순간적인 방출에서 가스의 압력이 주변압력보다 높다는 것을 나타낸다.

이와 같은 기본적인 정의는 고압가스나 생성되는 원천이나 메커니즘과는 무관하다는 것을 알 수 있다. 폭발은 용기나 구조물이 물리적 방법, 물리적 · 화학적 방법의 조합, 화학적 방법에 의한 고압형성으로부터 초래된다. 어떤 폭발은 폭발물의 폭굉과 같이 밀폐용기나 구조가 아니더라도 고압가스가 순간적으로 발생되는 매우 빠른 화학반응에 의해서도 초래된다. 따라서 폭발의 기본적인 개념은 고압가스의 갑작스런 방출에 의한 충격파 형태의 에너지의 소산이라 할 수 있다.

방출되는 고압가스는 주변과 평형을 이루며 이렇게 되는 과정에서 어떤 영향을 만들어내게 된다. 가스가 주변에 미치는 영향의 특성들은 방출속도, 방출압력, 방출가스의 양, 방출을 지배하는 방향관련요소, 방출과 동시에 일어나는 기계적 효과, 및 방출가스의 온도와 같은 요소에 의존된다.

압력은 음속에서 평형을 이루게 되며 에너지가 충격파로서 소산되기 위해서는 방출속도는 음속이거나 초음속이 되어야만 한다. 충격파의 초기강도는 방출순간의 가스압력에 의해 결정된다. 충격파의 전체 에너지는 방출가스의 전체량과 방출순간의 압력과 온도에 관계된다. 압축가스의 유용한 전체에너지 산출은 압력을 체적과 곱하여 구할 수 있다. 초기방출에 잇달아 고압가스가 발생되는 경우에는 방출 전체에너지는 증가되지만 충격파의 강도는 증가되지 않으며 임펄스의 기간은 길어진다. 만일 가스가 모든 방향으로 동시에 일정하게 방출된다면 충격파는 팽창하는 구의 형태로 이용된다. 그러나 방출속도는 적어도 음속은 되어야 하며 특수한 경우에만 음속이나 초음속에서의 일정한 방출로 될 수 있다. 많은 경우의 폭발에는 가스가 높은 압력으로 축적되는 기계적 밀폐상태가 된다. 이때 압력이 밀폐용기의 강도를 초과하면 용기는 가장 약한 부분에서 파괴되고 충격파가 파괴된 방향으로 이동하며 이렇게 하여 용기파괴 폭발은 일반적으로 모든 방향에 대해 일정하지 않는 압력파를 생성한다.

한편 "폭발"이라는 말은 넓은 의미에서 "연소"의 범주에 포함되는 경우도 있다. 폭발한계 또는 폭발범위는 연소한계 또는 연소범위와 같은 의미이며 엔진내의 가솔린의 폭발도 연소의 일종이다. 폭발 중에서도 특히 격렬한 것을 폭굉(detonation)이라 한다. 폭굉은 매질 중 초음속으로 진행하는 화학반응으로 선단에 충격파를 형성한다. 충격파라는 것은 초음속으로 진행하는 파동이며, 충격파를 받는 매질은 같은 압력의 단열압축보다 높은 온도 상승을 일으킨다. 매질이 폭발성이면, 그 온도상승에 의하여 반응이 계속 일어나 폭굉파를 일정속도로 유지한다.

5.2 폭발의 종류

폭발은 반응에 관여하는 물질의 급격한 팽창에 의해 주위에 압력변화를 일으키는 것으로 연소반응에 의해 일어나는 급격한 압력의 상승현상이라고 할 수 있다. 이러한 폭발은 반드시 급격한 파괴와 폭음이나 순간적인 빛을 동반하며 고온의 폭발 생성물을 방출한다.

1. 폭발원에 의한 분류

가. 물리적 폭발

기계적 폭발이라고도 하며 화학적 변화를 수반하지 않는 고압기체의 방출로서 대부분 기화현상에 의한 것이며, 보일러, 가스실린더, 저장탱크와 같은 용기와 관련하여 발생한다. 저장용기내의 압력이 높아지면 용기의 약한 부분에 결함이 발생하여 용기의 부품이 튀어 나가는 경우도 있고 용기벽이나 이음부분이 파열되는 경우도 있다.

나. 화학적 폭발

고압기체의 방출이 화학적 반응에 의한 것으로서 보통 가연성 기체와 공기가 혼합되어 있는 상태에서 점화원에 의해 폭발하여 이산화탄소, 수증기, 기타물질을 생성하는 연소반응이 대부분이고, 기타 분해반응에 의한 폭발, 수화(Hydration)에 의한 폭발, 부식에 의한 폭발 등 다양하다.

화학반응은 열역학적으로 발열반응과 흡열반응으로 나뉘는데 흡열반응의 경우 외부로부터 충분한 열이 공급되고 반응에 의해 기상의 생성물이 생성되는 특수한 상황에서 폭발이 가능하다. 반면, 발열반응의 경우에는 반응이 진행됨에 따라 열이 발생하고 이 발생된 열에 의해 반응이 더욱 빨라지는데 반응에 의한 열의 발생이 주위로 방출되는 것보다 빠르게 되면 발열반응은 스스로 반응이 가속되어서 반응을 제어하기 어렵게 되며, 방출된 열 때문에 반응물질, 생성물질, 주위의 물질이 기화되어 고압기체가 됨으로써 폭발에 이르게 된다. 따라서 거의 모든 화학적 폭발은 발열반응의 결과이다.

화학적 폭발의 종류로

- 산화폭발(가연성 가스, 증기, 분진 등이 공기와 혼합에 의한 폭발)
- 분해폭발(산화아세틸렌, 아세틸렌 자기분해성 고체류)
- 중합폭발(염화비닐, 초산비닐 등의 중합과정에서 폭발)로 분류할 수 있다.

2. 물질의 상태에 의한 분류

가. 기상폭발(氣狀爆發)

기상폭발에는 가스폭발, 분무폭발, 분진폭발, 분해폭발 등이 포함된다. 수소, 일산화탄소, 메탄, 프로판, 아세틸렌 등의 가연성 가스와 지연성 가스와의 혼합기체에서 발생하는 가스폭발이 기상폭발에 속한다. 공기 중에서 분출된 가연성 액체의 미세한 액적이 분무상태로 되어 공기 중에 부유하고 있을 때에 발생하는 분무폭발이나 미분탄, 소맥분, 플라스틱의 분말 같은 가연성 고체가 미분말로 되어 공기 중에 현탁하여 있을 때 발생하는 분진폭발도 기상폭발의 일종이다.

그러나 이들은 미세한 액적 또는 미분이 공기 중에 부유 또는 현탁하여 있을 때에 폭발하는 것은 착화원에서의 착화에너지에 의하여 액적 또는 미분이 기화・증발, 열분해, 건류 등의 물리적, 화학적 작용을 받아 이들로부터 가연성 가스와 공기의 혼합기체가 폭발하는 것이므로 기상폭발로서 취급하고 있다. 이 기상폭발은 연소반응, 열역학 및 기체역학과의 상관관계에 의하여 지배되는 현상으로서 당연히 지연성 가스와 연소를 개시시키는 착화에너지가 필요하며 화염의 발생을 동반한다.

(1) 가스폭발

폭발사고의 대부분을 차지하는 가스폭발은 가연성 가스와 지연성 가스와의 혼합기체가 존재할 때에 항상 폭발이 발생하는 것이 아니고 다음의 두 가지 조건이 동시에 만족될 때에 발생하는 것이다. 첫 번째 조건은 조성조건(농도조건)인 혼합기체 중에 가연성 가스의 농도가 어떤 농도 범위 내에 있는 것이 필요하다. 두 번째 조건은 발화원의 존재로서 이것을 에너지 조건이라고 한다. 가연성 혼합기체는 그 상태로서는 폭발하지 않고 여기에 어떤 외부에너지가 주어지면 그 부분에 연소반응이 개시되어 화염이 발생하고, 미연소의 혼합기체 중을 전파하여 간다. 이때에 가해지는 에너지를 가연성 혼합기체의 전체를 가열하는 에너지 척도로 온도가 사용되어 발화온도로써 표시되는 것이다.

가스폭발이 개방된 대기 중에는 예혼합가스가 발화될 경우 연소가스는 자유로이 팽창하여 화염속도가 늦은 경우 압력과 폭발음이 거의 발생하지 않지만 화염속도가 빠르고 압력파를 만들면 폭발음을 발생하게 된다. 이러한 경우를 폭연이라고 한다. 그러나 밀폐 용기 중에서 폭발하는 경우와 비교하면 압력은 낮다. 화염속도가 점차 지속되어 폭굉으로 전이되면 충격파가 발생하여 주위에 커다란 파괴력을 미친다. 완전히 폐쇄된 공간에서 일어났을 때는 주위의 벽면에 압력상승을 가져와서 그 압력이 벽면의 강도 이상이 되면 파괴가 일어나고 압력은 대기 중으로 방출된다.

가스폭발은 공정장치 또는 파이프 내, 건물 내 또는 밀폐계, 개방 공간에서 일어날 수 있다. 가스폭발의 결과는 가스운(gas cloud)이 포함된 환경에 의존한다. 그러므로 다음과 같이 가스폭발이 일어날 수 있는 환경으로부터 가스폭발을 분류하는 것이 일반적이다.

① 용기, 파이프, 터널 내의 밀폐계 가스폭발
② 건물, 구획실 내의 부분 밀폐계 가스폭발
③ 공정설비, 개방된 공간에서 개방계 가스폭발 그러나 이와 같이 폭발을 엄격하게 분류하는 것은 사실상 어렵다. 예로써, 공정설비에서 개방계 폭발은 가스운이 누출된 구획실(compartment)의 부분 밀폐계 폭발을 포함한다.

① 밀폐계 가스폭발(confined gas explosion)

밀폐계 가스폭발은 탱크, 공정장치, 파이프, 하수시스템, 닫혀 있는 방, 지하시설 내의 폭발 등이다. 밀폐계 폭발은 또한 내부 폭발(internal explosion)이라 한다.

이러한 종류의 폭발은 강력한 압력을 형성하기 위한 빠른 연소공정이 필요 없다는 것이다.

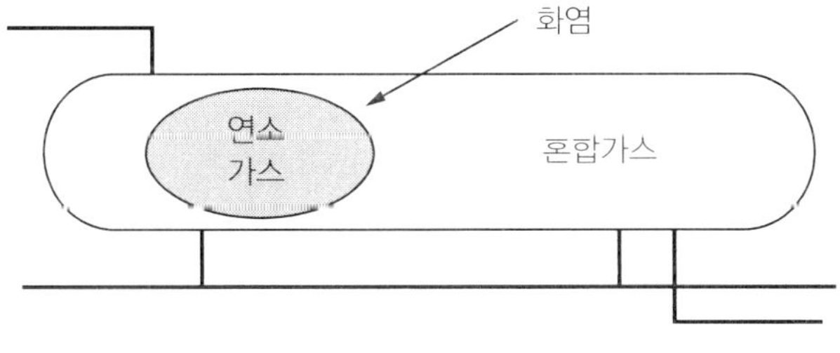

그림 5-1. 탱크 내의 밀폐계 폭발 개요도

② 부분 밀폐계 가스폭발(partly confined gas explosion)

부분 밀폐계 폭발은 부분적으로 개방된 건물 내에서 가스가 부주의로 누출되었을 때 발생한다. 대표적인 경우가 압축실(compressor room)이다. 건물은 폭발을 제한하고, 폭발 압력은 단지 폭발 개구부(즉, 건물벽 중에서 개방된 지역 또는 저압에서 빠르게 열리는 light relief wall)를 통해 방산될 수 있다. 폭발 개구부(vent area)의 크기와 위치가 폭발 압력의 영향에 중요하다.

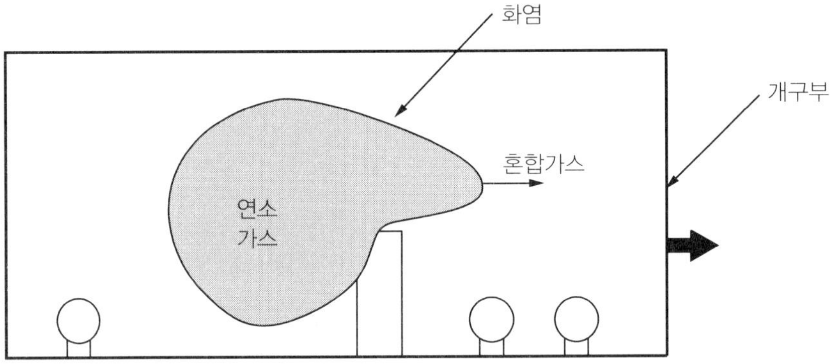

그림 5-2. 공정장치가 있는 부분 밀폐계에서 가스폭발 개요도

③ 개방계 가스폭발(unconfined gas explosion)

개방계란 용어는 공정설비와 같은 개방된 공간에서 폭발을 설명하는데 사용되었다. 약한 점화원에 의해 점화되는 장애물이 없는 개방계 가스운은 연소 중에 작은 과압(overpressure)을 만든다. 그러므로 개방계 가스폭발이란 용어는 주의깊게 사용해야 한다. 공정설비에서 부분적 밀폐계 및 장애물이 있는 자유공간(local area)이 있다. 이런 공간은 폭연의 경우에 높은 폭발 압력을 야기시킨다. 그러나 개방계 가스운이 폭굉을 일으킨다면 폭발 압력은 20bar 정도로 매우 높고, 장애물(obstruction)의 영향을 거의 받지 않는다.

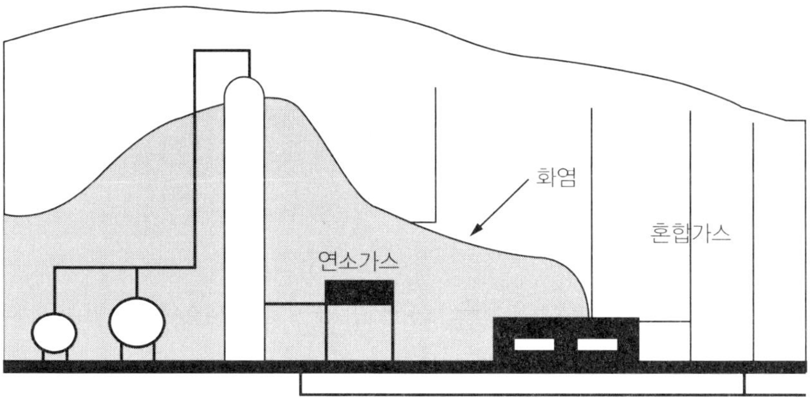

그림 5-3. 공정지역에서 가스폭발 개요도

④ 가스화재의 종류

㉮ 플래시 화재(flash fire)

누출된 LPG는 누출 즉시 기화하게 된다. 이런 현상을 Flash 증발이라 하고, 기화된 증기 연무(하얀 구름)내 점화원에 의해 화재가 발생된 현상을 Flash Fire라 한다. 점화 시 폭발음이 있을 수 있으나, 강도가 약해 고려될 만한사항은 아니다.

㉯ 풀 화재(pool fire)

누출 후 액상으로 남아 있는 LPG에 점화되면 풀 화재(pool fire)가 일어난다. 풀 화재는 고농도의 LPG가 연소되는 것이므로, 주위의 공기 부족으로 인한 검은 연기를 유발한다.

㉰ 제트 화재(jet fire)

제트 화재는 고압의 LPG가 누출 시 주위의 점화원에 의하여 점화되어 불기둥을 이루는 것을 말하며, 누출압력으로 인하여 화염이 굉장한 운동량을 가지고 있으며 화재의 직경은 작으나 길이는 풀 화재보다 길다.

(2) 분무폭발(噴霧爆發)

압력유, 윤활유 등은 유기물로서 가연성이나 인화점이 상당히 높아 보통의 상태에서는 연소하기 어려우나 공기 중에 무화되어 분무폭발을 일으키는 경우가 있다. 분무폭발은 고압의 유압설비의 일부가 파손되어 내부의 가연성 액체가 공기 중에 분출되어 이것이 미세한 액적이 되어 무상으로 되고 공기 중에 현탁하여 존재할 때에 착화에너지가 주어지면 발생한다. 원인으로 되는 가연성 액체의 온도가 인화점 이상으로 존재하는 경우에는 액적의 주위에 가연성 혼합기체가 형성되어, 이것이 가스폭발로 발전한다는 것은 쉽게 이해되지만 분출한 가연성 액체의 온도가 인화점 이하로 존재하여도 무상으로 분출되는 경우에 폭발하는 경우가 있다.

이 분무폭발과 비슷한 현상으로 박막폭굉(Film detonation)이라는 것이 있다. 고압의 공기배관이나 산소배관 중에 윤활유가 박막상으로 존재할 때에 박막의 온도가 부착된 윤활유의 인화점 이하일지라도 어떤 원인으로 여기에 높은 에너지를 가진 충격파를 보내면 관벽에 부착하여 있던 윤활유가 무화하여 폭굉으로 되는 현상이다.

(3) 분진폭발(粉塵爆發)

분진폭발은 가연성 고체의 아주 작은 분말이 공기 중에 부유하고 있을 때에 어떤 착화원에 의해 에너지가 주어지면 폭발하는 현상으로서 탄광에 있어서는 분진폭발이 그의 전형적인 예이다. 분진폭발의 발생가능 장소는 곡물 사일로(silo)나 사료공장, 중소규모의 금속공장이나 세제공장이 중심을 이룬다. 또 분체 도장공업이나 공해 방지용의 집진, 악취흡착용의 설비에 있어서도 작은 사고가 발생되고 있다.

분진폭발이 한번 발생하면 단위체적당의 발열량이 크기 때문에 역학적 파괴효과는 가스폭발 이상으로 되는 것도 있고, 분진폭발에서는 연소가 불완전하기 때문에 일산화탄소 같은 유독가스의 발생이 많다. 분진폭발의 방지는 가스폭발의 경우와 마찬가지로 조성조건을 충족시키지 못하도록 하는 방책이 유효적절하나 공학적 견지에서는 어려운 것은 아니며, 최종적으로 분진은 집진공정에서 잘 포집하여 이것을 유효적절하게 활용해야 한다. 이 포집공정에서는 분진운 중의 분진의 함유량이 언젠가는 분진운의 폭발하한농도 이상으로 될 수 있으므로 항상 하한계 이상의 농도가 되지 않도록 주의해야 한다.

(4) 분해폭발(分解爆發)

분해폭발은 석유화학공업에서 다량으로 취급하고 있는 에틸렌, 산화에틸렌이나 금속의 용접, 용단에 널리 사용되고 있는 아세틸렌 등이 단열압축 같은 에너지에 의해 분해하는 경우가 있고, 이때에는 상당히 큰 발열을 동반하기 때문에 분해에 의해 생성된 가스가 열팽창되고 이때 생성되는 압력상승과 이 압력의 방출에 의해 지연성 가스가 전혀 필요없이 폭발이 일어난다. 폭발할 때에는 분해화염이라고 하는 특수한 화염의 발생과 그의 전파가 관찰되어지며, 이 상태는 가스폭발의 경우와 아주 유사하다. 분해폭발은 고압에서 발생하는 경우가 가끔 있기 때문에 고압가스 특유의 성질로 생각되어지는 경우도 있으나, 분해화염의 전파가 중단되는 압력인 한계압력치가 항상 대기압 이상이 아니므로 분해폭발은 고압가스의 성질에 유래하는 것이 아니라고 판명되고 있다.

분해폭발을 일으키는 가스를 분해폭발성 가스라고 부른다. 분해폭발은 화염, 스파크, 가열 등의 열원에 의하여 발생되는 경우가 많지만, 밸브의 개폐에 의한 단열압축열에 발화하는 경우도 있다. 분해폭발의 대부분이 가연성 가스로서 공기가 혼재할 때는 가스폭발의 위험도 겸하여 갖고 있다. 그러므로 분해폭발은 가스폭발의 특수한 경우로 취급하고 있다.

나. 응상폭발(凝狀爆發)

응상(凝狀)은 고상과 액상의 총칭이며 응상폭발은 수증기폭발, 증기폭발, 전선폭발로 구분된다.

(1) 수증기폭발(水蒸氣爆發)

보일러 내부가 대기압 하에서의 비등점 이상으로 과열되어 평형상태에서 사고에 의하여 수부가 파손되면 액상의 물이 순간적으로 대기압으로 방출되어 비평형 상태가 되고 이때에 발생하는 상변화도 폭발현상을 나타내는 경우가 있다. 또한 고온의 용융금속이나 슬러그가 물속에 급속냉각 되었을 때에 고온물질이 갖는 열이 저온의 물에 짧은 시간에 전달되면 열용량법에 의하여 일시적으로 물은 과열상태로 되고 조건에 따라서는 순간적인 짧은 시간에 액상에서 기상으로 상변화가 일어나서 급격한 비등에 의한 폭발현상이 나타나게 된다. 이러한 현상을 수증기폭발이라고 한다.

(2) 증기폭발(蒸氣爆發)

증기폭발은 액체가 급속한 기화현상으로 체적팽창에 의하여 고압이 생성되어 폭풍을 일으키는 현상이다. 이것은 화학반응에 의한 것이 아니고 물리적 현상이다. 이 급속한 액체의 기화에는 고압 포화액의 급속한 기화와 액체의 가열 등이 있다. 저온액화가스가 사고로 인해 물위에 분출되었을 때에는 조건에 따라서는 급격한 기화에 동반하는 비등현상을 나타내는 것으로 액상에서 기상으로의 급격한 상변화에 의한 폭발현상에 수증기폭발을 포함시켜 증기폭발 또는 급속 상변화라고 한다.

증기폭발은 단순한 상변화에 의한 것으로서 폭발의 발생과정에서 착화물 필요로 하지 않음으로 화염의 발생은 없으나, 증기폭발에 의하여 공기 중에 기화한 가스가 가연성인 경우에는 증기폭발 후 발화원에 의하여 가스폭발의 가능성이 있다.

① 고압 포화액의 급속 기화

보일러와 같이 고압의 포화수를 저장하고 있는 용기에는 파손 등의 원인으로 동체의 일부분이 열리면 용기 내압이 급속히 하락하여지고 일부의 액체가 급격히 기화한다. 이때 액체가 큰 힘으로 비산하여 기체화함으로써 증기압이 급상승하고 또한 액체가 용기 벽에 충돌하면서 발생하는 힘에 의하여 용기가 파괴되면서 액체가 분출하는 동시에 내부압력의 급격한 강하가 일어난다.

② 액체의 급속가열

물 또는 물을 함유한 액체에 고온 용융금속, 용융열 등이 대량으로 유입되는 경우 밀폐된 상태에서 급격한 물의 증발과 밀폐로 인한 고압이 발생하여 폭발현상이 발생하는 경우가 있다.

③ 극저온 액화가스의 수면 유출

LPG는 메탄, 에탄, 프로판 등의 탄화수소가스와 혼합된 저온액화가스인데 이것이 상온의 물위에 유출 시 급격하게 기화되면서 증기폭발이 발생할 수 있다. LPG는 물에 용해되어 과열액의 상태에서 급속하게 기화한다. 이 경우 액화가스와 물의 온도차가 클 때 증기폭발의 발생이 용이하며 또한 LPG도 메탄

만으로는 폭발발생이 어렵지만 에탄, 프로판이 소량 혼합하면 폭발 생성이 용이하다.

(3) 고상간의 전이에 의한 폭발

고체인 무정형 안티몬이 동일한 고상의 결정형 안티몬으로 전이할 때에 발열하므로써 이 때문에 주위의 공기가 팽창하여 폭발하는 경우가 있다. 이것은 고상간의 전이에 의한 폭발이라고 불려진다.

(4) 전선폭발

고상에서 급격히 액상을 거쳐 기상으로 전이할 때도 폭발현상이 나다나는 전선폭발이 있다. 이것은 알루미늄제 전선에 한도 이상의 대전류가 흘러 순식간에 전선이 가열되고, 용융과 기화가 급속하게 진행되어 폭발을 일으켜 피해를 주는 경우이다.

3. 대량 유출된 가연성 가스의 폭발

(1) 증기운 폭발(UVCE, Unconfined Vapor Cloud Explosion)

대기 중에 대량의 가연성 가스가 유출하거나 대량의 가연성 액체가 유출하여 그것으로부터 발생하는 증기가 공기와 혼합해서 가연성 혼합기체를 형성하고 발화원에 의하여 발생하는 폭발을 “증기운 폭발”이라고 부른다. 개방된 대기 중에서 발생하기 때문에 자유공간중의 증기운 폭발(Unconfined Vapor Cloud Expansion)로서 UVCE라고 한다.

누출 시 주위에 점화원이 없는 경우 LPG는 대기 중으로 확산을 하게 된다. 얼마의 시간이 경과된 후, 확산된 LPG의 LFL(Lower Flammable Limit: 최소점화한계) 농도 영역 내에 점화원이 있으면 증기운 폭발(VCE, Vapor Cloud Explosion)을 하게 된다. 폭발로 인한 과압(Over Pressure)의 피해가 가장 크다.

① 폭발이 일어나는 단계

화학공정산업에서 대부분의 위험하고 파괴적인 폭발은 개방계 증기운 폭발이며 이러한 폭발은 다음과 같은 단계에 의하여 일어난다.

㉮ 다량의 가연성 증기의 급격한 방출, 일반적으로 이러한 현상은 과열로 압축된 액체의 용기가 파열할 때 일어난다.

㉯ 공장에서 증기가 분산되어 주변 공기가 혼합되어 연소범위 내에 있다.

㉰ 증기운의 점화가 일어난다.

즉 개방계에서의 증기운 폭발의 메커니즘은 가연성 증기, 가스 또는 미스트가 누출되어 누출된 물질과 주변 공기가 혼합되어 연소범위 내의 증기운을 형성하고 여기에 일차적으로 점화되어 연소범위 내의 농도인 증기운의 영역을 통해 화염이 전파된다. 개방계 증기운 폭발사고의 증거는 전체 증기운을 통한 폭굉전파로 설명될 수 있으며 거대한 폭발의 경우는 화염이 폭연으로 전파된다. 폭연을 일으키는 증기운은 다음 두 가지 부류 중 한 가지에 속한다고 할 수 있다.

㉮ 화염전파가 너무 느려 심각한 과압이 일어나지 않는다.

㉯ 화염전파가 너무 빨라 심각한 과압을 발생시킨다.

개방계 증기운 폭발의 심각한 과압은 난류혼합, 제한물이나 장해물 및 폭굉과 같은 인자들의 조합에 의해 발생된다. 이중 가장 중요한 난류혼합은 연소생성물의 혼합에 의한 화염전파의 원인으로 발달되며 폭연을 일으키는 가스폭발의 기본 메커니즘은 다음과 같다.

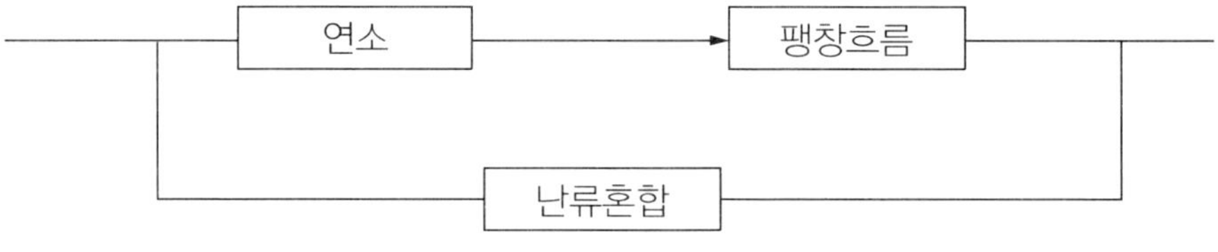

정성적인 연구 결과에 의한 증기운 폭발의 특징으로는 증기운의 크기가 증가되면 점화확률이 높아지며 증기운에 의한 재해는 폭발보다는 화재가 보통이라는 것이다. 즉 폭발효율이 적어서 연소에너지의 약 20%만이 폭풍파로 전환하게 되며 증기와 공기의 난류혼합에 의해 점화되었을 때 폭발의 충격을 증가시키게 된다. 증기운 폭발의 예방대책으로는 가장 좋은 방법이 물질의 방출을 막는 것

이다. 또한 가연성 물질을 취급할 때는 근원적으로 그 취급량 또는 재고량을 낮게 유지하는 것도 한 방법이 될 수 있다. 용기나 배관에서 파열이 생긴다 하여도 Flashing을 최소화하는 조건을 이용하거나 아주 낮은 농도에서도 누설을 검지할 수 있는 고감도의 가스검지기를 사용하고 누설이 발생되면 초기단계에서 시스템이 자동으로 정지되도록 긴급 차단 밸브 등을 설치하는 것이 좋다.

$$\text{Flash율} = \frac{q}{Q} = \frac{H_{T_1} - H_{T_2}}{L}$$

여기서 q : 기화된 액체의 양, Q : 전 액체량

H_{T_1} : 방출 전의 액체의 엔탈피, H_{T_2} : 그 액체의 비등점의 엔탈피

L : 증발열

증기운 폭발이 발생하는 과정은 유출한 물질이 저장되어 있는 상태에 따라 특히 압력과 온도에 따라 달라지므로 아래와 같이 분류된다.

㉮ 상온, 대기압에서 액체이며 인화점이 상온보다 낮은 물질(가솔린) : 유출한 액체는 지면으로부터 열이 공급되면 액면에서 연속적으로 증기를 발생하여 주위에 확산한다.

㉯ & ㉰ 상온, 가압 하에서 액화되어 있는 물질(LPG, 액화부탄) 또는 그 물질의 비점 이상의 온도에 있지만 가압되어서 액화된 물질(반응기 내의 벤젠, 핵산) : 고압 하에서 기상과 액상의 평형상태에 있는 물질이 대기압 하에 유출되는 경우이며, 유출된 액체의 온도는 대기압의 비점까지 낮아진다. 이처럼 순간적으로 기화하는 현상을 flash율이라고 부른다. flash율에 의해 순간적으로 기화한 후에는 주위의 열을 흡수하여 증발이 계속된다.

㉱ 대기압 하에서 저온으로 하여 액화된 물질(LNG) : LNG와 같이 아주 낮은 온도에 있는 저온 액화가스가 유출하면 지면 및 주위의 열에 의하여 급속한 비등을 일으킨다. 지면의 온도가 저하되면 증발속도는 저하되지만 단시간에 대량의 가연성 증기운이 생긴다.

일단 위의 각 경우에 의하여 증기운이 발생하면 다음과 같은 경우와 같이 된다.

- 발화하지 않고 누출한 가스나 증기가 재해를 일으키지 않고 확산한다.

- 가스, 증기의 유출과 동시에 화재가 발생하지만, 폭발로 전이되는 경우도 있다.
- 대량의 증기운이 발생한 후 화재로 화염의 속도가 빨라져서 폭풍이 발생한다. 화염속도가 음속을 넘으면 폭굉이 되어서 더욱 강한 폭풍을 일으키게 된다.

이러한 대량의 가연성 물질 유출사고는 대부분 폭발을 발생시키고 다량 누출된 가연성 증기가 발화하기 전에 공기와 잘 혼합되어 양론비에 가까운 조성의 가연성 혼합기체를 만들면 이러한 폭굉의 발생 가능성이 크다.

② 증기운 폭발에 영향을 주는 변수

㉮ 방출된 물질의 양
㉯ 증발된 물질의 분율
㉰ 증기운의 점화확률
㉱ 점화되기 전 증기운이 움직인 거리
㉲ 증기운이 점화되기까지의 시간 지연
㉳ 폭발확률
㉴ 물질이 폭발할 수 있는 한계량 이상 존재
㉵ 폭발효율
㉶ 방출에 관련한 점화원의 위치

③ 증기운 폭발의 특징

㉮ 증기운의 크기가 증가하면 점화확률이 높아진다.
㉯ 증기운의 재해는 폭발보다 화재가 보통이다.
㉰ 폭발효율은 BLEVE보다 적다. 즉 연소에너지 중 약 20%만 폭풍파로 전환한다.
㉱ 증기와 공기와의 난류혼합 또는 방출점으로부터 먼 지점에서의 증기운 점화는 폭발의 충격을 가중시킨다.

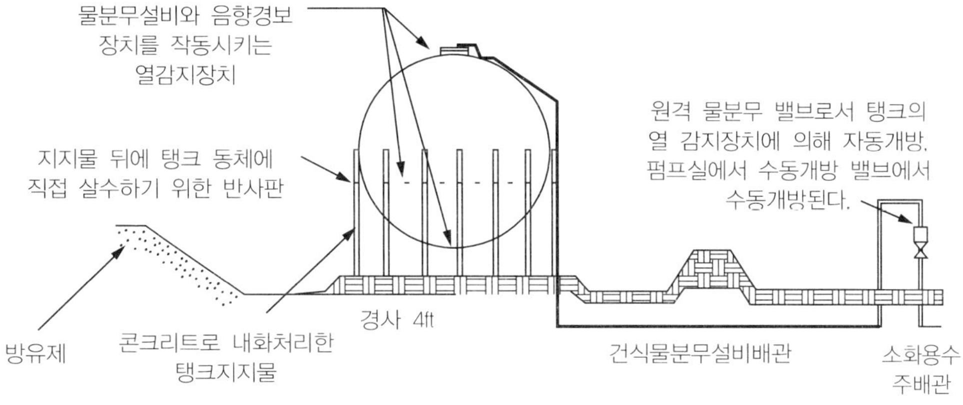

그림 5-4. 증기운 폭발 방지대책

④ 거대한 가연성 구름(증기운)은 대단히 위험하고 점화방지를 위하여 안전장치를 설치한다고 하여도 제어가 불가능하므로 가연성 물질의 방출을 막는 것이 가장 좋은 방법이다. 일반적인 방지대책은 다음과 같다.

㉮ 물질의 방출을 막는다.

㉯ 휘발성 물질이나 가연성 물질의 취급 시 재고량을 낮게 유지한다.

㉰ 아주 낮은 농도에서 누설을 감지할 수 있는 검지기를 사용하여 가스누설 여부를 확인한다.

㉱ 만약 누설 시 초기단계에서 시스템이 자동적으로 중지할 수 있는 자동차단밸브를 설치한다.

(2) 액화가스 탱크의 폭발(또는 비등액체팽창증기 폭발 : BLEVE, Boiling Liquid Expanding Vapor Explosion)

인근의 제트 화재(jet fire) 또는 풀 화재(pool fire)의 화염이 LPG 저장탱크를 가열할 경우 탱크 속의 휘발성 물질의 온도가 상승하여 높은 증기압이 발생되며 이로 인해 안전밸브를 작동시키고 된다. 그리고 급격한 압력 상승은 열화되기 쉬운 탱크의 기상부와 같은 가장 약한 부분으로부터 찢어져 폭발하는 BLEVE(Boiling Liquid Expanding Vapour Explosion)의 사고를 일으킬 수 있다. 탱크 속에 있던 물질은 가열되어 있으므로 액상성분은 폭발적으로 증발하고 이에 불이 붙어 그림과 같은 화구(Fire Ball)를 이루며 상승하게 된다.

탱크 외곽에 화염이 접촉되어도 어느 정도 평형을 유지하고 있다가 탱크가 뚫어지면 기상부는 바로 대기압 가까이로 떨어지기 때문에 과열되어 있던 액체는 갑작스런 비등을 일으키고, 원래 체적의 약 200배 이상으로 팽창되면서 외부로 분출, 급속히 기화하여 대량의 증기운을 만든다. 이 팽창력은 탱크 파편을 멀리까지 비산시킨다.

이 현상은 액체가 비등하고, 증기가 팽창하면서 폭발을 일으키는 현상을 말한다.

폭발과정은 다음과 같다.

㉮ 화재에 의하여 구형탱크의 밑에서 화재가 발생한다.

㉯ 화재에 의하여 가열된 탱크 외부부분이 가열되고, 외부의 용기재질을 통한 열전달로 내부의 액체의 압력이 증가하여 높은 증기압이 된다.

㉰ 탱크 내 압력 상승으로 안전밸브가 열려 증기는 대기로 방출되고 이 증기는 바로 착화된다.

㉱ 구형탱크 액면 하부는 열이 액체에 흡수되어 과열되지 않지만, 액면 상부의 기화부는 격렬한 열로 과열되어 용기 부분이 내부증기압에 의하여 늘어나는 성질 즉 연성으로 인하여 국부적으로 탱크의 바깥쪽으로 부풀어 올라서 용기두께가 얇아져서 종국에는 연성파괴를 일으킨다.

㉲ 탱크가 연성 파열되어서 내부가 대기압까지 압력으로 낮아지면 비등점도 낮아져서 과열되어 있던 액화가스가 갑자기 끓어올라 이 팽창력으로 파편은 멀리 날아가게 된다. 이때 비산하는 파편에 의한 2차 재해가 발생할 우려가 있다.

㉳ 발생한 증기는 곧 착화하여 부력으로 상승해서 화구로 된다.

① 파이어볼(Fire Ball)

파이어볼이라는 것은 액화가스 탱크가 폭발하면서 플래시(Flash) 증발을 일으켜 가연성 액체 및 기체 혼합물이 대량으로 분출한다. 이것이 발화하면 지면에 반구상으로 화염을 형상한 후 부력으로 상승함과 동시에 주변의 공기를 말아 올려 화염은 구상으로 되면서 버섯형태의 화재를 만드는 것을 말한다.

파이어볼의 특징은 불꽃온도가 아주 높아서 보통의 석유화재 시 화염온도가 800～1,000℃인데 비하여 1,500℃ 정도이고, 방출열은 절대온도의 4승(복사열)에 비례하기 때문에 그 차이는 상당히 크며, 실제로 대형용기로부터 76m 떨어진 위치에서 화상으로 사망한 사례가 있다.

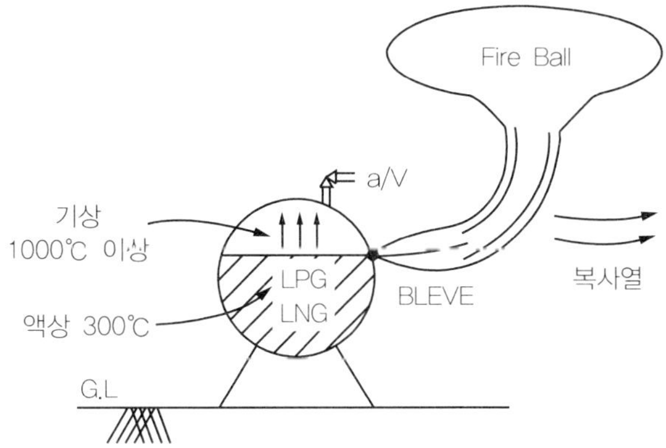

(BLEVE Fire Ball 형성)

그림 5-5. Fire ball

② BLEVE의 크기, 계속시간 및 복사열

BLEVE의 크기는 근본적으로 용기가 파괴될 때 얼마나 많은 액체가 증발되느냐에 달렸으며 대부분의 액화가스 BLEVE는 용기에 액체가 1/2에서 3/4까지 차 있을 때 많이 발생된다. 지금까지의 실측치로부터 파이어볼의 직경(D)과 지속시간(t)에 대하여 다음과 같은 실험식이 주어져 있다.

$$D(\text{m}) = 3.77\,W^{0.325}$$

$$t(\text{초}) = 0.258\,W^{0.340}$$

여기서 D : 파이어볼의 직경

t : 지속시간

W : 연료와 산화제를 합한 중량(kg)

최근 보고(미국 Alche의 CPQRA 참조)에 의하면

Fire Ball의 직경 $D_{max}(m) = 6.48M^{0.325}$

지속시간 t(초) $= 0.825M^{0.26}$

중심높이 $H(m) = 0.75D_{max}$

여기서 M : 가연성 액체의 초기중량(kg)

이 식은 연소를 위한 산소량을 포함하지 않는다. 이는 연료의 종류에 따라 당연히 변화하고 파이어볼의 크기에도 영향을 미치게 된다.
Fire Ball로부터의 방사열은 방사율을 1(완전흑체)로 하면

$$Q_R = T \cdot E \cdot F_{21}$$

여기서 Q_R : 흑체로 본 수열면에서의 수열량(kW/m²)
T : 에너지 전도율(0～1)
E : 표면방사 열유속(kW/m²)
F_{21} : 형태계수(화염과 수열면의 위치관계 계수)

T의 계산식은 $T = 2.02(P_w \cdot X)^{-0.09}$

여기서 P_w : 수증기 분압(N/m²)
X : 화염으로부터 수열면까지의 거리(m)

$$E = \frac{F_{rad} M \Delta H_c}{\pi (D_{max}) 2t}$$

여기서 M : BLEVE에 관여하는 물질의 질량(kg)
ΔH_c : 연소열(kJ/kg)
D_{max} : Fire Ball의 최대직경(m)
F_{rad} : 방사분율(보통 0.25～0.4)
t : Fire Ball의 지속시간

③ BLEVE이 일어나기 위한 조건

㉮ 가연성 액체 또는 가스가 밀폐계 내에 존재하여야 한다.

㉯ 화재 등의 원인으로 인하여 가연물의 비점 이상 가열되어야 한다.

㉰ 저장탱크의 기계적 강도 이상 압력이 형성되어야 한다.

㉱ 파열이나 균열 등에 의하여 내용물이 대기 중으로 방출되어야 한다.

④ BLEVE에 영향을 주는 인자

㉮ 저장된 물질의 종류와 형태

㉯ 저장용기의 재질

㉰ 내용물의 물리적 역학상태

㉱ 주위온도와 압력상태

㉲ 내용물의 인화성 및 독성여부

⑤ BLEVE의 예방대책

㉮ 용기내의 압력 상승방지를 위한 감압시스템에 의한 압력을 대기압 근처로 내려주는 것.

㉯ 화염으로부터 탱크로의 입열을 억제한다.

- 탱크외벽의 단열조치
- 탱크의 지하시설화
- 탱크표면에(소화전이나 고정물분무설비) 냉각살수 장치의 설치
- 계속되는 화염차단의 목적으로 내용물의 긴급이송조치

㉰ 폭발방지장치

액상과 기상부분의 열전도도가 좋은 물질을 설치(알루미늄 합금박판)

㉱ 방유제를 경사지게(1.5° 이상) 하여 집액부에 화재가 발생하였을 때 화염이 직접 탱크에 접하지 않도록 한다.

5.3 폭발 및 방폭 이론

1. 폭발에 영향을 주는 변수

폭발에 영향을 주는 변수에는 다음과 같은 것들이 있다.

① 폭발(연소)범위
② 인화점 및 연소점
③ 최소 산소 농도
④ 연소물질/불활성 가스 한계비율
⑤ 최대 불활성 가스 값
⑥ 온도
⑦ 압력
⑧ 불활성 가스
⑨ 미스트 및 비말(Spray)
⑩ 연소 조연제(Oxidant)
⑪ 난류상태(Turbulence)
⑫ 분해화염(Decomposition flame)

최소 산소 농도는 어떤 연소물질에 대하여 일반적으로 질소 불활성 분위기에서 연소 조연제로서 필요한 산소의 최소 농도를 말하며, 그림 5-6에서 A선과 산소축의 교점이 최소 산소 농도점이다. 대부분의 연소물질의 최소 산소 농도는 6~12 vol% 내외이며 온도 또는 압력이 증가하면 감소한다. 일반적으로 공정 운전상의 안전을 확보하기 위하여는 최소 산소 농도의 1/4를 초과하지 않도록 설계하는 것이 좋다.

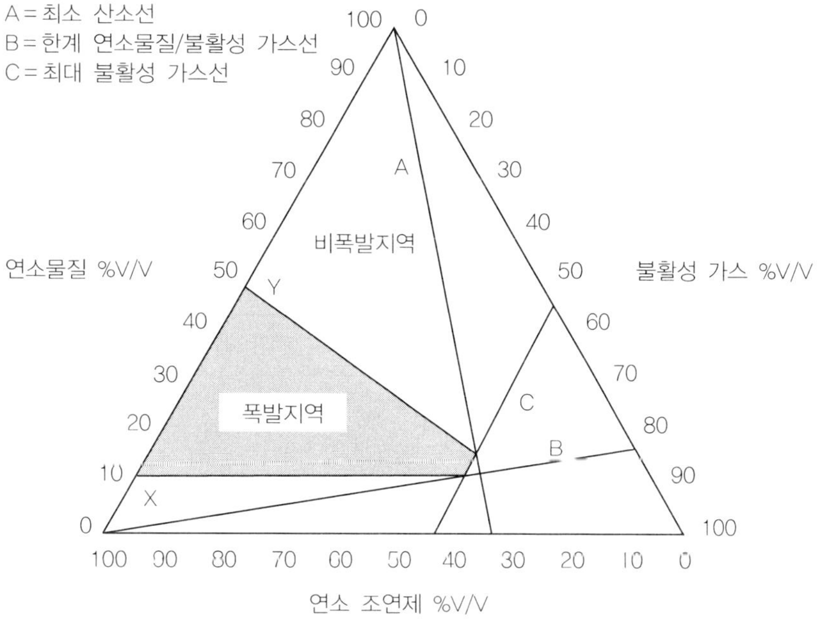

그림 5-6. 폭발범위 삼각도

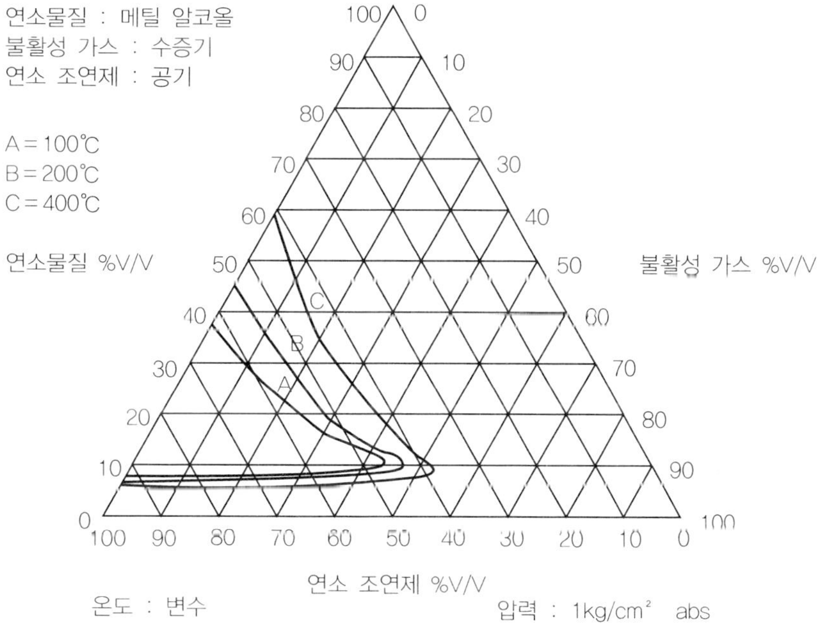

그림 5-7. 폭발범위에 대한 온도의 영향

연소물질과 불활성 물질의 한계 비율은 연소물질이 연소되지 않도록 하기 위하여 연소물질에 추가로 투입하여 폭발범위 밖으로 유지하는데 필요한 불활성 가스의 최소량을 말하며 위 그림에서 B선이 연소물질/불활성 가스의 고정비율 선이다. 연소물질/불활성 물질 한계 비율도 온도 또는 압력이 증가하면 감소한다.

최대 불활성 가스 값은 연소물질과 산소 혼합물을 비가연성 물질로 만드는데 필요한 불활성 가스의 최대 양을 말하며, 앞의 그림에서 C선을 말한다. 최대 불활성 가스 값은 온도 또는 압력이 증가하면 증가한다.

- 폭발범위는 온도가 증가되면 더 넓어진다.
- 폭발범위는 또한 압력이 증가되면 더 넓어진다. 그러나 일산화탄소/질소/ 공기시스템에서는 압력이 증가하면 폭발 범위가 좁아진다.
- 불활성 가스의 종류에 따라 폭발범위가 다르다. 화염온도에서의 불활성 가스의 비율과 열전도도에 의하여 폭발범위가 결정된다.
- 연소물질에 미스트 또는 비말이 포함되어 있으면 폭발범위는 현저히 증가한다. 이러한 연소물질은 액체의 인화점 이하에서도 점화된다.

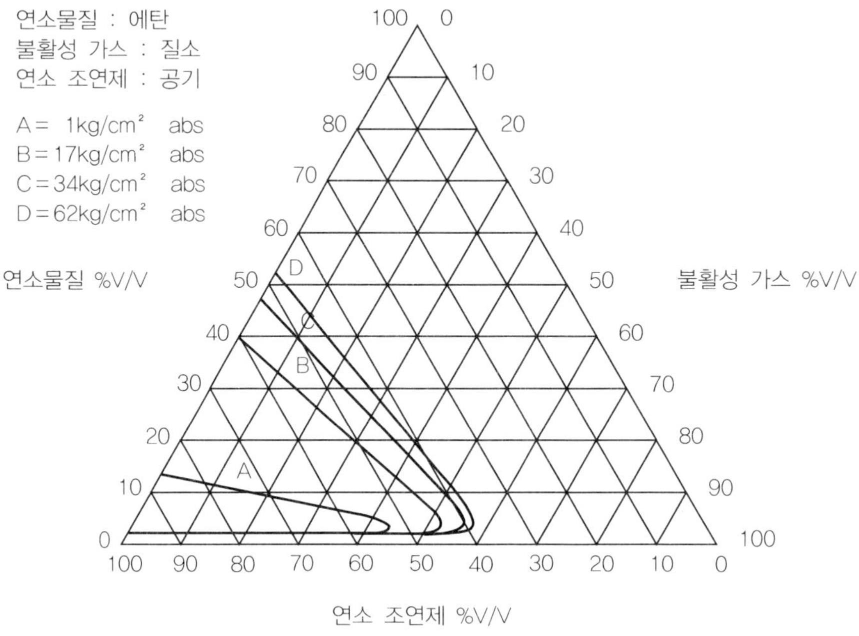

그림 5-8. 폭발범위에 대한 압력의 영향

- 공기 중에서 연소되는 대부분의 물질은 산소, 염소, 이산화질소, 일산화질소 중에서도 연소된다. 산소 중에서의 폭발범위가 가장 넓으며 그 다음으로 염소 중에서의 폭발범위가 넓다.
- 난류상태에 있는 연소물질/공기 혼합물은 정온한 상태에 있는 같은 혼합물보다 심한 폭발을 일으킨다.

2. 폭발잠재력의 평가

모든 폭발에는 주변으로 에너지를 방출하는 물질이 관여된다. 모든 폭발재해는 비정상상태 또는 평형에 있는 시스템의 파탄을 초래한다. 폭발잠재력의 평가에는 두 가지의 분명하게 구분되는 정보가 관여되는데 첫 번째는 처리되고, 취급되고, 사용되고, 수송되는 물질의 근본적인 성질에 관계되며, 두 번째는 그 물질들이 들어 있는 특정 기기의 특성에 관계된다. 한편 데이터는 분명해야 하고 서로 서로에 대한 영향을 고려할 필요가 있으며 따라서 실제적인 평가과정에는 높은 정도의 반복이 관여된다. 비정상적 에너지의 입력과 시스템의 비정상화에 의한 영향 모두를 포함하는 시스템이 위치한 환경에 대한 고려도 필수적으로 따라야 한다.

(1) 물질의 특징

① 가혹도

반응의 형태나 힘을 나타내는 것으로 이로 인해 무엇이 일어날 것인가의 척도라 할 수 있다. 폭발의 잠재력 평가를 위해서는 반응의 최고압력과 온도, 압력과 온도의 상승속도, 반응열 그리고 이러한 반응이 일어날 조건 등을 결정하는 것이 필수적이다. 이러한 결정은 취급하는 조건과는 무관해야 하나 이러한 예상되는 조건에는 최대한 주의를 기울여야 한다.

이러한 모든 특성과 조건들은 예측 가능한 것이 아니기 때문에 그러한 실행은 위험한 것이 된다. 바람직한 실행방법은 적어도 초기단계에 물질의 특성과 극한 조건을 결정하는 것이다. 일반적으로 가혹도 평가의 첫 단계는 물질의 구조를 이미 알려진 특성의 물질과 비교하는 것이다. 열역학적 잠재력은 수 계산 또는 컴퓨터 이용의 계산에 의해 평가된다.

② 민감도

이는 개시의 형태로 무엇이 이를 초래하게 하는지의 문제이다. 모든 개시기구에는 해당물질로의 에너지 투입이 포함된다. 특정한 형태의 잠재적 개시 에너지가 결정되면 반응이 되기 위해 필요한 에너지의 최소량이 결정될 수 있다. 그러나 요구최소에너지는 선정되는 개시에너지의 종류에 따라 광범위하게 변한다는 것을 인식할 필요가 있다. 예를 들면 전기 스파크의 민감도와 기계적 충격의 민감도 사이에는 신뢰할 만한 정량적인 관계가 존재하지 않는다. 에너지원은 여러 가지 형태로 에너지를 전달하지만 분자결합에서 흡수될 수 있는 형태만이 화학반응의 개시에 유효하기 때문에 그 관계는 대단히 복잡하다. 주의 깊게 제어된 조건하에서도 민감도의 결정은 그 설비의 의존성이 크다. 실제로 국부고온을 만드는 에너지 입력이 가장 화학반응을 일으키기 쉬운 것이다. 가장 일반적으로 평가되는 입력에너지의 형태에는 화염, 전기적 전하, 열면, 기계적 압축, 충격파 압축이 있다. 열적 민감도의 평가는 사실상 민감도에 대한 절차라기보다는 가혹도에 대한 절차라 할 수 있다. 이는 분해의 자체가속온도에 대한 한계치가 설비의존성이 매우 높다는데서 알 수 있다. 열적 안전성 평가는 수행할 수 있는 가장 포괄적이고 신뢰성 높은 평가방법으로 이는 일차적으로 반응성은 입력에너지의 형태와는 무관하기 때문이다. 열적 안정성은 적절히 평가되면 다른 어떤 평가절차보다도 넓게 적용되는 정보를 제공할 수 있게 된다. 일반적으로 해당물질이 에너지를 방출할 수 있다면 이러한 현상은 적절한 열적 안정성 평가에 의해 나타날 것이다.

(2) 시스템의 특성

① 능동적 요소

능동적 요소란 운전에 관여되는 요소로서 펌프, 송풍기, 연마기, 밸브, 교반기, 분배기 등과 같은 움직이는 부분을 사용하는 단위들을 의미한다. 이들은 외부에너지가 정상적 운전 조건하에서 물질에 외부에너지가 공급되는 통로라 할 수 있다. 더욱이 대부분의 이런 기기들은 내장 능력이 정상사용의 요구량보다 크고 고장이 난 경우에는 보통 정상수준보다 상당히 높은 에너지를 입력하며 또한 정상의 경우와 상당히 다른 형태의 에너지를 투입하게 된다. 폭발잠재력을 평가하기 위해서는 물질로 전달되는 에너지의 형태와 강도를 결정하여 이를 물질의 민감도 특성과 비교하는 것이 필요하다. 첫째 능동적 요소에 대해 물질이 영향 받을 수 있는 범위에 걸친 정상운전과 관련한 분석이 이루어진다. 모든 능동적 요소가 충분한 여유에 의해 정상상태에서 안전한 것이 판명되어야 한다. 여러 가지 실패 양상하의 가능한 입력에너지의 형태와 강도가 다음으로 평가되고 그 결과를 다시 물질의 민감도와 비교하게 된다. 이러한 분석에 의해 더 이상의 안전여유가 결정되어야 하며 아니면 과도한 에너지 공급에 따른 어떤 실패양상도 방지할 수 있는 조치가 취해져야 하며 또한 궁극적으로는 반응의 영향으로부터 인명을 방호할 수 있는 조치가 취해져야 한다. 능동적 요소의 실패에 대한 평가는 계속해서 반대방향으로도 고려되어야 한다. 즉 능동적 요소의 기능에 이상이 생길 때 예상되는 결과도 고려되어야 할 것이다. 예로서 펌프나 밸브의 고장으로 뜨거운 물질의 이동이 저지될 것이고 그 결과 고온으로도 노출이 초래될 수도 있다. 이러한 평가의 궁극적 목적은 이러한 모든 실패양상이 폭발로 연결되지 않도록 시스템의 적절한 설계를 확보하는 것이며 또는 폭발효과를 제어하고 인간과 주변을 방호하도록 적절한 설계가 적용되도록 하기 위한 것이다.

② 수동적 요소

수동적 요소란 시스템의 비운전적 요소로서 물질에 에너지를 공급하지 않은 것을 의미한다. 대신에 이런 요소들은 물질을 제한하거나 물질이 이송 또는 방출하는 에너지를 제한하게 된다. 이렇게 하여 수동적 요소는 방출되는 압력의 크기와 형태와 마찬가지로 일어날 수 있는 반응의 형태에 영향을 미친다. 수동적 요소는 물질의 에너지가 집중되거나 변형되는 상황을 만들 수도 있다. 이러한 현상의 예로는 유체에서의 저하발생, 막힌 파이프 끝에서의 증기의 단열압축, 그리고 용기표면의 촉매 효과를 들 수 있다. 수동적 요소는 가끔 부식될 수도 있고 내용물에 의해 용해될 수도 있으며 시스템의 마지막에서는 물질의 조성변화를 가져 올 수도 있다. 수동적 시스템의 기하학적 형상에 따라 민감도가 큰 물질이 집적되는 곳이 만들어지기도 하며 따라서 정상적 흐름과 분리되어 국부적인 농도 구배를 만들어 큰 재해를 일으키기도 한다.

따라서 시스템의 수동적 요소도 폭발잠재력을 평가할 때 무시할 수는 없는 것이다. 수동적 요소는 강도, 기하학적 구조, 내용물의 화학 특성면에서 정상조건이나 고장 조건동안 있을 수 있는 입력에너지 조건하에서도 적절해야만 한다.

(3) 환 경

환경이란 시스템의 바로 주변으로서 시스템내의 물질과 상호 작용할 수 있는 것을 말한다. 바로 주변환경은 흔히들 운전시스템의 연장으로 취급되기도 하며 이는 환경적 형상도 또한 능동적 또는 수동적으로 될 수 있기 때문이다. 환경은 조명, 용접, 외부화재나 폭발, 구동기기의 충돌 또는 많은 다른 방법에 의해 시스템에 에너지를 제공할 수 있다. 이러한 입력의 어떤 것은 설계로서 미리 결정될 수도 있고 다른 것들은 방호구조에 의해 또 다른 것은 관리적 제어에 의해 통제될 수 있다. 실제적인 목적으로 시스템에서 확실히 기대되는 어떤 환경이나 에너지의 입력은 해를 일으킬 수도 있으므로 고려되어야만 한다. 물, 전력, 가스의 공급 중단과 같은 환경적 영향도 고려되어야 하며 이들은 가끔 환경적 에너지원보다 더 심각한 문제를 나타내기도 한다. 한편 능동적 요소의 기능상 고장을 생각할 때는 유틸리티 손실의 영향을 별도로 평가하는 것이 바람직하다.

마지막으로 건물과 같은 환경은 용기로부터의 누설에 의하거나 폭발 방출에 의하거나 간에 시스템으로부터 물질의 도피에 대해 고려되어야 한다. 누설에 의한 영향을 평가할 때는 도피되는 물질만이거나 또는 공기와의 혼합물 내에서의 화재・폭발 위험에 대한 고려가 주어져야 한다. 폭발성 용기의 깨짐은 공기 중에 방출된 물질의 2차 폭발에 의한 심각한 잠재력을 생성하며 또한 주변구조물이나 시스템의 파괴도 초래하여 다른 관련 없는 지역의 유틸리티 손실을 초래하기도 한다. 폭발잠재력의 평가에는 사소한 시스템 고장이 큰 재해로 변할 수 있는 이러한 2차 영향에 대해서도 주의를 기울여야 한다.

3. 폭발재해의 형태

일반적으로 폭발재해를 형태별로 나누어 보면 발화원이 필요로 하는 폭발, 반응열 축적에 의한 폭발, 과열액체의 증기폭발 등으로 나눌 수 있다.

또한 발화원의 필요로 하는 폭발에는 착화 파괴형과 누설 발화형이 있다.

(1) 착화 파괴형 폭발

착화 파괴형 폭발이란 용기, 저장조, 배관 등에 가스가 충만되어 있을 때 주위 착화원에 의하여 착화되어 압력상승으로 인한 파괴형 폭발을 말하며 일종의 BLEVE현상이다.

이에 형태의 폭발에 대한 예방대책은 ① 질소등 불활성 가스의 치환, ② 폭발성 혼합가스의 조성관리, ③ 발화원의 관리 및 ④ 열에 의한 민감한 물질의 생성방지 등이다.

(2) 누설 발화형 폭발

누설 발화형 폭발이란 용기 등에서 가스가 누설되어 주위 착화원에 의해 착화되어 일어나는 폭발을 말하며 일종의 UVCE현상을 말한다.

예방대책은 ① 가연성 물질의 누설 방지, ② 밸브의 오조작 방지, ③ 누설물질에 대한 검지경보조치 및 ④ 발화원의 관리 등을 들 수 있다.

4. 폭발지수

일반적으로 위험요소는 어느 곳에나 존재한다. 그러나 불행하게도 사고가 일어나기 전에는 모든 위험요소들이 인식되어 있지 않을 수도 있다. 그러므로 사고가 발생하기 전에 위험요소를 확인하고 사고의 위험을 줄이는 것이 가장 중요하다. 그러한 위험요소를 인식하는 방법으로서 위험요소들을 조사하는 것이다. 그중 하나의 방법이 미국의 Dow Chemical사의 폭발지수를 조사함으로서 위험요소를 인식하는 것이다.

폭발지수란 단위공정의 위험인자(F_3)에 물질계수(MF)를 곱하여 계산한 값으로서 수치에 대한 위험정도를 나타내는 것이다.

$$폭발지수(EI) = 단위공정\ 위험인자(F_3) \times 물질계수(MF)$$

여기서, 단위공정 위험인자(F_3) = 일반적 위험 공정인자(F_1)×특수공정 위험인자(F_2)

(1) 물질계수(MF)

물질계수란 물질이 갖는 고유한 특성을 수치로 나타낸 것으로서 일방적으로 높은 값의 물질계수를 갖는 것은 인화성 및 폭발성이 높은 물질이라 할 수 있으며 만일 혼합물인 경우 물질계수는 혼합물의 특성에 의해 결정된다.

(2) 일반적 위험 공정인자(F_1)

① 자체열을 발열시키는 발열반응(발열화학반응)
② 화재로 인한 열과 같이 외부 열원을 통해 반응이 일어나는 흡열반응
③ 펌프나 이동관을 통한 물질전달이나 취급(물질취급 및 수송)
④ 누출된 증기의 확산을 막는 닫혀진 단위공정(밀폐 또는 실내공정단위)
⑤ 긴급비상장치를 위한 출입제한(통로)
⑥ 가연성 물질의 부적합한 배출구는 공정단위에서 멀리 이격조치(배수 및 유출제어)

(3) 특수공정 위험인자(F_2)

① 독성 물질
② 대기압이나 운전 시에 외부의 공기가 유입될 우려가 있는 경우
③ 연소범위 내 또는 근처에서 운전하는 경우
④ 먼지로 인한 폭발위험성이 있는 경우(분진폭발)
⑤ 대기압 이상일 경우
⑥ 탄소 철강용기가 부스러질 가능성이 있는 운전 중 낮은 온도일 경우(저온)
⑦ 가연성 물질의 양
⑧ 부식이 되는 단위공정 구조물(부식 및 마모)

⑨ 불꽃이 있는 가열기구를 사용할 때 인화성 물질이 있는 경우(화염가열기 사용)
⑩ 연결부위 주위에 유출 가능성이 있는 경우(누출 및 패킹)
⑪ 뜨거운 기름의 열교환기 시스템을 사용할 때 기름의 온도가 인화온도 이상일 때
⑫ 펌프나 가압기 같은 회전기기를 사용하는 경우(회전설비)

5. 폭연지수

폭연지수(폭연상수)란 밀폐계 폭발의 폭발특성을 나타내는 함수로서 Cubic의 폭발 시험에서 각 물질의 최대압력과 최대압력속도를 측정한 결과 최대압력상승속도(dV/dt)$_{max}$와 용기부피(V)와는 일정한 관계가 있는 것을 알아내었다. 다음은 폭연지수를 나타내는 큐빅(Cubic)의 삼승근법칙에 대해 알아보기로 한다.

(1) Cubic-Root법 : Bartknecth가 개발

$$\left(\frac{DV}{dt}\right)_{max} \cdot V^{\frac{1}{3}} = K_{st} = \text{constant}$$

(2) 각 가스의 폭연지수 값(K_{st})

① 수소 경우 : 550
② 프로판 경우 : 75
③ 메탄 경우 : 55

(3) 분진의 폭연지수 값(K_{st})

분진은 폭연지수 값에 따라 일반적으로 4등급으로 분류한다.

① st_0 등급 : K_{st} : 0 (폭발 없음)
② st_1 등급 : K_{st} : 0～200 (폭발 약함)
③ st_2 등급 : K_{st} : 200～300 (폭발 강함)
④ st_3 등급 : K_{st} : 300 이상 (폭발 아주 강함)

6. 최소착화에너지

최소착화에너지란 가연성 혼합기체에 전기적 스파크로 점화 시 착화하기 위하여 필요한 최소한의 에너지를 말하며 최소회로 전류치라고도 한다. 이 최소착화에너지는 혼합가스의 종류, 농도 및 압력에 따라 다르며 가장 낮은 최소착화에너지는 이론 혼합기 부근 농도에서 대개 최소치가 된다. 그리고 일반적으로 분진을 포함한 모든 가연성 물질은 최소착화에너지를 갖는다.

최소착화에너지는 다음의 식으로부터 구할 수 있다.

$$E = \frac{1}{2}CV^2$$

여기서, E : 최소착화에너지
C : 콘덴서의 용량
V : 전압

최소착화에너지는 본질안전 방폭구조에 있어서 방폭전기 기기의 폭발등급을 결정하는 가스 또는 증기의 분류에 사용되며 이는 메탄의 최소착화에너지의 값을 기준으로 폭발등급 A, B, C로 분류한다.

① 폭발등급 A등급 : 최소착화에너지 0.8 초과
② 폭발등급 B등급 : 최소착화에너지 0.45 초과 0.8 이하
③ 폭발등급 C등급 : 최소착화에너지 0.45 이하

최소착화에너지의 특징은 다음과 같다.

① 최소착화에너지는 압력증가에 따라 감소한다.
② 산소농도가 많아지면 최소착화에너지는 감소한다.
③ 질소농도의 증가는 최소착화에너지를 증가시킨다.
④ 일반적으로 분진의 최소착화에너지는 가연성 가스보다 크다.

7. 단열압축

기체를 높은 압력으로 압축하면 온도가 상승하며, 일정한 압력에서 온도를 높여

주면 부피는 팽창한다.

그러므로 압축기 등으로 기체를 고압으로 압축하는 경우 단열상태로써 압력이 상승한다. 또한 압력 상승에 의한 온도로 상승하므로 충분한 냉각시설이 없으면 압축기 오일 및 윤활유가 열분해되어 낮은 온도의 비점과 인화점을 가지므로 화재, 폭발의 위험성이 있다. 따라서 온도, 압력, 부피의 관계를 설명하기 위해서 이상기체 법칙($PV = nRT$)의 개념으로 다음과 같은 관계식이 성립된다.

$$\frac{P_2}{P_1} = \left(\frac{V_1}{V_2}\right)^{\gamma} \tag{1}$$

$$\frac{T_2}{T_1} = \left(\frac{V_1}{V_2}\right)^{\gamma - 1} \tag{2}$$

$$\left(\frac{P_2}{P_1}\right) = \left(\frac{T_2}{T_1}\right)^{\frac{\gamma}{\gamma - 1}} \tag{3}$$

여기서, $\gamma = C_p / C_v$ 이고, 공기의 경우 $\gamma = 1.4$이다. 또한 일반적으로 $P_1 = 1\text{atm}$이 되고, $T_1 = 298\text{K}(25℃)$의 값이 기준이 된다.

문제

25℃, 1기압 상태의 혼합기체를 50기압으로 단열 압축시키면 그 내부온도는 얼마인가?

풀이

T와 P의 관계식, $\gamma = 1.4$로부터

$$\left(\frac{P_2}{P_1}\right) = \left(\frac{T_2}{T_1}\right)^{\frac{\gamma}{\gamma - 1}}$$

$T_1 =$ 298K(25℃), $P_1 =$ 1atm

$T_2 =$? , $P_2 =$ 50atm

그러므로

$$T_2 = 298\left(\frac{50}{1}\right)^{0.286}$$
$$= 912.27\text{K} = 638.12℃$$

내부온도는 25℃에서 약 638℃로 증가한다.

---

8. 균일반응과 전파반응

화학반응은 균일반응과 전파반응으로 구분되는데 균일반응은 화학적 변환이 근본적으로 전체반응물을 통해 일어나는 것이며 전파반응은 미반응물질과 분리되는 분명하게 정의되는 반응영역이 존재하는 것으로 이 영역이 반응물 전체를 통해 이동되는 것이다.

(1) 균일반응

균일반응의 속도는 온도나 반응물 전체에 걸쳐 같게 되는 반응물 농도에만 의존된다. 전체 반응물의 온도가 상승되면 에너지 방출반응이 급속하게 진행되고 결국에는 자기 가열상태로 유도되고 반응물에서 발생된 열이 주위로 손실되는 열을 초과하게 된다. 열의 발생은 반응물 전체질량을 통해 일어나지만 열의 손실은 중심부에서는 외부표면에서보다 더욱 천천히 일어나기 때문에 중심부의 온도가 높게 되고 반응속도가 증가된다. 이렇게 중심부에서의 급격한 반응속도의 증가는 뜨거운 영역의 반응물이 완전히 소모될 때까지 또는 높은 온도를 흩어지게 하기 위해 중심부가 터질 때까지 계속된다. 일반적으로 용기내의 폭발이 균일반응 폭발이다.

(2) 전파반응

전파반응은 언제나 발열반응이다. 반응은 비교적 작은 고온영역을 만들며 스파크나 충격 같은 외부 점화원이나 균일반응시스템 핵심부에서의 열축적에 의해 개시된다. 반응의 전파를 위해서는 점화원에 의해 활성화되는 반응핵심은 주변 물질의 온도를 충분하게 상승시켜 같은 방법으로 반응되게 한다. 시스템의 초기온도가 높을수록 발화되기 쉽고 주변의 미 반응물질의 반응개시에 필요한 에너지 전파가 비교적 적기 때문에 전파반응이 되기 쉽다. 전파반응은 어떤 특정지점에서 개시되어 반응물전체를 통해 이동하기 때문에 에너지 방출속도가 전파속도 또는 반응영역의 이동속도와 같게 된다. 전파속도는 조성, 온도, 압력, 밀폐정도 등에 따라 거의 0에서부터 음속의 몇 배까지 변하여 음속 이하의 반응을 폭연이라 하며 음속 이상의 반응을 폭굉이라 한다.

많은 경우에 전파반응은 어떤 형태로든 외부가 제한되는 조건하에서만 일어난다. 그렇지 않으면 반응에 의한 열이 자체에서 유지시키기보다 더욱 빨리 흩어져 버리기 때문이다. 전파를 위해 요구되는 반응속도와 물질의 물리적 상태에 따라 광범위하게 변화한다. 반응물이 그 장소에서 반응하기에 충분하도록 긴 시간 유지되기만 하여 반응영역에서 미 반응물이 발화하기에 충분한 시간동안 에너지를 보유하고 있도록 되어야 한다. 어떤 물질들은 외부제한 없이도 격렬한 전파반응을 유지하기도 한다. 일반적으로 배관 내에서의 폭발은 전파반응폭발이 된다.

9. 폭연과 폭굉

폭발은 그 현상에 의해 폭연과 폭굉으로 구분된다.

폭연은 가연성 혼합기체가 상대적으로 서서히 연소되는 것을 의미한다.

폭발범위 내 어떤 농도상태에서 반응속도가 급격히 증대하여 음속을 초과하는 경우를 폭굉이라 하는데 이 과정에서 발생하는 충격파동이 큰 파괴력을 갖는 압축파를 형성한다. 더욱이 음속 이하의 반응속도에도 상당히 큰 힘이 파괴력을 갖는데 이 경우도 폭굉이라고 한다. 폭굉은 음속의 4~8배 정도의 고속 충격파가 형성된다. 폭굉은 가연성 가스와 공기가 혼합하는 경우에 넓은 공간에서는 좀처럼 발생되지 않지만 길이가 긴 배관 등에서는 발생한다. 반응 충격파를 형성하는 전파반응이다. 그 반응의 속도는 반응물에서는 음속을 초과한다.

10. 폭풍효과와 손상잠재력

폭발 손상잠재력 산출의 일차적인 절차는 고압가스 방출에 따라 생성되는 충격파의 강도와 관계시키는 것이다. 가장 일반적인 산출 방법으로는 그 폭발을 TNT 폭발의 경우와 비교하는 방법이 있는데 이는 TNT에서 발생되는 충격파에 대한 정보자료가 가장 많기 때문이다. 그러나 잠재 폭발을 TNT 폭발과 관계시키는 특정의 방법은 가정하는 폭발의 형태에 따라 다르게 된다. 용기의 빠른 가압으로 인한 화학반응의 경우 TNT 상당량은 용기에서 발생되는 화학반응의 반응열에 의해 추정된다. 반응물이 생성물로 전환되고 최대압력은 배출되기 바로 직전의 압력이 된다.

(1) 제한 받지 않은 물질

제한 받지 않은 물질에 대해서는 안정된 생성물을 만들기까지의 전체 반응으로부터의 예상되는 방출열을 정하기 위해 전통적인 열역학에 의해 분석된다. 이용 가능한 에너지가 결정되고 나면 그 물질이 폭굉을 일으킬 수 있다는 가정을 하고 에너지의 잠재력은 TNT 당량 에너지로부터 발생된다고 간주한다. 이렇게 하여 가정된 충격파의 강도가 표준화된 스케일화 거리의 자료를 이용하여 거리에 대한 함수로서 얻어진다. 이는 물질이 폭굉을 일으킬 경우에만 가능한 손상잠재력 산출이 가능하다는 것을 인식해야만 한다. 많은 경우 제한되지 않은 물질은 폭굉을 일으키지 않으므로 물질의 폭굉 발생 여부에 대해서 우선 적절하게 축소된 샘플을 이용한 실험으로 결정되어야 한다. 만일 물질이 폭굉을 일으킬 수 없다면 매우 보수적인 폭연압력의 열에너지가 방출되면 그 기하학적 구조 내에서의 열역학적 압력에서 가스가 형성되는 것으로 가정하여 얻어질 수 있다. 이렇게 하여 TNT 당량 에너지와의 비교가 만들어질 수 있다.

(2) 제한되는 물질

제한되는 물질은 다음의 세 가지 방법으로 분석되어야 한다.

① 제한되지 않은 물질의 경우와 같은 방법으로 평가되어야 한다. 유효압력면은 제한구조를 터뜨리기에 충분해야 하며 또한 팽창하는 충격면 때문에 외부손상을 일으키지는 않을 것이다. 그러나 내부 충격파에 의한 비균일 하중 때문에 제한하는 구조의 물리적인 위치변경으로부터는 손상이 발생한다.

② 열역학적 압력에 근거하여 분석이 이행되어야 한다. 열역학적 압력은 제한 구조를 터뜨리기에 충분해야 하며 또한 팽창하는 충격면에 의한 외부손상은 일어나지 않을 것이다. 보통의 빌딩이나 방은 상당히 낮은 압력에서도 파괴되며 공정의 용기는 일반적으로 허용 작업압력의 대략 4배 정도에서 파괴된다. 모든 경우에 구획의 궁극적 파괴압력은 적절한 온도, 부식, 다른 취약요인에 대한 여유와 함께 유능한 구조 엔지니어에 의해 구해져야만 한다.

③ 구획의 파괴압력을 TNT 경우의 충격면의 압력과 같게 놓는 계산의 방법이다. 용기의 파괴가 가정되어야 하며 용기벽에서의 궁극적 파괴압력에 상당하는 강도의 충격파를 만들어내는데 필요한 TNT의 량이 결정되어야 하며 이때 놓는 위치는 용기의 증기공간의 기하학적 중심이어야 한다. 이 경우 충격파는 원주에 따라 발현된다.

CHAPTER 6

기상폭발

6.1 가스폭발

1. 기체의 연소형태

확산연소와 예혼합연소방식이 있다.

(1) 확산연소

가연성 가스와 공기를 미리 혼합하지 않고 산소공급을 가스의 "확산"에 의해서 주위에 있는 공기와 혼합연소하는 것을 확산연소라 한다.

(2) 예혼합연소

가연성 가스와 지연성 가스가 미리 일정 농도로 혼합된 상태에서의 연소이며 발화원에서 발생한 화염이 혼합가스 내부로 진행하여 "화염전파"라고 하는 현상이 일어남. 이 경우 화염은 이미 연소가스와 미연소가스의 경계부분에서 발생되고 이곳에서 복잡한 화학반응이 일어나며 이 과정에서 고온의 빛을 낸다.

이 경우 미연소혼합가스에 대한 화염의 진행속도를 연소속도라 한다.

- 화염전파속도

폭연(Deflagration) : 화염전파속도가 음속 이하 0.1～10m/sec, 충격파 미발생

폭굉(Detonation) : 화염전파속도가 음속 이상, 고압 발생 및 충격파 발생
연소속도가 1,000～3,500m/sec

2. 가연성 가스의 폭발연소기구

가연성 가스의 혼합물이 긴 파이프 안에 들어 있다고 가정하면 폭발메커니즘은 다음과 같이 설명할 수 있다.

(1) 작은 스파크나 화염 또는 기타 발화원에 의해 파이프 한끝에서 반응을 개시한다.

(2) 착화 후 화염면 또는 반응면이 파이프내로 이동할 것이다.

(3) 반응에 의해 기체가 팽창하여 충격파를 생성시킨다. 이때 팽창은 반응 전후의 몰수의 변화(양론효과) 또는 열팽창에 기인한다.

(4) 충격파의 생성속도(전파속도)에 따라 폭연과 폭굉으로 구분된다.

3. 폭발메커니즘

가연성 가스가 폭발을 일으키기 위해서는 심각한 정도의 초기 압력이나 충격파를 생성시키기 위해서는 아주 작은 부피 내에서 짧은 시간에 에너지를 방출하여야 한다. 이러한 폭발을 일으키기 위한 메커니즘은 열적메커니즘과 겹사슬메커니즘으로 나눌 수 있다.

(1) 열적메커니즘

가스온도가 반응에 의해 상승하여 반응속도가 스스로 가속되어 폭굉을 일으키는 경우를 열적메커니즘이라 한다.

(2) 겹사슬메커니즘

반응성 자유 래디칼이 기초 반응에 의해 급격히 증가되어 폭굉을 일으키는 경우를 겹사슬메커니즘이라 한다.

4. 가스폭발

가연성 가스나 분해폭발가스에 의한 화재와 같은 가스폭발화재는 가스가 산업에 이용된 이래 무수히 발생하고 있다. 그리고 가스폭발은 그 피해도 커서 가스폭발 발생을 미연에 방지하는 것은 안전공학의 중요한 과제이다.

(1) 기체의 연소 및 폭발형태

기체의 연소형태는 예혼합연소와 확산연소로 나눌 수 있다. 예혼합연소는 가연성 가스와 지연성 가스가 미리 일정 농도로 혼합된 가스의 연소이며, 발화원에서 발생한 화염이 혼합가스 내부로 진행하여 "화염전파"라고 하는 현상이 일어난다. 이 경우 화염은 이미 연소한 가스와 미연소가스의 경계면에서 발생되고, 그곳에는 복잡한 화학반응이 일어나며, 일반적으로 고온이며 강한 빛을 낸다. 이 경우 미연소혼합가스에 대한 화염의 진행속도를 연소속도라고 한다. 그러나 연소된 가스는 고온에 의해 체적이 팽창하여 미연소가스를 화염의 진행방향으로 유동시켜서 외부에서 보면 화염의 속도는 가속되는 경우가 많다. 연소속도에 미연소가스의 유동속도를 더한 것을 화염속도라 한다.

연소속도는, 일정조건에서 가연성 가스의 고유의 상수이고, 일반적인 가연성 가스는 상온상압에서 최대 40～50cm/sec 정도이다. 그러나 수소, 아세틸렌 등은 연소속도가 크다.

화염속도는 고유의 값이 아니라 미연소가스의 유속에 따라 변화하는데 파이프나 탱크 속에서 연소하는 경우는 커다란 값이 되어 수 m/sec에서 수백 m/sec 범위가 된다. 화염이 더욱 가속되면 폭굉으로 전이하여 전파속도는 1,800～3,000m/sec에 달한다.

개방된 대기 중에서 예혼합가스가 발화할 경우 연소가스는 자유로이 팽창하여 화염속도가 늦은 경우 압력과 폭발음이 거의 발생하지 않지만 화염속도가 빠르고 압력파를 만들면 폭발음이 발생하게 된다. 이러한 경우를 폭연이라고도 한다. 그러나 밀폐 용기 중에서 폭발하는 경우와 비교하면 압력은 낮다. 화염속도가 점차 지속되어 폭굉으로 전이되면 충격파가 발생하여 주위에 커다란 파괴력을 미친다.

밀폐 용기 내에서 예혼합가스가 발화하면 화염이 전체에 전파하여 용기전체가 고온가스로 충만되고, 내부압력은 단시간에 상승한다. 압력상승에 의한 최고 압력은 폭굉이 일어나지 않는 조건에서는 초기압력의 약 10 배 이하이다.

확산연소는 가연성 가스를 공기 중에 유출시켜 가연성 가스와 지연성 가스의 접촉면에서 연소현상이 일어나는 경우이다. 고압가스의 장치나 용기에서 가연성 가스가 누출되어 연소하는 경우가 여기에 해당한다. 이때 연소속도는 가연성 가스와 공기 혹은 산소의 확산속도에 의해서 지배된다. 가연성 가스의 확산계수가 클 때 또는 가스의 흐름이 난류일 때 연소속도는 크다.

(2) 폭발한계

가연성 가스와 공기(또는 산소)의 혼합물에 대하여 앞에서 말한 것과 같이 가연성 가스의 농도가 낮을 때나 높을 때 화염의 전파가 일어나지 않는 농도가 있다. 농도가 낮을 경우를 폭발하한계, 높은 경우를 폭발상한계라고 부르고, 그 사이를 폭발범위라고 한다. 그리고 연소한계 또는 가연한계라고 하는 용어도 동일한 의미로 사용되고 있다.

(3) 측정장치

폭발한계를 측정하는 장치는, 다음의 2가지 방법으로 크게 나눈다.

① 전파법, ② 버너법, 이중 ①은 원통형 또는 구형의 용기 내에 혼합가스를 넣고 한쪽에서 점화하여 화염이 전체에 확산되는 한계조성을 결정하는 방법이고, ②는 버너위에 안정된 화염이 가능한 혼합가스 조성의 한계치를 결정하는 방법이다.

이 방법은 현재에도 표준적인 측정방법으로 사용되고 있지만 그 후의 연구에서 이 측정법의 문제점이 밝혀졌다. 즉, 사용한 불꽃방전은 모든 경우에 대하여 충분한 점화원이 되지는 않으며 물질에 따라 보다 더 큰 점화 에너지가 필요하기도 하고, 파라핀계 탄화수소 등에는 직경 5cm 관으로도 적당하지만 물질에 따라 보다 더 큰 용기를 사용하는 것이 필요하다는 것이 밝혀졌다.

(4) 폭발한계의 측정에 영향을 주는 요소

화학공업의 중요 원료인 에틸렌에 대해서 공기 중의 폭발한계 특정결과가 많이 발표되었으며, 폭발한계는 측정조건의 영향을 많이 받는다.

① 점화원

가연성 혼합기체의 연소한계 측정 시 점화원의 세기에 따라 연소범위가 변화한다. 이러한 점화원의 세기에 따른 폭발한계의 변화를 여러 연구자가 조사하였으며, 메탄-공기혼합물의 점화에 필요한 불꽃방전 에너지와 혼합물 조성의 관계로부터 1mJ의 스파크는 6～11.5 vol% 조성사이의 혼합물을 점화시킬 수 있으나, 폭발한계를 결정하기 위한 점화원은 보다 큰 에너지가 필요하고, 메탄-공기의 경우 10mJ 이상이다. 특히 하한계를 결정하기 위하여 필요한 점화에너지보다도 상한계의 결정을 위하여 보다 큰 에너지가 필요하다.

② 측정용기의 직경

폭발한계의 측정을 가는 관에서 하면 화염이 관벽에 냉각되어 소멸되는 일도 있어 폭발범위가 좁혀지게 된다. 따라서 관벽의 영향이 없는 큰 장치가 필요하다. 표준장치의 내경 5cm 수직관은 일반 파라핀계 탄화수소류 측정 등에는 적당하지만 아세틸렌, 에틸렌 등의 상한계, 할로겐 화합물, 암모니아 등에는 부적당하며 보다 직경이 큰 관이 필요하다.

③ 화염의 전파방향

화염의 전파방향에 따라서도 폭발범위는 상당한 차이를 보인다. 즉, 위쪽으로 전파하는 화염에서 측정(수직상향전파)하는 경우에는 예열 등의 효과가 발생하여 가장 넓은 값이 나오고, 아래쪽으로 전파하는 화염(수직하향전파)에서는 가장 좁게 나오며, 수평전파화염은 그 중간치를 나타낸다. 그러므로 폭발한계의 측정은 안전을 목적으로 측정하는 것이 일반적이므로 가장 넓은 범위를 얻을 수 있는 수직상향전파법으로 하단에서 점화하는 방법이 표준으로 되고 있다.

④ 온도의 영향

일반적으로 연소범위는 온도에 따라 증가한다. 다음은 증기에 유용한 것으로 경험적으로 유도된 식이다.

$$LFL_T = LFL_{25}\left[1 - 0.75(T-25)/\Delta H_c\right]$$

$$UFL_T = UFL_{25}\left[1 + 0.75(T-25)/\Delta H_c\right]$$

여기서, ΔH_c : 유효 연소열(kcal/mol)

T : 온도(℃)

또한, 온도가 100℃ 증가할 때마다 LFL은 8% 감소하고 UFL은 8% 증가한다. 따라서, LFL과 UFL은 다음의 식으로도 구할 수 있다.

$$LFL = LFL_{25} - (0.8LFL_{25} \times 10^{-3})(T-25)$$

$$UFL = LFL_{25} - (0.8UFL_{25} \times 10^{-3})(T-25)$$

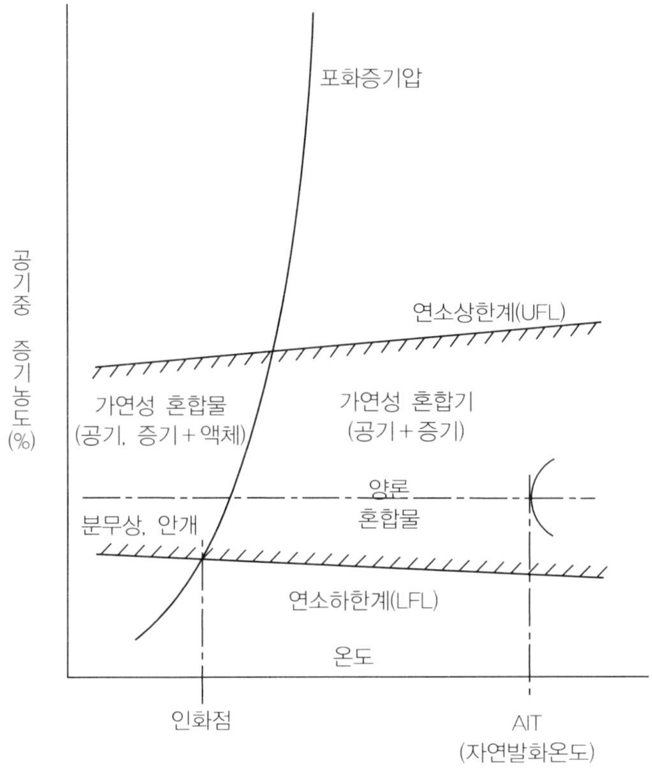

그림 6-1. 기본적인 가연성 인자

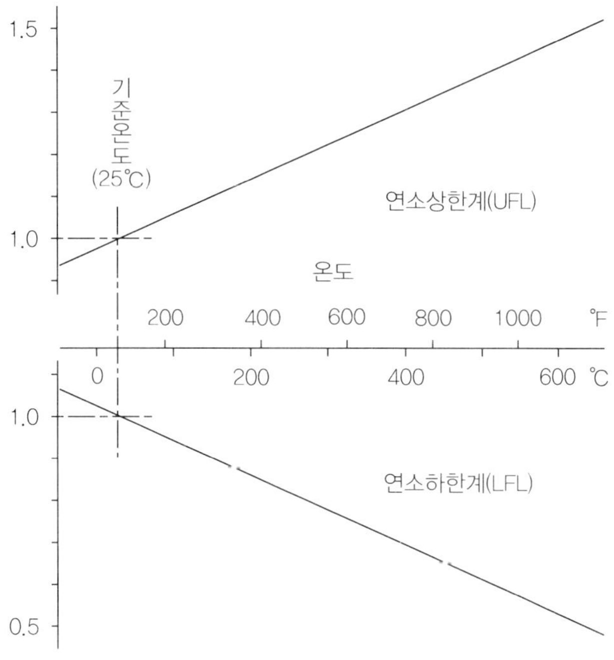

그림 6-2. 메탄의 온도에 따른 영향

⑤ 압력의 영향

대단히 낮은 압력(P< 50mmHg 절대)을 제외하고는 압력은 LFL에 거의 영향을 미치지 않는다. 이 압력 이하에서는 화염이 전파되지 않기 때문이다. UFL은 압력이 증가될 때 현저히 증가되어 연소범위가 넓어진다. 압력의 함수로써 증가에 대한 경험식은 다음과 같다.

$$UFL_P = UFL + 20.6(\log P + 1)$$

여기서, P : 압력(MPa)

UFL : 연소상한(1기압에서 연료와 공기에 대한 vol%)

(5) 파라핀계 탄화수소의 폭발한계에서 볼 수 있는 규칙성

가연성 가스 중에 파라핀계 탄화수소에 대하여 가장 많이 폭발한계 실측치가 있는데, 여기서 폭발한계치의 규칙성이 관찰되고 있다. 표 6-1에 파라핀계 탄화수소의

표 6-1. paraffine계 탄화수소의 폭발한계표

물질명	화학식	분자량	비중 (공기=1)	C_{st} (vol%)	ΔH_c (kcal/mol)	공기 중의 폭발하한계			공기 중의 폭발상한계			$\Delta H_c L_{25}$	$4.8\sqrt{C_{st}}$
						L_{25} (vol%)	L_{25}/C_{st}	L (mg/ℓ)	U_{25} (vol%)	U_{25}/C_{st}	U (mg/ℓ)		
methane	CH_4	16.04	0.55	9.48	191.8	5.0	0.53	38	15.0	1.6	126	959	14.7
ethane	C_2H_6	30.07	1.04	5.65	341.3	3.0	0.53	41	12.4	2.2	190	1 024	11.4
propane	C_3H_8	44.09	1.52	4.02	488.5	2.1	0.52	42	9.5	2.4	210	1 025	9.6
butane	C_4H_{10}	58.12	2.01	3.12	635.4	1.8	0.58	48	8.4	2.7	240	1 144	8.49
pentane	C_5H_{12}	72.15	2.49	2.55	782.0	1.4	0.55	46	7.8	3.1	270	1 094	7.63
hexane	C_6H_{14}	86.17	2.98	2.16	928.9	1.2	0.56	47	7.4	3.4	310	1 114	7.05
heptane	C_7H_{16}	100.20	3.46	1.87	1 075.8	1.05	0.56	47	6.7	3.6	320	1 129	6.57
octane	C_8H_{18}	114.23	3.94	1.65	1 222.8	0.95[1]	0.58	49				1 161	
nonane	C_9H_{20}	128.25	4.43	1.47	1 369.7	0.85[2]	0.58	49				1 164	
decane	$C_{10}H_{22}$	142.28	4.91	1.33	1 516.6	0.75	0.56	48				1 137	
dodecane	$C_{12}H_{26}$	170.33	5.88	1.12	1 810.5	0.60	0.54	46				1 086	
tetradecane	$C_{14}H_{30}$	198.38	6.85	0.97	2 104.3	0.50	0.52	44				1 052	

C_{st}는 공기 중의 완전연소조성, ΔH_c는 발열량

주) 1) : $t=43$℃

2) : $t=53$℃

폭발한계를 표시하였다. 여기에는 25℃(또는 표기한 온도), 대기압에서 폭발하한계 L_{25}와 상한계 U_{25}를 표시하고, 동시에 분자량, 공기에 대한 비중, 완전연소 조성 C_{st}와 연소열 ΔH_c를 나타내었다. 이 표에서 볼 수 있는 것처럼 이 계열에서는 표준상태의 공기 1ℓ당 가연성 가스의 mg으로 표시하였는데, 메탄, 에탄 및 프로판을 제외한 나머지 파라핀계 탄화수소의 폭발하한계 L은 45～50mg/ℓ의 범위였다.

① 폭발하한계와 연소열

가연성 가스 중에 파라핀계 탄화수소에 대하여 가장 많이 폭발한계 실측치가 있는데, 여기서 폭발한계치의 규칙성이 관찰되고 있다.

㉮ 폭발하한계와 연소열

Burges-Wheeler는 파라핀계 탄화수소의 폭발하한계 LFL과 연소열 ΔH_c와의 곱은 거의 일정하다는 것을 보여 주었다.

그리고 그 후의 연구에서 파라핀계 탄화수소 이외의 다수의 가연성 가스에 대하여도 이 관계가 성립된다고 알려지고 있다.

이 관계는 $1/L = k\Delta H_c$ 또는 $L\Delta H_c \fallingdotseq$ Const로 나타낸다.

$$\Delta H_c \cdot LFL = 1050$$

파라핀계 탄화수소에 대해서 $L \cdot \Delta H_c$를 계산한 값을 표시하였으며 메탄을 제외하고는 1,000～1,200 사이에 있는 것을 알 수 있다.

◦ Zabetakis식 : 파라핀계 탄화수소의 폭발상한계 추정식

$$UFL = 6.5\,LFL^{0.5}$$

㉯ 파라핀계 탄화수소 연소한계의 추정

어떤 경우에는 실험 데이터가 없어서 연소한계를 추산해야 할 필요가 있다. 연소한계는 쉽게 추정되므로 가급적이면 실험에 의하여 결정할 것을 권장한다.

Johes는 많은 탄화수소 증기의 LFL과 UFL은 연료의 양론농도(C_{st})의 함수임을 발견하였다.

$$LFL = 0.55\, C_{st}$$

$$UFL = 3.50\, C_{st}$$

여기서, C_{st}는 연료와 공기로 된 완전연소가 일어날 수 있는 혼합기체에 대한 연료의 부피 %를 말한다.
대부분의 물질에 대한 양론농도는 일반적인 연소반응에 이용하여 결정된다.

$$\mathrm{C}_m\mathrm{H}_x\mathrm{O}_y + z\,\mathrm{O}_2 \rightarrow m\,\mathrm{CO}_2 + \frac{x}{2}\mathrm{H}_2\mathrm{O}$$

양론계수의 관계는 다음과 같다.

$$z = m + \frac{x}{4} - \frac{y}{2}$$

여기서, $z = \dfrac{\mathrm{O}_2\ \mathrm{mol수}}{\mathrm{연료의\ mol수}}$의 단위를 가진다. z의 함수로서 C_{st}를 결정하기 위해서는 부가적인 양론계수와 단위의 변환이 필요하다.

$$C_{st} = \frac{\text{moles fuel}}{\text{moles fuel} + \text{moles air}} \times 100$$

$$= \frac{100}{1 + \dfrac{\text{moles air}}{\text{moles fuel}}}$$

$$= \frac{100}{1 + \dfrac{z}{0.21}}$$

$$\therefore\ LFL = \frac{0.55(100)}{4.76m + 1.09x - 2.38y + 1}$$

$$\therefore\ UFL = \frac{3.50(100)}{4.76m + 1.09x - 2.38y + 1}$$

(6) 복잡한 조성의 가연성 가스 혼합물의 폭발하한계 계산방법

가연성 가스가 여러 가지 성분의 혼합물인 경우가 종종 있는데 이 경우, 그것을 구성하고 있는 단독 성분 가스의 폭발한계를 알면 Le Chatelier의 법칙에 의하여 폭발한계를 근사적으로 구할 수 있다.

Le Chatelier의 법칙은 LFL을 혼합가스의 폭발한계(vol%), L_1, L_2, L_3, …를 혼합가스를 형성하는 각 단독 성분의 폭발한계(vol%), V_1, V_2, V_3, …를 각각 단독성분의 혼합가스 중의 농도(vol%)로 하면 다음과 같다.

$$L = \frac{100}{\frac{V_1}{L_1} + \frac{V_2}{L_2} + \frac{V_3}{L_3} + \cdots}$$

여기서, $V_1 + V_2 + V_3 + \cdots = 100$이 된다.

일반적으로 이 법칙은

① 하한계는 잘 일치되지만 상한계는 일치하지 않는 경우가 있다.

② 3성분계까지는 잘 일치하나 그 이상은 의미가 없다(잘 안 맞다).

◦ 위험도(H)

폭발범위의 상한계와 하한계로서 구하는 제한치, H가 클수록 위험성이 크다.

$$H = \frac{U - L}{L}$$

U : 폭발상한계, L : 폭발하한계

6.2 수증기폭발

1. 개요

수증기폭발은 폭발의 분류상 응상폭발에 해당하므로 기상폭발을 설명하는 본 장에 포함되는 것은 부적합하나 일상에서 발생하는 대표적인 폭발의 유형이기 때문에 여기에서 간략하게 언급하고자 한다.

일반적으로 수증기폭발은 착화원도 가연물도 필요하지 않은 상변화에 기인하는 폭발사고이다. 수증기폭발의 기본적인 예방대책은 물과 고열물과의 직접적인 접촉의 기회를 주지 않는 것이다.

2. 예방대책

① 고온의 로 내에 물이 들어갈 기회를 주지 않는 것이 가장 중요하다. 물을 함유하고 있는 사이에 용융작업을 시작한다든지 소화작업 중에 주수가 로 내에 들어가는 경우 증기폭발사고가 일어나기 쉽다.

② 건조한 작업바닥을 유지한다.

③ 고온의 폐기물 등을 폐기하는 경우에 젖어 있는 장소에 버린다든지, 고온물을 하수구나 수조 속으로 투입하는 것은 아주 위험하다.

④ 고온물에 주수하여 급랭에 의하여 분쇄하는 경우에는 물속에 고온물을 투입하면 안 되고 고온물이 밖으로 흘러나오지 않도록 물을 뿌려주는 설비가 필요하며 주수에 대한 배수를 잘 되도록 하고 물이 정체하여 있도록 하면 안 된다.

6.3 분진폭발

1. 분체와 분진

분진은 기체 중에 부유하는 미세한 고체입자를 총칭하는 것으로서 입자상 물질은 파쇄, 선별, 퇴적, 이적 기타 기계적 처리 또는 연소, 합성, 분해 시 발생한다. 영국 규격에 의하면 입자의 직경이 1μm 이상인 것으로 규정하고 있다. 분진폭발・화재 측면에서는 최대 1,000μm 이하의 입자크기를 갖는 분체의 정의를 받아들이는 것이 편리하며 분진이란 200BS mesh체를 통과하는 76μm 이하의 입자로서 한정하고 있다. 분진형태로서는 부유분진 뿐만 아니라 보통 침강이나 포집에 의해 층상으로 누적된 입자군이나 퇴적된 입자군도 포함하며 공기 중에 분진이 비교적 균일하게 부유분산된 상태의 공기 혼합물을 분진-공기 혼합물이라 한다. 이 경우 분진의 농도는 단위체적당 혼합물 중의 분진중량으로 나타낸다. 공기 중에서 연소할 수 있는 분진을 가연성 분진이라 하고 특히 공기 중의 산소가 적거나 이산화탄소에서도 착화, 부유상태에서는 격렬하게 폭발할 수 있는 금속분진을 폭발성 분진이라 한다. 그리고 분체란 아주 많은 고체입자의 집합체로서 각 입자 사이에 적절한 상호작용으로 움직일 수 있는 상태를 갖게 될 수 있는 것으로서 흔히 말하는 분말, 분 등과 같은 의미를 갖는다. 일반적으로 사용되는 의미에 의하면 분체는 인류의 생활에 유용한 분자경이 적은 고체입자를 의미한다. 흔히 분진은 인체에 좋지 않은 영향을 미치며 인류의 생활에 무용한 것을 의미하는 경우가 많다. 그러나 공업적으로 분체란 의미가 매우 넓어서 입자가 큰 곡물에서 입자가 미세한 화학약품에 이르기까지 또한 입자가 각각 분산된 에어로졸이나 분진 특히 조립물까지도 포함한다.

고체가 세분되어 분체화될 경우 고체입자가 서로 유동성을 갖게 되고 비표면적이 크게 되어 화학적 활성이 증가하기 때문에 고체상태와는 상당히 다른 성질을 나타내며 이로 인하여 다음과 같은 폭발·화재의 위험성이 높게 된다.

2. 분진과 미스트

분진과 미스트는 공기 중에서나 또는 반응성 기상환경에서의 연소에 의해 높은 압력의 가스를 발생시킬 수 있다. 그러나 필요한 화학반응은 분산된 입자 또는 액적과 주변가스와의 접촉면에서만 일어날 수 있기 때문에 압력발생 속도는 분산물질의 유용표면적에 따라 제한 받게 된다. 주어진 질량의 분진 또는 미스트에서 표면적은 입자나 액적의 구경이 감소함에 따라 증가되어 어떤 주어진 물질의 연소의 격렬성은 입자나 액적이 미세해짐에 따라 증가된다. 이러한 분산된 두 가지의 응상물질은 그 연소양상이 아주 유사하다. 본질적으로 어떠한 입자나 액적에서도 연소는 일어날 수 있으나 실제로 대부분의 분산물질에 의한 폭발재해는 그 크기가 20mesh 이하에서 일어난다. 입자와 액적의 크기가 감소함에 따라 분산은 더욱 쉽게 발생되고 비교적 더 안정되며 오랫동안 남아 있게 된다. 따라서 미세입자나 액적은 거친 입자들보다는 분산이 더 잘되고 분산상태로 오래 유지되고 더 빨리 연소되어 더욱 큰 위험성을 가지게 된다. 대부분의 가연물질의 경우 공기 중이나 다른 반응성 가스 중의 분사에 의한 발화는 공정기기나 구조물을 파괴시키기에 충분한 압력을 형성한다.

전파반응이 일어나기 위해서는 최소한의 균일 농도가 필요하게 된다. 분진과 미스트에서는 반응이 표면적에 의해 제어되기 때문에 정해진 상한계 농도는 없다고 할 수 있다. 대부분의 상한계는 실제로 열역학적 한계농도라기보다는 실험적으로 점화기를 무효하게 만드는 분진이나 미스트의 농도를 나타낸다고 할 수 있다. 분진과 미스트 연소에서 얻어지는 압력상승속도와 최고압력은 분산입자의 농도가 증가됨에 따라 증가되고 일반적으로 입자크기에 좌우되는 어떤 농도에서 최고값이 되고 이를 지나면 농도가 더욱 증가됨에 따라 천천히 감소하게 된다. 분진과 미스트의 연소는 이전에 가연성 혼합물이 존재하지 않았던 지역으로 먼 거리의 자체 전파가 가능하다.

분진폭발은 흔히들 번개와 같은 소리를 내는 것으로 특징 되는 회전폭발이라고 한다. 회전폭발은 일반적으로 일차적인 분진폭발에서 시작되어 2차 분진확산을 만들고 점화시키며 이는 다시 또 다른 분진확산을 만들고 점화시키게 된다. 분진과 미스트 폭발의 주변에 대한 영향은 근본적으로 가스폭발과 같은 방법으로 분석된다. 용기의 파괴, 구조물 파괴, 압력발생, Fire Ball 생성, 그리고 2차 영향 등에 같은 원리가 적용된다. 그러나 기상연소와는 달리 분진과 미스트 폭발에서는 매우 높은 온도에서 뜨거운 고체, 타르, 검, 오일 등의 많은 양의 응상 물질을 생성하는 경향이 있다.

이러한 뜨거운 생성물은 그들이 접촉하는 표면에 부착되어 심각한 열손상을 일으켜 부가적인 화재의 원인이 되기도 한다.

3. 분진폭발의 원리

분진폭발은 가연성 분진이 공기 중에 분사되어 있고 점화원이 존재할 때 발생한다. 그 발생조건은 연소의 개시조건과 같이 일반적으로 가연물, 산소 및 착화원이 주어져야 한다. 특히 분진의 경우 단위무게당 표면적이 증가하기 때문에 반응속도가 증가하게 되어 그 위험성이 높다. 분진폭발이 전파되기 위해서는 다음 조건을 만족하여야 한다.

(1) 분진이 가연성이어야 하며
(2) 분진이 적당한 공기로 수송할 수 있어야 하고
(3) 분진이 화염을 전파할 수 있는 분진크기 분포를 가져야 한다.
(4) 분진농도가 폭발범위 이내여야 하고
(5) 화염전파를 개시하는 충분한 에너지의 점화원이 존재하여야 한다.
(6) 충분한 산소가 연소를 지원하고 유지하도록 존재해야 하며 이중에서 교반과 운동이 일어나야 한다.

분진폭발은 1차와 2차 폭발로 나눌 수 있다. 1차 분진폭발은 부유된 가연성 분진이 초기에 점화되었을 때 일어난다. 2차 분진폭발은 평형 표면위에 축적되어 있거나 가라앉아 있는 분진이 1차 분진폭발의 결과로 분산되어 연속적으로 점화된다. 2차 분진폭발은 설비도처로 과압의 전달을 야기시킬 수 있다. 가연성 분진은 더 큰 총 Impulse와 과압 지속시간이 길므로 분진폭발이 더 느린 화염속도를 가지는 경향이 있으므로 가연성 증기보다 더 심각한 폭발을 생성시킬 수 있다. 일반적으로 분진운을 통한 화염전파속도는 1～300m/sec의 범위이다. 결과적으로 산업상황의 대부분의 분진운 연소는 일반적으로 폭굉보다는 폭연을 야기시킨다.

4. 분진의 착화 폭발 기구

분진폭발은 가스폭발이나 화약폭발과는 달리 발화에 필요한 에너지가 훨씬 크다. 이것은 분진폭발의 과정이 다음의 순서로 진행되기 때문이다.

(1) 입자표면에 열에너지가 주어져서 표면온도가 상승한다.
(2) 입자표면의 분자가 열분해 또는 건류작용을 일으켜서 기체로 되이 입자 주위에 방출된다.
(3) 이 기체가 공기와 혼합되어 폭발성 혼합기체를 생성하고 발화하여 화염을 발생시킨다.
(4) 이 화염에 의해 생성된 열은 다시 분말의 분해를 촉진시켜 차례로 기상에 가연성 기체를 방출시켜 공기와 혼합하여 발화 전파한다.

5. 분진폭발의 특징

(1) 연소속도나 폭발압력은 가스폭발에 비교하여 작으나 연소시간이 길고 발생에너지가 크기 때문에 파괴력과 연소정도가 크다. 발생에너지는 최고치의 비교경우 가스폭발의 수배 정도이고 온도는 2,000~3,000℃ 정도까지 올라가는데 이는 단위체적당의 탄화수소량이 많기 때문이다. 분진폭발은 먼저 폭발압력이 선행하고 1/10~2/10초 늦게 화염이 온다. 화염의 파급속도는 상온 상압 하에서 초기에는 2~3m/sec 정도이며 그 속도는 연소한 분진의 팽창으로 인해 압력이 상승함에 따라 가속적으로 빠르게 된다. 또한 폭발화염에 의한 압력속도는 300m/sec 정도이며 화염온도가 상승함에 따라 압력의 파급속도도 상승한다. 어떻든 간에 화염의 파급속도보다 압력의 파급속도가 훨씬 빠르며 이를 이용하여 폭발제어장치가 고안되어진다.

(2) 폭발 시에 입자가 연소하면서 비산하므로 여기에 부딪치는 가연물은 국부적으로 심한 탄화를 일으키며 특히 인체에 닿으면 심한 화상을 입는다.

(3) 최초의 부분적인 폭발에 의해 폭풍이 주위의 분진을 날리게 하여 2차, 3차의 폭발의 파급됨에 따라 피해가 크게 된다.

(4) 가스에 비하여 불완전연소를 일으키기 쉬우므로 탄소가 타서 없어지지 않고 연소 후에 가스상에 일산화탄소가 다량으로 존재하는 경우가 있어 가스에 의한 중독의 위험이 있다.

6. 분진폭발의 메커니즘과 변수

분진폭발의 메커니즘은 다음 변수에 의존한다.

(1) 화학조성
(2) 활성화에너지(점화에너지)
(3) 연소열
(4) 입자의 분리
(5) 입자의 크기와 모양
(6) 입자의 표면적

(7) 수분함량

(8) 산소의 농도

(9) 난류의 정도

많은 변수에 관련되어 있기 때문에 분진폭발 공정의 이론적 예측은 제한되어 있다. 그러므로 분진폭발의 예방과 보호기술은 경험적 접근에 크게 의존한다. 분진폭발에 대한 변수의 영향을 연구자들의 결과에 따라 살펴보면 다음과 같다.

① 화학조성

- 특정한 화학그룹의 존재는 폭발위험의 지시를 줄 수 있다.
- COOH, OH, NH_2, NO_2, C≡N, C=N 및 N=N 그룹은 폭발위험을 증가시키는 경향이 있고
- 반면에 Cl, Br 및 F 같은 할로겐족 그룹은 폭발위험을 감소시키는 경향이 있다.

② 입자크기

일반적으로 입자의 크기가 감소됨에 따라 위험이 더 크다.

③ 분진농도

양론 mol의 몇 배의 분진농도는 더 심각한 분진위험을 야기시킨다.

④ 수분함량

수분함량 증가는 폭발위험을 감소시킨다.

⑤ 난류

가연성 분진의 난류확산은 일반적으로 분진위험을 증가시키는 결과를 가져온다.

⑥ 압력

점화 전 분진-공기 혼합물의 초기압력의 증가는 대기압에서 점화된 폭발과 비교하여 증가된 압력에 영향을 준다.

⑦ 온도

높은 온도에서 분진-공기 혼합물의 점화는 최대폭발 압력을 감소시키고 최대

압력 상승속도를 증가시킨다.

7. 분진위험장소 및 분진방폭구조

(1) 분진의 종류

① 폭연성 분진

공기 중 산소가 적은 분위기 또는 이산화탄소 중에서도 착화하고 부유상태에서도 심한 폭발을 발생하는 금속분진을 말하며 마그네슘과 알루미늄 등이 있다.

② 가연성 분진

공기 중 산소와 발열반응을 일으키고 폭발하고 분진으로서 소맥, 전분, 합성수지, 비전도성 카본블랙 등이 있다.

표 6-2. 심각한 폭발을 일으키는 일반적인 가연성 고체 분진

분진의 종류	최대 폭발 압력		최대 압력 상승률	
	(psig)	(bar)	(psig/sec)	(bar/sec)
옥수수	95	6.55	6,000	413.7
옥수수가루	115	7.93	9,000	620.7
감자 전분	97	6.89	8,000	551.6
설탕	91	6.27	5,000	344.7
밀가루	105	7.24	8,500	586.0
에틸 셀룰로오스 플라스틱 몰딩 콤파운드	102	7.03	6,000	413.7
나무가루 충전재	110	7.58	5,500	379.2
천연 수지	87	6.00	10,000	689.5
알루미늄(가루)	100	6.90	10,000	689.5
마그네슘(가루)	94	6.48	10,000	689.5
실리콘(가루)	106	7.31	10,000	689.5
티타늄(가루)	80	5.52	10,000	689.5
알루미늄 마그네슘 합금(가루)	90	6.20	10,000	689.5

8. 분진의 발화도 구분

분진의 발화도는 발화온도에 따라 3등급으로 분류한다.

(1) 발화도가 11 : 발화온도가 270℃ 초과할 것

① 폭연성 분진 : 마그네슘, 알루미늄, 알루미늄 브론즈

② 가연성 분진

- 도전성인 것 - 아연, 코크스, 카본블랙
- 비도전성인 것 - 소맥, 고무, 염료, 페놀수지

(2) 발화도가 12 : 발화온도가 200℃ 초과하고 270℃ 이하일 것

① 폭연성 분진 : 알루미늄수지

② 가연성 분진

- 도전성인 것 - 철, 석탄
- 비도전성인 것 - 코코아, 리그린, 쌀겨

(3) 발화도가 13 : 발화온도가 150℃ 초과하고 200℃ 이하일 것

① 가연성 분진 : 유황

9. 분진 위험장소의 분류

분진 위험장소란 공장 기타 사업장에서 폭발을 발생하기에 충분한 분진이 공기 중에 부유하여 위험 분위기를 생성할 가능성이 있다 또는 분진이 부유, 퇴적할 가능성이 있는 경우와 이상상태 등에서 분진이 부유, 퇴적할 가능성이 있는 경우를 포함한다. 일반적으로 위험 분위기를 생성하는 분진의 종류에 따라 위험장소를 구분한다.

(1) 폭연성 분진 위험장소

(2) 가연성 분진 위험장소

10. 분진방폭구조의 종류

(1) 특수방진 방폭구조

전폐구조로 접합면 깊이를 일정 치 이상으로 하든가 접합면에 일정 치 이상의 깊이를 갖는 패킹을 사용하여 분진이 용기 내에 침입하지 않도록 한 구조

(2) 보통방진 방폭구조

전폐구조로 접합면 깊이를 일정 치 이상으로 하든가 접합면에 패킹을 사용하여 분진이 침입하기 어렵게 한 구조

(3) 분진특수 방폭구조

특수방진 방폭구조와 보통방진 방폭구조 이외의 구조로 분진 방폭성능이 있는 것이 확인된 구조

11. 분진방폭구조의 선정

(1) 폭연성 분진 위험장소의 경우 : 특수방진 방폭구조
(2) 가연성 분진 위험장소의 경우 : 특수방진 방폭구조로 보통방진 방폭구조

12. 분진방폭배선

(1) 분진 위험장소의 배선은 분진은 침투하지 못하도록 방진성이 있는 금속관 배선이나 케이블 배선에 의하며 접속을 위한 단자함이나 인입부도 역시 분진의 침투를 방지하기 위한 적절한 구조로 되어 있어야 한다.
(2) 분진 방폭배선에 사용되는 재료는 가스, 증기 방폭배선에서 사용되는 재료의 기준을 참고하여 결정하는데 이 경우 다른 점은 가스, 증기의 유도 및 폭발화염의 전파방지를 위해 사용되었던 실링피팅이나 콤파운드 대신에 분진의 침투를 방지하기 위해 도포를 칠하거나 자기 융착성의 테이프를 사용한다는 점이다.

(3) 또한 가스, 증기 방폭배선에도 마찬가지만 분진 방폭배선에서도 실링 성능이 떨어질 염려가 있어 전선 관로나 박스류 등의 내부에 수분이 응축하여 물이 고일 우려가 있으므로 이를 방지하는 방법이나 고인물을 제거하는 방법을 강구하여야 한다.

CHAPTER

7

전기방폭

7.1 전기재해

전기시설의 운용, 보수작업 등에 종사하는 전기 사용자는 감전 및 전기화재 폭발로 인한 위험을 항상 안고 있기 때문에 전기의 안전 대책은 전기 설비나 기기의 보호와 함께 인명보호를 우선하여 강구되어야 한다.

따라서 전기안전은 전기재해를 방지함은 물론 전기를 안전하게 활용하는 것, 즉 전기를 안전하게 공급하고 전기를 수전하여 사용하는 산업현장의 전기시설 및 일반 가정 등의 소비분야에 이르기까지 모든 분야에서 재해나 고장에 대한 불안감 없이 활용할 수 있게 하여야 한다. 이러한 전기에 관여되는 재해는 크게 전기재해, 정전기재해 및 낙뢰재해로 나눌 수 있다.

산업현장에서 발생 될 수 있는 전기재해는 그 종류가 다양하다. 이 중에서도 전류의 영향으로 심장의 규칙적인 동작이 문란하게 되고 심근에 진동을 일으켜 수축이 정지됨으로써 혈액공급펌프의 작동이 정지되는 심실세동과 같은 현상은 매우 위험한 일이므로 주의가 필요하다.

7.2 전기방폭구조

1. 개 요

전기방폭이란 위험 분위기 생성장소에서 전기설비로 인한 화재폭발이 일어나기 위해서는 위험분위기와 점화원이 있어야 한다. 이와 같이 전기설비에 의한 점화원인 전기불꽃을 제거함으로서 화재폭발이 일어나지 않도록 하는 것을 전기방폭이라 말한다. 즉 전기설비의 점화원을 억제하는 방법으로는 점화원의 방폭적 격리방법, 전기설비의 안전도 증강방법 및 점화능력의 본질적 억제방법 등이 있다.

2. 전기설비의 방폭화 방법

(1) 점화원의 방폭적 격리방법

① 전기설비에서 점화원이 되는 부분을 주위의 가열물과 격리하여 서로 접촉하지 못하도록 하는 방법으로는 압력방폭구조와 유입방폭구조가 있다.
② 전기설비의 내부에서 발생한 폭발이 설비 주변에 존재하는 가연성 물질로 파급되지 않도록 실질적으로 격리하는 방법으로서 내압방폭구조가 있다.

(2) 전기설비의 안전도 증강방법

정상상태에서 점화원이 되는 전기불꽃의 발생부 및 고온부가 존재하지 않는 전기설비에 대하여 이들이 발생하지 않도록 기계적, 전기적으로 안전도를 증강, 특히 온도에 대한 안전도를 증강시켜 고장이 발생할 확률을 제로에 가깝도록 하는 방법인 안전증방폭구조가 있다.

(3) 점화능력의 본질적 억제방법

약전류 회로의 전기설비와 같이 정상상태뿐만 아니라 사고 시에도 발생하는 전기불꽃 및 고온부가 최소착화에너지 이하로 되어 가연물에 착화할 우려가 없는 것 등이 착화시험 등으로 충분히 확인된 것으로서 본질안전방폭구조가 있다.

3. 전기방폭구조의 종류

(1) 내압방폭구조

① 내압방폭구조란 용기 내부에 폭발성 가스의 폭발이 일어나는 경우에 용기가 폭발압력에 견디고 또한 접합면 개구부를 통하여 외부의 폭발성 분위기에 착화되지 않도록 한 구조

② 전폐 구조로 하고 용기 내에 폭발성 가스가 침입하여 내부에서 폭발하더라도 용기는 그 압력에 견디며 또한 폭발한 고열가스가 용기의 틈으로부터 누설되어도 틈의 냉각효과로 외부의 폭발성 가스에 착화될 우려가 없도록 제작된 구조

③ 설치대상으로는 아크가 생길 수 있는 모든 전기기기, 접점, 개폐기류, 스위치 등이 있다.

(2) 유입방폭구조

① 유입방폭구조란 전기불꽃을 발생하는 부분을 기름 속에 잠기게 함으로서 기름면 위 또는 용기 외부에 존재하는 폭발성 분위기에 착화할 우려가 없도록 한 구조

② 설치대상은 아크가 생길 수 있는 모든 전기기기로서 현재는 거의 사용하지 않는다.

(3) 압력방폭구조

① 압력방폭구조란 점화원이 될 우려가 있는 부분을 용기 안에 넣고 신선한 공기나 불활성 기체를 용기 안으로 봉입함으로서 폭발성 가스가 침입하는 것을 방지하는 구조

② 종류로는 통풍식, 봉입식, 압입식 등이 있다.

③ 통풍식과 봉입식의 경우는 내압 방폭성을 확보하기 위하여 기기의 시동 및 운전 중에 용기내의 모든 점의 압력을 주위의 대기압보다 수주 5mm 이상 높게 유지한다.

④ 밀봉식의 경우는 용기내부의 압력을 확실하게 지지하는 장치를 설치하도록 한다.

⑤ 설치대상은 아크가 생길 수 있는 모든 전기기기, 접점, 개폐기류, 스위치, 전동

기류 등이 있다.

(4) 안전증방폭구조

① 안전증방폭구조란 정상상태에서 폭발성 분위기의 점화원이 되는 전기불꽃 및 고온부 등이 발생하지 않는 전기기기에 대하여 이들이 발생할 염려가 없도록 전기적, 기계적 또는 구조적으로 안전도를 증강시킨 구조로서 특히 온도상승에 대한 안전도를 증강시킨 구조이다.

② 또한 정상적으로 운전되고 있을 때 내부에서 불꽃이 발생하지 않도록 절연성능을 강화하고 또 고온으로 인해 외부가스에 착화되지 않도록 표면온도 상승을 더 낮게 설계한 구조이다.

③ 설치대상으로 단자 및 접속함, 농형유도전동기, 변압기, 조명기구 등이 있다.

④ 특징으로는 내압방폭구조보다 용량이 적어진다는 장점이 있으나 내부에서 불꽃이 발생하여 폭발이 일어날 경우에는 파열이나 외부로 화염이 나오지 않는다는 보장이 없으므로 사용장소 선정 시 주의해야 한다.

⑤ 잠재적 점화원이 위험 분위기 증감에 의해 현재적 점화원으로 발전하는 것을 억제하는 구조이다.

⑥ 주로 2종 장소에 많이 사용한다.

(5) 본질안전방폭구조

① 본질안전방폭구조란 정상설계 및 단선, 단락, 지락 등 이상상태에서 전기회로에 발생한 전기불꽃이 규정된 시험조건에서 소정의 시험가스에 점화하지 않고 또한 고온에 의해 폭발성 분위기에 점화할 염려가 없게 한 방폭구조로서 점화시험 등 기타시험으로 확인된 구조

② 위험장소와 비위험장소 사이에는 안전막이 설치된 구조이다.

③ 설치대상으로는 온도, 압력, 유량 등을 계측하는 계측기기, 전화기, 신호기 등에 사용된다.

④ 주로 0종 장소에 사용된다.

(6) 특수 방폭구조

모래를 삽입한 사입 방폭구조와 밀폐 방폭구조가 있으며 폭발성 가스의 인화를 방지할 수 있는 특수한 방폭구조로서 폭발성 가스의 인화를 방지할 수 있는 것이 시험에 의하여 확인된 구조를 말한다.

대표적인 것에는 단락불꽃이 폭발성 가스에 점화하지 않는 회로의 기기가 있다. 계측제어, 통신관계 등 미전력회로인 기기에 응용되는 분야가 많을 것이다.

4. 방폭구조의 선정

위험지역 내에 전기 또는 전자기기를 설치할 경우 전기적인 에너지가 점화원이 될 수 있기 때문에 폭발 위험성이 증가한다. 그러므로 폭발 위험성을 최소화하기 위하여 가능한 한 전기기기를 설치하지 않는 것이 좋으나 그렇지 못할 때는 몇 가지 대비책을 강구하여 위험을 최소화하고 또한 정해진 허용한도 내로 유지시키도록 하여야 한다. 즉 고온의 표면에 의한 화재 폭발의 위험 및 전기 에너지 방출에 의한 위험 등을 조절하여야 한다. 이러한 기구의 선정 시에 유의할 내용은 기기의 종류나 메이커의 의도대로 잘 되지 않는 경우도 있으므로 수용자, 발주자, 메이커 등의 상호간에 충분히 협의하여야 한다.

(1) 사용장소

옥내인가 옥외인가의 구별

(2) 기후조건

① 주위온도 (최고, 최저, 연간 평균)
② 상대습도
③ 기타 특수조건

(3) 환경조건

① 대기압, 습기, 부식성 가스, 분진 등의 유무

② 진동의 유무
③ 저온장소

(4) 위험장소의 종별과 폭발성 가스 또는 분진 등의 명칭

(5) 방폭구조 및 등급 : 방폭구조의 종별과 폭발등급, 발화도

① 폭발성 가스

이 가스가 공기 또는 산소와 혼합하여 폭발가능한 폭발범위로 되는 위험분위기가 조성되고 그 장소에 최소발화에너지 이상의 에너지를 가지는 점화원이 존재하여 현소하는 현상을 혼합가스 폭발이라 한다. 모든 가연성 가스 및 인화점이 40℃ 이하인 가연성 액체의 증기를 말한다.

전기 사용장소의 폭발 위험성은 그 장소에 있는 폭발성 가스 종류에 따라 다르기 때문에 이 가스의 위험도를 발화도 및 폭발등급으로 분류하여 적합한 방폭구조 및 대책을 마련하여야 한다.

② 폭발성 가스 방화도(온도등급)

㉮ 온도등급 : 최고 표면온도에 따른 분류

온도등급(발화도)	발화온도(℃)
IEC 79	
T1	450 초과
T2	300 초과 450 이하
T3	200 초과 300 이하
T4	135 초과 200 이하
T5	100 초과 135 이하
T6	85 초과 100 이하

㉯ 폭발등급

폭발성 분위기 내에 표준용기의 접합면 틈새를 통하여 폭발화염이 내부에서 외부로 전파되는 것을 방지할 수 있는 틈새의 최대간격치를 말하며 폭발성 가스의

종류에 따라 다르다[화염일주한계(Joint clearance to arrest flame = Maximum safe clearance)].

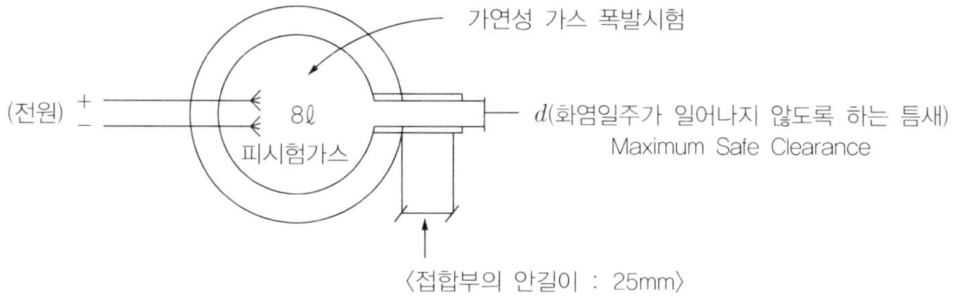

◦ 폭발등급

등 급	틈새의 범위		해당가스
ⅡA	0.9mm	$d \geq 0.9$	프로판가스
ⅡB	0.5 초과 0.9mm 미만	$0.9 > d > 0.5$	에틸렌
ⅡC	0.5mm 이하	$d \leq 0.5$	수소

◦ 폭발성 가스의 분류(IEC)

폭발등급 \ 발화도	450 ≥ T1 > 300℃	300 ≥ T2 > 200℃	200 ≥ T3 > 135℃	135 ≥ T4 > 100℃	100 ≥ T5 > 85℃	85℃ ≥ T6
ⅡA (0.9mm)	나프탈렌 메탄 아세톤 암모니아 일산화탄소 톨루엔 프로판	부탄 염화비닐 프로필렌	가솔린, 사이클로 헥산, 펜탄올 펜탄 헥산	디부틸 에테르, 아세트 알데히드	—	아질산에틸
ⅡB (0.5 초과 0.9mm 미만)	시안화수소 아크릴로 니트릴	에틸렌 부타디엔	디메틸 에테르, 아크릴 알데히드	디에틸 에테르, 트리메틸 아민	—	—
ⅡC (0.5mm 이하)	수소	아세틸렌	—	—	이황화수소	질산에틸

(6) 전기특성 : 상의 수, 전압, 전류, 주파수, 용량, 출력 등

(7) 공급전원특성

① 전압 변동, 주파수 변동
② 상용, 비상용의 구별

(8) 운전정격 : 연속정격, 단시간정격, 간헐상요 정격, 반복정격

(9) 보호장치

① 통풍장치의 고장, 냉각수의 단수, 감수시의 경보 또는 운전정지용
② 기기 각부의 온도가 고온이 된 경우의 경보 또는 운전정지용

이상과 같은 항목에 대하여 유의하여야 하며, 전기설비의 설계방침을 자세히 설명하면 다음과 같다.

5. 방폭 전기설비의 설계 기본방침

전기기기의 방폭 외함구조 또는 배선방법의 특정한 형태가 모든 방폭 측면에서 최선의 방법이 되지는 못한다. 석유 경유설비의 전기설비는 정전, 지락, 단락 등 각종 사고로부터 보호되고 대기 중에 비산되는 가연성 가스 혹은 액체의 인화 가능성을 최소화 할 수 있도록 설계되어야 한다. 방폭 전기설비가 정확하게 설계되고 설치 보수되어야 가연성 가스 등으로 인한 위험 분위기 하에서 안전을 확보할 수 있는 것이다. 전기기기의 일반적인 목적은 적정하게 근로자를 보호하고 동력공급 장애요인을 최소화하는 선에서 절연방호벽, 차단특성, 작업장 청결 등을 필요로 하는데 가장 안전한 전기계통 설비는 각 형태의 우수한 특징을 이용하는 것이다.

① 부식성, 기온, 보수, 기기의 사양 및 상호 변화성, 가능한 공정변화 또는 확장 등의 요인들은 전기계통을 위한 특별한 차폐 및 사용을 요한다.
② 위험지역 내에 전기설비는 가능한 최소화한다.
모터, 조명기구 등은 가급적 위험지역 내 설치를 제한하고 다소 실용적이지 못

하고 작업에 불편이 있더라도 스위치, 변압기, 전동기 등은 위험지역 밖에 설치하는 것이 안전하다.

③ 위험지역에 적정하게 설계된 전기기기는 설치장소의 잠재 위험요인에 상응하는 방폭 신뢰도를 제공해야 한다. 이것은 잠재 위험요인의 한계가 명확하게 확인되어야 가능하다.

④ 적정한 안전가드만 설비 내에 설치되어 있으면 청정한 공기를 위험지역이나 방으로 강제 환기장치에 의하여 송기할 수 있다. 이때 청정공기원은 1, 2종 장소의 범위 밖이라야 한다.

6. 선정방법

방폭구조인 전기기기는 표시된 위험등급의 폭발성 가스, 증기에 대해 일단 안전성이 보장된 것이다. 그러나 방폭구조의 종류에 따라서 안전성의 정도, 보수의 난이, 경제성에 현저한 차이가 있으므로 신중히 검토해서 선정해야 하지만 경제성보다는 안전이 우선하여야 한다는 것이 기본방침이어야 한다.

각 방폭구조의 장·단점은 다음과 같이 분류할 수 있다.

(1) 내압방폭구조

① 용기 내부에 침입한 가스가 폭발하였을 때 내부기기는 손상이 되더라도 그로 인해 운전장치에 중대한 영향을 주는 경우에는 적당치 못하다.

② 폭발등급 3의 가스에 대한 이 전기기기의 종류, 크기에 따라서 구조가 복잡해져 제작이 곤란한 경우도 있다.

③ 대형 회전기의 내압방폭구조는 폭발등급 2 및 3의 가스에는 사용할 수 없다.

(2) 유입방폭구조

이 구조는 기름의 누설로 인한 유면의 저하 시에는 위험하므로 항상 유면계 등으로 감시할 필요가 있으며 유입개폐기 등에서는 개폐 시 발생하는 아크에 의해 수소를 주성분으로 하는 가연성 분해가스가 발생하면 위험하므로 가스를 뽑아내는 구멍을 시설할 필요가 있다.

(3) 압력방폭구조

① 설치장소의 위험성 정도 및 전기기기가 항시 점화원을 가지는가 아닌가에 따라 보호장치의 구성을 검토하여야 한다.
② 폭발성 가스의 폭발등급에 관계없이 사용 가능하다. 일부 계측기류처럼 내용물이 파손되기 쉬운 기기에 적합하다.
③ 대형 전기기기 및 발화도 G4, G5의 가스를 대상으로 하는 경우처럼 타 방폭구조는 제작이 곤란한 기기에 적합하다.

이 구조는 압력의 보존에 따라 통풍식, 봉입식, 밀봉식으로 분류된다.

(4) 안전증방폭구조

① 내부에서 고장을 일으킨 경우의 방폭성은 보증되어 있지 않으므로 주위 조건, 보수 관리 등을 고려해서 적부를 결정한다.
② 전동기, 변압기 등을 사용하는 경우에는 특히 과부하 보호장치 또는 과열 보호장비를 정비해서 잘 보호할 필요가 있다.

(5) 본질안전방폭구조

① 정상 시나 사고 시에 발생하는 불꽃 및 고온부가 폭발성 가스에 점화하지 않는 것이 확인되어 있으므로 안전성이 높다.
② 타 전기회로와의 혼탁, 정전유도, 전자유도를 받았을 때 방폭성을 상실하는 수가 있다.
③ 공적 기관에 의해서 방폭성이 확인될 때 사용조건이 제시되는 경우가 있으므로 선정할 때는 이러한 점을 충분히 주의할 필요가 있다.
④ 계측기, 제어장치 등의 소용량 전기기기에 적합하다.

7. 방폭구조의 표시

방폭 전기기기에는 규격에 의한 표시 이외에 본체가 잘 보이는 위치에 다음과 같이 방폭구조에 대한 표시를 하도록 규정하고 있으므로 수입검사나 설치 시에 설계시

방과 상이한 점이 없는가 표시를 잘 확인하여 사용하여야 한다.

① 방폭구조의 종류를 나타내는 기호 및 대상으로 하는 폭발성 가스나 분진의 명칭 또는 그들의 폭발등급, 발화도의 기호를 표시한다. 단 안전증가, 특수방진, 보통 방진 등과 같이 폭발등급에 관계없이 적용할 수 있는 구조의 전기기기에 대해서는 폭발등급은 표시하지 않는다. 또 이들 표시는 당해 및 그 이하의 폭발등급과 발화도 위험성 물질에 대하여 방폭성이 보증되는 것을 나타내는 것이다.

② 2종 이상의 방폭구조가 결합된 전기기기는 각각의 방폭구조의 기호를 이어서 표시한다. 이 경우 전기기기의 주체부분에 방폭구조를 처음에 표시하게 되어 있으나 본질안전방폭구조를 포함하는 경우만은 주체부분에 관계없이 본질안전 방폭구조의 기호를 처음에 쓴다.

방 폭 구 조	표 시	영문표기
내압(耐壓)방폭구조	Exd	Flame proof Type
유입(油入)방폭구조	Exo	Oil Immersed Type
압력방폭구조	Exp	Pressurized Type
안전증(安全增)방폭구조	Exe	Increased Safety Type
본질(本質)안전방폭구조	Exia, Exib	Intrinsic Safety Type
특수 방폭구조	Exs	Special Type

8. 방폭설비의 안전지점

(1) 1급 지역의 전기설비

1급 지역이란 가솔린, 나프타, 벤젠, 아세톤, 수소 등과 같이 휘발성 및 인화성이 높은 액체나 가연성 가스, 증기를 제조, 저장 또는 취급하는 장소를 말한다. 1급 지역에서는 이러한 가연성 가스 또는 증기가 공기와 혼합하여 혼합물 형태로 어떤 지점에서 폭발 한계농도 이상 체류할 경우 전기 기계 기구로부터 발생한 아크 또는 스파크 과열로 인하여 화재 폭발을 일으키게 된다.

따라서 아크 또는 스파크를 일으킬 수 있는 전기 기계 기구는 가능하면 이러한 위험 분위기가 존재하는 장소 밖에 설치하거나 그렇지 못할 경우 당해 위험 분위기에 적합한 검정품 방폭형 기기를 적용하여야 하며 기타 제반 전기 설비에 대하여 기술자료에 의한 보완공사를 실시하여야 한다.

이를 일반적으로 전기설비의 방폭화라 부르고 있으며 기본적인 방안으로서는 다음의 네 가지가 있다.

첫째, 불꽃이나 아크등이 발생하는 부분은 폭발압력에 견딜 수 있는 용기로 씌우고 폭발성 가스가 용기 내에 침입하여 용기 내에서 폭발을 일으키더라도 용기 밖의 폭발성 가스에 인화되지 않도록 하는 방법이다.

둘째, 불꽃이나 아크등이 발생하는 부분을 밀폐용기 또는 불연성 가스, 기름 등의 매체로 덮어 주위의 폭발성 가스나 분진에 접촉하지 못하도록 하는 방법이다.

셋째, 불꽃이나 아크등이 발생하지 않는 기기의 경우 기기의 표면 온도를 충분히 낮게 유지하여 고온으로 인한 착화의 우려를 없애고 또 기계적, 전기적으로 안전도를 높게 잡은 구조로 하여 고장이 잘 발생하지 않도록 하는 방법이다.

넷째, 약전류 회로에서 안전유지기를 사용함으로써 그 회로의 어느 부분에서 고장이 발생할지라도 점화원이 되지 않도록 본질적으로 점화능력을 억제하는 방법이다.

하지만 이상의 네 가지 방안은 어떠한 경우에나 적용이 가능한 것은 아니고 위험장소의 종류, 등급에 따라 전기기기의 적용·부적용이 구분되므로 위의 방법은 해당 지역에 적합하게 효과적으로 채택하여 전기설비 전체가 조화된 방폭화를 도모하여야 한다.

(2) 2급 지역의 전기설비

2급 지역이란 폭발성 분진에 의하여 위험 분위기가 조성되는 지역을 말하며 분진의 종류에 따라 세 그룹으로 분류된다. 2급 지역에 설치되는 전기기기는 기기 표면 온도가 과도하게 상승한 경우 기기표면에 쌓인 분진이 지나치게 탈수된다든지 탄화하게 되어 화재 폭발을 일으킬 가능성이 더욱 높게 될 것이다.

따라서 이 지역에 설치되는 전기기기의 표면온도는 해당 분지 그룹별로 온도가 상승되지 않는 기기를 사용하여야 한다.

(3) 3급 지역의 전기설비

3급 지역이란 쉽게 인화될 수 있는 면 부스러기, 솜털 등과 같은 인화성 섬유가 비산되는 지역을 말한다. 이러한 섬유 비산물질은 쉽게 인화됨은 물론 인화속도가 매우 빠르게 진행되기 때문에 위험성이 가중된다. 면 분진과 같은 비산 물질이 기계장치 및 건물 내부에 얇은 층상으로 분포되어 있을 때 전기 스파크, 아크 등 어떤 점화원에 의해 인화하게 되면 화재가 폭발적인 속도로 진행하게 된다.

따라서 이러한 인화성 섬유를 제조, 사용, 저장하는 장소에서는 점화원이 될 수 있는 모든 전기 설비에 대하여 본 기술자료에 따라 특별한 보안공사를 실시하여야 하며 당해 지역에 적합한 방폭기기를 적용하여야 한다.

① 위험지역 구분

3급 1종 지역이란 인화성 섬유류가 제조되거나 사용되는 지역을 말하며 3급 2종 지역이란 이러한 물질을 저장하거나 제조 과정 이외에 취급되는 지역을 말한다.

② 온도상승 제한

3급 지역에 설치된 기기는 전 부하 시 기기표면에 누적된 면 부스러기, 솜털을 점진적으로 탄화시키든지 지나치게 건조시킬 만큼의 표면온도가 상승되지 않아야 한다. 탄화되거나 지나치게 건조된 유기물질은 자연발화 할 가능성이 매우 높게 된다.

따라서 정상가동시 과부하가 잘 되지 않는 기기의 경우 최대 표면온도가 165℃를 초과하면 안 되며 모터 또는 변압기와 같이 과부하 될 가능성이 있는 기기의 경우 120℃를 초과하면 안 된다.

3급 지역에서의 변압기 및 커패시터 시설기준은 2급 지역에서 언급한 내용에 준하여 시설하여야 한다.

7.3 방폭지역

1. 적용범위

방폭지역의 적용범위는 다음과 같다.

① 인화성 또는 가연성의 가스나 증기 및 분진으로 인한 화재 폭발위험이 있는 장소 및 인화성 또는 가연성의 액체를 취급하는 장소와 그 장소에 설치하는 전기설비에 대하여 적용한다.

② 자연발화성 물질만을 취급하고 있는 장소 및 광산에 설치되는 전기설비는 적용하지 않는다.

2. 용어의 정의

① "방폭지역"이라 함은 인화성 또는 가연성 물질이 화재, 폭발을 발생시킬 수 있는 농도로 대기 중에 존재하거나 존재할 수 있는 장소를 말한다.

② "위험 분위기"라 함은 대기 중의 인화성 또는 가연성 물질이 화재, 폭발을 발생시킬 수 있는 농도로 공기와 혼합되어 있는 상태를 말한다.

③ "위험 발생원"이라 함은 인화성 또는 가연성 물질의 누출 등으로 인하여 주위에 위험 분위기를 생성시킬 수 있는 지점을 말하며 각종 용기, 장치, 배관 등의 연결부, 봉인부, 개구부 등을 주요 위험 발생원으로 볼 수 있다.

④ "비방폭지역"이라 함은 1.항의 방폭지역으로 구분되지 않는 장소로서 다음 각 호의 장소를 말한다.

㉮ 환기가 충분한 장소에 설치되고 개구부가 없는 상태에서 인화성 또는 가연성 액체가 간헐적으로 사용되는 배관으로 적절한 유지, 관리가 될 경우의 배관 주위

㉯ 환기가 불충분한 장소에 설치된 배관으로 밸브(Valve), 핏팅(Fitting), 플랜지(Flange) 등 이상 발생 시 누설될 수 있는 부속품이 전혀 없고 전부 용접으로 접속된 배관 주위

㉰ 가연성 물질이 완전히 밀봉된 수납용기 속에 저장되고 있을 경우의 수납용기 주위

㉱ 보일러, 화로, 가열로, 소각로 등 개방된 화면이나 고온 표면의 존재가 불가피한 설비로서 연료주입 배관상의 밸브, 펌프 등의 위험 발생원 주변의 전기기계, 기구가 적합한 방폭구조이거나 연료주입 배관 주위에 전기기계, 기구가 없을 경우의 개방 화염 또는 고온 표면이 있는 설비 주위

㉲ "환기가 충분한 장소"라 함은 대기 중의 가스 또는 증기의 밀도가 폭발하한계의 25%를 초과하여 축적되는 것을 방지하기 위한 충분한 환기량이 보장되는 장소를 말하며 다음 각 호의 장소는 환기가 충분한 장소로 볼 수 있다.

가. 옥외

나. 수직 또는 수평의 외부공기 흐름 방해하지 않는 구조의 건축물 또는 실내로써 시붕과 한 변의 벽만 있는 건축뉼

다. 밀폐 또는 부분적으로 밀폐된 장소로써 옥외와 동등한 정도의 환기가 자연 환기방식 또는 고장 시 경고발생 등의 조치가 되어 있는 강제환기 방식으로 보장되는 장소

라. 기타 적합한 방법으로 환기량을 계산하여 폭발하한계의 25% 농도를 초과하지 않음이 보장되는 장소

3. 방폭지역의 지정

폭발성 물질의 성상에 따라 방폭지역으로 지정하여야 할 장소는 다음과 같다.

① 인화성 또는 가연성의 가스나 증기가 쉽게 존재할 가능성이 있는 지역

② 인화점 40℃ 이하의 액체가 저장, 취급되고 있는 지역

③ 인화점 65℃ 이하의 액체가 인화점 이상으로 저장, 취급될 수 있는 지역

④ 인화점 100℃ 이하 액체의 경우 해당 액체의 인화점 이상으로 저장, 취급되고 있는 지역

방폭지역의 구분은 위험 분위기가 존재하는 빈도와 시간 등에 따라 0종, 1종, 2종 장소로 분류하고 있다.

4. 위험장소의 구분

N.E.C.(National Electrical Code) 500항에 의한 위험장소의 구분은 방폭지역 내에 존재하는 위험물질의 종류에 따라 다음과 같이 분류된다.

① 1급 지역은 가연성 가스 혹은 증기의 존재로 가연성 혹은 폭발성 혼합물을 만드는 장소
② 2급 지역은 가연성 분진의 존재로 위험하게 되는 장소
③ 3급 지역은 가연성 섬유분진의 존재로 비산하는 경우

5. 방폭지역의 구분기준

인화성 또는 가연성의 가스나 증기에 의한 방폭지역은 위험 분위기의 발생 가능성에 따라 다음 각 호의 장소로 구분하며 이러한 위험장소의 분류는 방폭기계, 기구 및 배선방법을 결정하는데 중요한 사항이 된다. 이 분류기준은 폭발성 농도에 따라 하는 것이 아니고 농도가 폭발한계에 달한 확률에 따라 하는 것으로 정확한 수치적 표시가 아니라 개념적인 것임으로 공정상을 잘 이해하여 선정해야 한다.

(1) JIS, IEC 기준

① 0종 장소(Zone 0)라 함은 위험 분위기가 지속적으로 또는 장기간 존재하는 장소를 말하며 용기 내부, 장치 및 배관의 내부 등의 장소는 0종 장소로 구분하고 다음의 장소는 0종 장소로 할 수 있다.
　㉮ 설비의 내부
　㉯ 인화성 또는 가연성 액체가 존재하는 피트(pit) 등의 내부
　㉰ 인화성 또는 가연성의 가스나 증기가 지속적으로 또는 장기간 체류하는 곳

② 1종 장소(Zone 1)라 함은 상용의 상태에서 위험 분위기가 존재하기 쉬운 장소를 말하며 0종 장소의 근접 주변, 송급통구의 근접 주변, 운전상 열게 되는 연결부의 근접 주변, 배기관의 유출구 근접 주변 등의 장소는 1종 장소로 구분하고 다음의 장소는 1종 장소로 할 수 있다.

㉮ 통상의 상태에서 위험 분위기가 쉽게 생성되는 곳

㉯ 운전, 유지, 보수 또는 누설에 의하여 자주 위험 분위기가 생성되는 곳

㉰ 설비 일부의 고장 시 가연성 물질의 방출과 전기계통의 고장이 동시에 발생되기 쉬운 곳

㉱ 환기가 불충분한 장소에 설치된 배관계통으로 배관이 쉽게 누설되는 구조의 곳

㉲ 주변 지역보다 낮아 가스나 증기가 체류할 수 있는 곳

㉳ 상용의 상태에서 위험 분위기가 주기적 또는 간헐적으로 존재하는 곳

③ 2종 장소(Zone 2)라 함은 이상상태 하에서 위험 분위기가 단시간 동안 존재할 수 있는 장소를 말하며 이 경우 이상상태라 함은 지진등 기타 예상을 초월하는 극히 빈도가 낮은 재난사태 등을 지칭하는 것이 아니고 상용의 상태, 즉 통상적인 운전상태, 통상적인 유지보수 및 관리상태에서 벗어난 상태를 지칭하는 것으로 일부 기기의 고장, 기능상실, 오동작 등의 상태가 이에 해당한다. 0종 또는 1종 장소의 주변영역, 용기나 장치의 연결부 주변영역, 펌프의 봉인부 주변영역 등은 2종 장소로 구분하고 다음의 장소는 2종 장소로 할 수 있다.

㉮ 환기가 불충분한 장소에 설치된 배관계통으로 배관이 쉽게 누설되지 않는 구조의 곳

㉯ 가스킷, 팩킹 등의 고장과 같이 이상상태에서만 누출될 수 있는 공정설비 또는 배관이 환기가 충분한 곳에 설치될 경우

㉰ 1종 장소와 직접 접하며 개방되어 있는 곳 또는 1종 장소와 덕트, 트렌치, 파이프 등으로 연결되어 이들을 통해 가스나 증기의 유입이 가능한 곳

㉱ 강제 환기방식이 채용되는 곳으로 환기설비의 고장이나 이상 시에 위험 분위기가 생성될 수 있는 곳, 핏트, 트렌치 등과 같이 이상상태에서 위험 분위기가 장시간 존재할 수 있는 영역은 1종 장소로 구분한다.

④ 방폭지역으로 구분되는 장소 중 다음 각 호의 경우에는 당해 장소를 비방폭지역 또는 제 1, 2, 3항의 규정에 의한 방폭지역의 종별을 변경할 수 있다.

㉮ 용기 내부에 질소, 이산화탄소 등의 불활성 가스를 주입하여 내부에 위험 분위기가 발생되지 않음을 보장할 수 있을 경우의 용기 내부는 2종 장소

로 구분할 수 있다.

㈏ 요구되는 설비를 모두 설치하여 실내를 양압으로 유지하는 경우의 당해 설비는 비방폭지역으로 구분할 수 있다.

⑤ 준위험장소

발생빈도가 극히 작은 지진이나 기타 예상되는 사고 시 폭발성 가스가 대량으로 누출되어 위험분위기가 되는 장소

구 분	위험장소	장소별 방폭구조
0종 장소	지속적인 폭발분위기	본질안전
1종 장소	정상 상태하의 간헐적인 폭발분위기	내압, 압력, 압력
2종 장소	이상 상태하의 폭발분위기	내압, 압력, 안전증

(2) API, NFPA 기준(미국기준)

① Class에 의한 분류

㈎ Class I Location : 가연성 증기 또는 가스가 폭발이나 연소할 수 있는 충분한 양이 공기 중에 존재하거나 존재가능성이 있는 장소

㈏ Class II Location : 연소성 먼지가 존재하는 장소

㈐ Class III Location : 쉽게 발화할 수 있는 섬유질 또는 솜털 부스러기가 존재하나 이러한 섬유질이나 부유 물질은 발화될 수 있는 만큼 충분한 양이 공기 중에 존재하지 않는 장소

② Division에 의한 분류

㈎ Division I : 정상상태에서도 가연성 증기나 가스가 존재하는 장소

이 장소에서 설치하는 설비는 정상운전 시는 물론 전기 시스템 고장 시에 설비내부의 연소가 주위대기를 연소시킬 수 있는 불꽃이나 고온 가스를 방출시키지 않도록 설계된 방폭구조 기기를 사용하고 본질적으로 안전하다고 승인된 기기나 배선은 방폭구조 없이도 사용할 수 있음.

㉯ Division II : 비정상상태 경우 - 기기파열, 고장의 경우 가연성 증기나 가스가 나타날 수 있는 장소
Arcing이나 이와 유사한 경우가 정상상태에서도 점화원을 발생하지 않도록 만들어진 기기를 사용한다. 이 경우 사고는 매우 희귀하게 일어나고 보통 사고 시에는 각 설비가 전원으로부터 차단되기 때문에 완벽한 보호는 요구되지 않는다.

6. 위험지역의 범위결정

위험지역의 범위결정은 설치 위치, 취급물질, 설비크기, 운전조건, 충분한 환기여부에 따라 방폭지역 구분도 적합한 것들을 선정하여 결정하되 다음의 사항을 고려한다.

① 설비크기 및 운전 조건의 구별은 아래 표에 나타난 구분 중에 있다.

설 비	단 위	소	중	대
설 비 규 모	m^3	18 이하	18 초과 ~ 93 이하	93 초과
최대운전압력	kg/cm^3	7 이하	7 초과 ~ 35 이하	35 초과
최대운전유량	ℓ/분	380 이하	380 초과 ~ 1900 이하	1900 초과

② 설비의 크기 및 운전 조건에 따른 위험지역의 구분범위가 상이할 경우 구분범위가 큰 쪽을 선정하여 가장 넓은 위험지역을 보유하게 되는 위험지역 구분도를 작성한다.

7.4 방폭 전기기기의 선정

방폭 전기기기의 선정은 위험지역내의 상황과 폭발가능성 그리고 취부 등의 여러 가지 요인을 종합 검토하여 선정하여야만 안정성이 있는 제품을 선정할 수 있다(표 7-1.~4. 참조).

(1) 방폭 전기기기의 선정요건

다음의 사항을 고려하여 방폭 전기기기를 선정하여야 한다.

① 방폭 전기기기가 설치될 지역의 방폭지역 등급 구분
② 가스 등의 발화온도
③ 내압방폭구조의 경우 최대 안전 틈새
④ 본질안전방폭구조의 경우 최소점화 전류
⑤ 압력방폭구조, 유입방폭구조, 안전증방폭구조의 경우 최고 표면온도
⑥ 방폭 전기기기가 설치될 장소의 주변온도, 표고, 또는 상대습도, 먼지, 부식성, 가스 또는 습기 등 환경조건
⑦ 분진방폭구조의 경우 분진의 도전성 유무

(2) 방폭 전기기기의 선정원칙

가스위험 종별에 따른 전기기기 선정방법은 다음과 같다.

① 0종 장소

- 본질안전방폭구조(Exi) - 정상 시 및 사고 시 (단선, 단락, 지락 등)에 발생하는 전기 불꽃, 아크, 또는 고온에 의하여 폭발성 가스 또는 증기에 점화하지 않는 것이 점화시험, 기타에 의하여 확인된 구조
- 0종 장소에서 사용토록 특별히 고안된 방폭구조

② 1종 장소

- 0종 장소 사용구조
- 내압방폭구조(Exd) - 용기내부에서 폭발성 가스 또는 증기가 폭발하였을 때 용기가 그 압력에 견디며 또한 접합면 개구부 등을 통해서 외부의 폭발성 증기에 인화될 우려가 없도록 한 구조
- 압력방폭구조(Exp) - 용기내부에 보호 가스(신선한 공기 또는 불연성 가스)를 인입하여 내부압력을 유지함으로서 폭발성 가스 또는 증기가 용기 내부로 유입하지 않도록 된 구조
- 유입방폭구조(Exo) - 전기기기의 불꽃, 아크, 또는 고온이 발생하는 부분을

기름 속에 넣고 기름면 위에 존재하는 폭발성 가스 또는 증기에 인화될 우려가 없도록 한 구조

③ 2종 장소

- 0종 및 1종 장소 사용 구조
- 안전증방폭구조(Exe) - 정상운전 중에 폭발성 가스 또는 증기에 점화원이 될 불꽃, 아크, 또는 고온 부분 등의 발생을 방지하기 위하여 기계적, 전기적 구조상 또는 온도상승에 대해서 특히 안전도를 증가시킨 구조
- 비점화용 방폭구조(Exn) - 슬립링, 정류자등 스파크를 발생시키는 스위치류가 없는 고정 설치된 조명기구로서 정상사용 시 최고 표면온도가 당해 물질발화온도의 80%를 초과하지 않고 고온 부분의 낙하방지를 위한 가드가 있는 비방폭형 기기. 단 조명기구에 스위치류가 있으면 그 부분은 1종 장소 또는 2종 장소에 준하는 방폭구조여야 한다.
- 2종 장소에서 사용토록 특별히 고안된 방폭구조

표 7-1. 방폭 전기기기의 선정 비교표(IEC, 미국기준)

IEC		USA	REMARK
ZONE 0	Intrinsic Safety Type(Exi) Specially Approved for Zone 0	Class 1 Division 1	Pressuring, Purging 또는 Oil Immersed Type도 Zone 0에 적합하게 제작되었으면 적용가능
ZONE 1	Flame proof Type(Exd) Pressurized Type(Exp,f) Intrinsic Safety Type(Exi) Oil Immersed Type(Exo) Specially Approved for Zone 1		
ZONE 2	All Equip. Certified for Zone 0 and 1 Increased Safety Type(Exe) Non Sparking Type(Exn)	Class 1 Division 2	

표 7-2. 방폭 전기기기, 기구의 표시 예

	Symbol / Sign	지시하기 위해 사용된 예
한국	(1) 방폭 타입에 대한 각각의 표시 d : Flameproof type(내압) p : Pressure type(압력) e : Increased safety type(점증안전) (2) 폭발성 가스나 증기에서의 폭발구분에 대한 Symbol은 전기장치에 대하여 1, 2, 3a, 3c or 3n으로 나타낸다. (3) 폭발성 가스나 증기에서의 점화구분에 대한 Symbol은 전기장치에 대하여 G1, G2, G3, G4, G5 or G5로 나타낸다.	(1) Class 2, Flameproof(내압) 전기장치, 점화 Group G4에 대해서의 표시예 d2G4 (2) 점화 Group G3, Increased safety(점증안전) 전기장치(최대 표면온도 160℃를 초과하지 않는다.) eG3
IEC	(1) Symbol : Ex (2) 방폭타입에 대한 각각의 표시 d : Flameproof type (내압) p : Pressure Type(압력) e : increased safety type (3) 전기적 장치에 Group 에 대한 Symbol II, IIA, IIB, or IIC (4) 온도 Class에 대한 Symbol T1, T2, T3, T4, T5, or T6	(1) Group IIB, 온도 등급 T4에서의 내압 방폭에서의 전기장치 Exd IIB T4 (2) Group II 에 대한 점증 안전 전기 장치(최대 표면온도 125℃) Exe II 125℃ (T4) or Exe II 125℃ or Exe II T4
미국	승인되어진 장비는 Class, Group, 온도가 명시되어진다. 고정된 조명 고정물은 Division 2 지역에서 사용되도록 명시한다.	(1) 승인 장비 Class I, Group A, B, C, D Class I, Group B, C, D Class I, Group C, D (2) 고정된 조명 고정물은 Class I, Division 2 지역에서만 사용되도록 명시되어졌다. Class I, Division 2

표 7-3. 주요가스의 폭발한계(연소한계)(1atm, 상온)

가스 종류	하한계 (V%)	상한계 (V%)	가스 종류	하한계 (V%)	상한계 (V%)
수소	4.0	74.5	아세틸렌	2.5	81.0
일산화탄소	12.5	74.0	벤젠	1.4	7.1
메탄	5.0	15.0	톨루엔	1.4	6.7
에탄	3.0	12.4	시클로프로판	2.4	10.4
프로판	2.1	9.5	시클로헥산	1.3	8.0
부탄	1.8	8.4	메틸알코올	7.3	36.0
펜탄	1.4	7.8	에틸알코올	4.3	19.0
헥산	1.2	7.4	이소프로필알코올	2.0	12.0
에틸렌	2.7	36.0	아세트알데히드	4.1	57.0
프로필렌	2.4	11.0	에테르	1.9	48.0
부텐-1	1.7	9.7	아세톤	3.0	13.0
이소부틸렌	1.8	9.0	산화에틸렌	3.0	80.0
L3 부타디엔	2.0	12.0	산화프로필렌	2.0	22.0
암모니아	15.0	28.0	아황화탄소	1.2	44.0
황화수소	4.3	45.0	염화비닐	4.0	22.0

표 7-4. 산소 중 폭발한계(1atm, 상온)

가스 종류	하한계 (V%)	상한계 (V%)	가스 종류	하한계 (V%)	상한계 (V%)
수소	4.0	94	프로필렌	2.1	53
일산화탄소	12.5	94	시클로프로판	2.5	60
메탄	5.1	59	에테르	2.0	82
에탄	3.0	66	암모니아	15.0	79
에틸렌	2.7	80	아세틸렌	2.5	93

CHAPTER

8

화학공장방폭

1960년대 중반부터 시작된 우리나라의 화학공업은 국내 공업 발전의 획기적인 계기가 되었으며 산업구조를 근대화시킴으로서 우리나라를 신흥공업국으로 발전시키는데 중추적인 역할을 하여왔다. 화학공업의 발전은 타 산업분야의 기초가 되는 산업이며 다른 분야에 파급효과가 크기 때문에 선진국은 물론 후진국에서도 최우선적으로 집중 발전시켜왔으며 앞으로도 계속 발전될 것으로 전망된다.

그러나 화학공장에서 취급하는 물질의 내용과 규모 및 설비가 가지는 위험성 · 대규모의 화재나 폭발을 발생시킬 수 있는 위험성이 사회에 미치는 영향은 실로 엄청나다.

화학공장은 자동차 공장과는 다르다. 자동차공장은 갑자기 전원이 차단되면 기계작동만 중지되고 만다. 그러나 화학플랜트는 발열화학반응에 의하여 계속 작동되는 공정이 있다. 이러한 발열성 화학반응 때문에 전원이 차단되어도 가공할만한 에너지를 방출한다. 이는 최대속도로 달리는 기차를 멈출 수 없는 경우와 비유될 수가 있다. 또 석유화학플랜트의 파이프 시설은 보통 수십km에 이르며 수만 개의 플랜지 밸브와 용접부위로 연결되어 있다.

화학공장의 폭발을 '도시형 화산'에 비유한다. 가공할 정도의 폭발 위력 때문이다. 유해 화학물질이 산화, 분해, 중합 등 급격한 화학반응을 일으키면 그 압력과 에너지가 급상승한다. 그 충격파는 음속의 10배를 넘는 폭굉(detonation)과 폭음을 일으켜 주변을 한순간에 쑥대밭으로 만들고 만다. 또 연쇄폭발과 함께 구름과 같은 화구(fire ball)를 형성하고 그 폭풍파로 인명이 살상되고 시설물이 파손되는 중대복합사고를 야기한다.

여수화학단지에서의 사고 등을 보면 오늘날 얼마나 위험한 환경 속에서 생활하고 있는가를 잘 보여주고 있다.

국제적인 화학사고 유형은 폭발, 화재, 독성 물질 누출 등 크게 3가지로 분류된다. OECD가 수집한 각국별 주요 사고사례를 보면 70년 이후 98년까지 총 314건이 발생했는데 이로 인한 사망자가 1만5천5백 명, 부상자가 10만1천5백52명, 사고 대피자수가 2백만 명이 넘는다. 이중 폭발로 인한 인명사고가 제일 많은 것을 알 수 있을 것이다.

대표적인 대형사고 사례를 보면 1973년 이탈리아, 1977년 멕시코 몬타나, 1981년 미국 스펜서, 1984년 미국 케네디센터, 1987년 영국 파이퍼알파, 1989년 미국 파사데나, 1995년 이집트의 드론카 사고 등이다. 우리나라의 이리 화약사고, 울산 및 대산사고, 서울 아현동 가스폭발사고, 대구 지하철 사고 등도 기억할 수 있을 것이다.

한편 지난 90년 이후 국내 중대산업사고(정유, 석유화학, 가스사고) 사례를 보면 150건 발생에 사망자 181명, 부상자 585명, 재산 피해만도 1198억(잠정추계)에 달하고 있다.

이러한 중대사고는 비단 국내뿐만 아니라 세계 각국마다 정부기관, 기업체, 근로자 모두의 중대 관심사항이기 때문에 사고 관련 국제 예방지침이 설정될 정도이다. 그러나 화학공장의 안전사고는 많은 연구결과에 의하면 거의 미연에 방지할 수 있다고 한다. 화학공장의 사고사례를 여러 가지 면으로 분석해 봄으로써 안전관리의 주요한 원인파악, 대안제시, 예방을 위한 대안모색 및 재해예방과 손실의 최소화에 목적을 두고자 한다.

8.1 화학공장의 현황

1. 화학공장의 안전사고

화학공장에서의 화재·폭발 또는 독성 물질의 누출사고는 다른 산업에서의 사고와는 달리 많은 인력과 막대한 재산을 동시에 앗아가는 경우가 대부분이다. 또한 사고의 영향이 인근 주민이라든지 공공의 안녕과 사회문제로 대두되는 경우가 많기 때문에 사업장에만 국한된 문제가 아니라 국가적 차원의 관심과 관리가 필요하다. 최근에는 각국에서 이러한 형태의 사고를 중대사고로 규정하여 관리하고 있을 뿐 아니라 국제노동기구(ILO), 유엔환경계획(UNEP) 등에서도 국제적인 대응방안을 강구하기 위해 협약 등을 채택하고 이에 대한 실무지침을 보급하는 등 제도적으로 화학공장에서의 사고예방을 위해 노력하고 있으며 노동부와 한국안전공단에서도 산업안전보건법을 개정하여 중대 산업사고를 예방하기 위한 제도적 장치를 마련하였으며, 「중대재해처벌 등에 관한 법률」의 제정 및 시행으로 안전관리 시스템에 대한 제도적 예방의 필요성을 마련하였다.

2. 화학공장의 특수성

(1) 화학공장의 특징

화학공장의 특징을 다음과 같이 요약할 수 있다.

- 규모가 대체로 크며 따라서 사고 발생 시 그 영향이 광범위하게 파급된다.
- 화학공장의 보유에너지(위험물질)가 타 산업에 비해 크기 때문에 중대 재해 위험이 크다.
- 화학공장은 구조가 복잡하고 고도의 자동제어 시스템으로 구성되어 있어서 설계 및 관리 기술이 전문화되어야 한다.
- 구성요소가 다양하여 각 요소마다 신뢰성 확보가 어렵고 검사 보수 등에 고도의 숙련된 경험이 필요하다.
- 특히 사고 발생 시 막대한 인명피해와 국가경제상의 손실은 물론이고 인근 주민에게 심적 불안을 야기하여 사회문제로 대두될 경우가 많다.

대규모 단지 내 공장 및 화학공장은 화재의 잠재적 위험성이 언제나 높은 것이 사실이다. 특히 화학공장에서는 화재 또는 폭발이 원인이 되어 방출됨으로써 더 큰 위험을 초래할 수 있는 잠재적 에너지 요소가 그것도 대개 공장전반에 걸쳐 분산적으로 대량 존재한다는 사실을 항상 고려하지 않으면 안 된다.

화학공장의 화재위험은 화재 또는 폭발의 초래에 기여하는 이른바 1차 위험이라고 부르는 동기적 위험요소와 1차 위험에 의해 나타나는 결과로서의 위험, 즉 2차 위험요소로 크게 나누어 생각해 볼 수 있다.

1차 위험요소는 화학공장을 구성하는 모든 시설에 원천적으로 잠재하는 위험요소들로서 예컨대 다음과 같은 것들이 포함된다.

- 열, 압력, 산소(과산화물 등 포함), 화학에너지, 각종 에너지원 및 착화원
- 시설물의 고장 및 기계적 손상, 배관의 노후화
- 인간의 동적 행위, 기기장비의 이동
- 인간의 실수, 광선, 바람, 지진 등의 환경적 효과 등

2차 위험요소에는 다음과 같은 성격의 현상들이 포함된다.

- 불길의 확산, 폭발(부차적 폭발위험)
- 가연성 및 인화성(또는 폭발성) 위험물의 방출
- 유독성 위험물의 방출, 시설물의 붕괴
- 충격풍, 전도, 낙화 등

1차 위험은 다소간 정성적 성격의 것으로서 각 위험요소들의 상태조건, 예컨대 인화성 기체의 연소범위, 온도(또는 발화원) 등이 연소의 적정조건이 됨으로써 발화 또는 폭발의 동기가 되거나, 온도 또는 압력의 이상조건이 1차 위험이 됨으로서 단순 기계적 폭발로서의 2차 위험도 야기될 수 있으며 이런 이유로 2차 위험이 화재의 발생이나 주위의 시설물에서 부차적인 폭발로도 이어질 수 있는 것이다.

2차 위험은 다소간 정량적 성격의 것으로 화학공장에 산재하는 가연성 또는 인화성 물질의 보유량과 시설물 자체의 규모 및 재산가치 등에 따라 그 정도가 달라질 것이다. 그러나 유사한 상황의 경우라도 공장시설물의 가치계획과 관련된 시설물 상호간의 이격성 즉 안전거리, 방폭벽이 포함됨은 물론 위험물 옥외탱크저장소의 방유제, 소방시설상황(자탐설비, 소화설비, 자위소방대의 장비등), 냉각시설(필요시), 필요에 따라 불활성화를 위한 설비, 그리고 위험에 대처하는 인력조직의 활동상황에 따라 2차 위험의 정량성이 달라질 수 있는 것이다.

이상과 같이 위험성을 에너지원, 위험물의 방출, 화재로서의 위험, 진행상황, 그리고 환경적 효과 등의 성격으로 나누어지므로 화학공장의 화재위험요소는 매우 다양하다.

2차 위험요소 중 특히 폭발은 모든 석유공장에서 가장 두렵고 경계해야 할 상황으

로서 폭발에 의한 인적, 물적 손실은 그 피해의 심각성이 상상을 벗어난 경우가 허다하다.

폭발에는 화공장치 자체의 내부적 이상 조건으로 인한 폭발(화학적, 기계적 폭발)도 있지만 증기운 폭발현상과 같은 것은 특히 주의를 요하는 것이다. 증기운 폭발은 연기의 비중이 공기보다 큰 인화성 액체가 누설되면서 그 연기가 주위의 낮은 공간으로 서서히 확산되어 인화 폭발되는 경우가 대부분이다. 증기운이 확산되어 착화원과 접촉함으로써 폭발되는 데는 연기의 누설시점으로부터 대체로 30초~30분 정도의 경과시간이 가장 빈번한 것으로 알려져 있다. 증기운 폭발은 심한 경우 일순간에 거의 공장전역에 대해 파괴를 초래하게 할 수도 있다는 점에서 극히 경계해야 할 현상이다.

BLEVE현상으로 인한 화구는 용기의 규모와 저장량에 따라 크기가 다양한데 심한 경우에는 직경이 수십 미터에 이르는 것도 있다. 이러한 화구로부터 방사되는 엄청난 복사열은 주위의 인명뿐 아니라 시설물의 연쇄폭발을 일으키게 하는 계기가 될 수 있다.

폭연은 연소의 확산속도가 음속이하인 경우로서 주로 인화성 가스와 공기의 혼합물이 발화될 때 많이 발생한다. 그러나 폭발전용의 폭약 또는 연소성이 매우 강한 가연물과 산화제(주로 과산화물)와의 혼합물이 발화될 경우에는 그 연소속도가 음속을 초과하는 이른바 자연폭발이 발생하는 일이 많다. 자연폭발이 일어날 때의 연소의 확산속도는 보통 1~8km/sec가 대부분인 것으로 확인되고 있다.

폭연(Deflagration)에 의해서는 그 정도에 따라 강한 충격풍이 주로 발생되지만, 자연폭발이 일어날 때에는 엄청난 고 에너지의 충격파가 동원된다. 초음속도의 제트전투기가 지상 수백 미터의 비교적 저공에서 음속을 돌파할 때 발생되는 충격파에 의해 지상에 있는 가옥이나 건물들의 유리창이 파손되는 사례들은 흔히 접하는 일이지만, 화학공장에서 자연폭발에 의한 폭발이 발생할 경우 그 충격파는 인근의 시설물에 치명적인 파괴를 야기시킬 수가 있다.

화학공장에서 폭발이 발생하면 그것이 폭연에 의한 것이든 형성되는 충격풍 및 충격파에 의해서든, 그리고 미사일처럼 비산한 파편에 의해서든 불길이 닿지 않는 주위의 시설물에 대해서도 파괴, 발화 또는 폭발 등을 연쇄적으로 야기함으로서 그 피해가 걷잡을 수 없이 확대되는, 이른바 연쇄효과가 일어나기 쉽다는 사실에 대해 항상 경계하지 않으면 안 된다.

(2) 화학공장의 특수성

화학공장은 여러 가지 복잡한 과정을 포함하고 있는데 이는 타 산업과의 상이한 특수성을 내포하고 있기 때문이다. 즉 고압, 반응성이 매우 높은 화학물질, 독성 화학물질 등을 수반하게 된다. 이러한 매우 복잡한 과정들은 더욱 복잡한 안전기술이 요구된다. 많은 산업체 기술 종사자들은 자주 안전기술의 개발 및 응용이 실제 화학 산업의 성장에 아주 중요하다고 믿는다.

화학공업공정기술이 복잡해짐에 따라 화학공업 기술자들은 안전기술에 대한 더욱 근본적이고 자세한 이해가 필요한 것이다.

1950년 이후 화학공정 안전분야에 있어서 괄목할 만한 기술진보가 이루어졌으며 오늘날에 있어서 안전은 그 중요도에서 생산과 동일시 취급되고 있는데 그 결과 안전에 대한 고도의 기술과 복잡한 이론 및 실습 등이 포함된 과학적 지침서들이 개발되어졌다.

안전(Safety)이란 단어는 단단한 모자, 안전화, 그리고 여러 가지 규율들 및 규칙을 준수함으로서 사고가 방지된다는 오래된 개념으로 사용되어졌다. 이러한 개념들은 주로 작업자들의 안전에 중점을 두고 있다. 그러나, 최근 안전개념은 손실방지(loss prevention), 그리고 손실방지를 위한 새로운 공학적 설계 등도 포함된다.

안전(safety), 위험요소(hazard), 그리고 위험(risk)등은 화학공정 안전에서 흔히 사용되는 용어인데 그 정의는 아래와 같다.

① 안전(safety), 또는 손실방지(loss prevention) : 사고가 일어나기 전에 적합한 기술들을 사용하여 화학공정의 위험물을 감지하고 제거함으로서 사고를 방지하는 것.

② 위험요소(hazard) : 사고를 유발시킬 수 있는 잠재성을 갖는 어떤 것.

③ 위험(risk) : 화학공장들은 많은 여러 종류의 위험들을 갖고 있다. 첫째로 보통의 기계적 위험들인데 이러한 위험은 전도, 낙하, 장비의 이동 등으로 작업자를 손상시키는 요인이다. 두 번째는 화학적 위험으로 이것은 화재와 폭발위험, 반

응성 위험(reactivity hazard), 그리고 독성 위험 등이 있느냐 하는 것이다. 화학 공장은 모든 생산시설물 중에서 가장 안전한 시설물이나 사고의 위험이 언제나 상존하여 있으며, 화학공정에서 근본적인 안전대책을 수립함에도 불구하고 사고는 발생한다.

표 8-1. 화학공장 사고의 세 가지 형태

사고의 형태	발생 가능성	치명의 가능성	경제적 손실 가능성
화재	높음	낮음	중간
폭발	중간	중간	높음
독성 물질 누출	낮음	높음	낮음

화학공장 사고들은 특징적인 경향이 있다. 이러한 것을 연구하는 것은 앞으로 일어날 사고들을 예측하는데 대단히 중요하다.

표 8-1에서 보는 바와 같이 화재가 가장 보편적이고 그 다음은 폭발과 독성 물질 유출사고이다. 경제적 손실은 폭발이 부수된 사고에서 가장 크다. 가장 손실이 큰 폭발사고 형태는 개방계의 증기운 폭발 형태인데 인화성 증기구름이 공장 전체에 유출되어 발화 및 폭발사고가 일어나는 형태이다. 화학공장에서 가장 큰 손실의 원인으로는 기계적 고장에 의한 것이다. 이러한 기계적 고장은 보통 정비와 관련된 문제에 기인한다. 펌프, 밸브, 제어장치 등의 고장 등은 주로 부적절한 유지관리에 의해 일어난다. 두 번째 큰 요인으로는 운전 잘못으로 일어나는 사고형태인데 즉 밸브가 정해진 순서대로 열고 닫고 하지 않을 경우 또는 반응물이 적절한 순서에 의해 반응기에 주입되지 않을 경우 등이다. 예를 들면 전기 또는 냉각수 고장으로 공정의 과열에 의한 사고가 거의 전체의 10%를 차지하고 있다.

사람의 실수가 흔히 사고의 원인으로 설명되어 있다. 자연재해에 의한 사고원인을 제외하고 거의 모든 사고들은 사람의 실수에 의해 일어난다. 예를 들면 기계적 고장에 의한 사고들은 거의 잘못된 정비 또는 검사 등의 사람의 실수로 일어나는 것이다. 운전실수라는 말은 사람의 실수가 직접적으로 사고를 유발시킨 여러 설비를 조사해 놓은 결과이다. 통계를 보면 설비고장이 가장 큰 사고원인이 되며 그 다음은 저장탱크와 반응기 등으로 되어 있다. 흥미 있는 현상은 복잡한 기계부속들 즉 펌프와 압축기 등은 대형사고에서 가장 작은 원인이라는 점이다.

화학공장의 사고는 세 가지 과정을 갖는다. 다음 화학공장의 사고는 이러한 과정을 설명하고 있다. 어느 작업자가 공장안의 높은 곳에서 좁은 길을 걷다가 사소한 것에 걸려서 넘어졌다. 넘어지면서 좁은 길 끝 쪽으로 굴러 떨어지게 되었고 추락하면서 주위에 밸브시스템을 잡았다. 이때 불행히도 밸브시스템이 이탈되면서 가연성 액체가 흘러 나왔다. 가연성 액체는 기화되어 증기운이 형성되었고 주위에 있던 트럭에 의해 발화되어 결국 폭발과 함께 순식간에 화재가 발생하여 주위 설비로 번져갔다. 결국 화재는 주위의 가연성 물질이 남아 있는 6일 동안 계속 되었고 공장은 완전히 파괴되었다.

대부분의 사고들은 다음과 같은 3단계 순서를 밟는다.

① 발단(Initiation) : 사고가 시작되는 사건

② 전파(Propagation) : 시작된 사고가 계속 번져가는 단계

③ 종결(Termination) : 발생한 사고가 끝나거나 없어져 버리는 단계

앞에서 예로 사용한 사건에서는 작업자가 넘어지는 사건이 발단단계이고, 이 사건은 밸브를 개방시킴으로서 전파되었고 계속 전개되어 폭발과 화재가 발생하였다. 이 사고는 모든 가연성 물질을 완전히 태운 후 종결되었다.

위 재난은 1969년에 일어난 것으로 경제적 손실이 4백만 달러를 넘겼으며, 또한 위 사실에서 중요한 한 가지 점이 있다. 즉 아주 사소한 사고가 결국 대단히 큰 재앙을 낳을 수도 있다는 것이다.

화학공장의 특수성은 대부분 독성 물질의 폭발이나 화재로 연결되어 진행된다는 것이다, 이는 곧 대규모의 사고를 유발시킨다. 이에 우리는 화학공장의 이러한 특수성을 잘 인식하여 안전사고를 예방할 수 있는 안전관리 포인트를 잘 모색하여야 하는 것이다.

3. 화학공장의 위험요인

화학공장의 위험요인에 대한 연구는 여러 국가에서 수행되고 있으며 각국마다 약간씩 다르다. 이것은 분석대상업체와 재해분석기간 그리고 방법에 따라 다를 수 있

기 때문이다. 대체적으로 설비결함에 의한 것이 30~50%를 차지하고 있고 다음의 운전자조작 잘못에 의한 위험이 있는 것으로 분석되고 있다.

스위스와 미국의 보험회사가 분석한 내용을 소개하면 아래의 표 8-2와 표 8-3과 같다.

표 8-2. 화학공장의 위험요인

번호	위 험 요 인	위험요인비중(%)	
		석유화학	기타장치산업
1	플랜트의 입지조건 관련문제	7.0	3.5
2	부적절한 장치설비의 배치(이격거리)	12.0	2.0
3	사용조건에 부적합한 구조	14.0	3.0
4	위험물의 위험성 연구부족	2.0	20.0
5	화학프로세스상의 문제	3.0	10.6
6	물질이송(배관 및 펌프) 문제	4.0	4.0
7	조작 잘못	10.0	17.0
8	설비의 결함	46.0	31.9
9	부적합한 방재계획	2.0	8.0

표 8-3. 화학공장의 폭발원인

원 인	%	원 인	%
화학장치의 결함	28.3	정전기	1.3
전기설비의 결함	19.4	반응폭주	0.6
운전 잘못	11.3	낙뢰	0.9
제어장치의 고장	6.1	불명	13.4
자연발화	3.2	기타	15.5

또한 화학공장 재해발생원인의 특징을 일본에서 발생한 재해를 중심으로 장치설비, 설계 및 제작의 문제점과 운전관리상 문제점으로 구분하여 살펴보면 다음과 같다.

① 설비결함은 설계단계에서 잘못에 기인한 것이 40% 이상을 차지하고 그 다음 재료불량(열화 포함)의 32%로서 근원적인 안전조치 미흡이 대부분인 것으로 나타났다.

② 운전관리상의 문제점으로 재해가 발생된 예를 보면 대부분 운전자의 기술 및 경험부족에 기인한 것이며 이것은 작업자의 결함보다 관리자 또는 작업지휘자의 결함으로 보아야 할 것으로 순수한 작업자의 잘못에 기인한 것은 얼마 되지 않는다는 것이다.

표 8-4. 화학공장의 재해원인(장치 및 설비분야)

	구조 설계 불량	재료 불량	제작 불량	검사 제작 불량	자동제어 및 계기류 불량	재료의 인화	외부 하중 충격	자연 재해	기타	계
정상운전 중	112	28	27	13	13	63	7	4	10	277(68%)
운전개시 중	17	11	7	0	6	10	0	0	1	52
조업정지 작업 중	9	1	1	0	0	3	0	0	0	14
정기보수 시	6	2	1	0	1	0	1	0	0	11
부정기보수 작업 중	7	0	2	2	0	0	0	0	0	11
기타	17	3	2	5	5	7	1	0	2	42
계	168	45	40	20	25	83	9	4	13	407(100%)

표 8-5. 화학공장의 재해원인(운전관리 결함)

	자료 전달 미흡	확인 감독 미흡	잘못 판단	조작 잘못	숙련도 미흡	작업 기준 애매	지휘 명령 불비	점검 불량	기술 적 미지	교육 훈련 불친절	보수 불량	기타	계
정상운전 중	6	35	29	23	3	28	16	38	16	1	16	6	217
작업개시 중	2	10	11	10	1	19	1	5	5	0	3	2	69
조업정기 작업 중	2	1	7	3	0	4	3	3	1	0	0	2	26
정기보수 작업 중	6	9	4	1	1	8	21	10	2	0	1	2	65
부정기보수 작업 중	3	5	7	2	2	4	11	4	4	1	0	2	45
기타	4	15	16	12	1	7	12	13	2	5	1	0	88
계	23	75	74	51	8	70	64	73	30	7	21	14	510

이와 같이 화학공장 재해원인 특징은 근원적인 안전조치 미흡과 운전작업기술의 결함으로 요약될 수 있으며 따라서 재해 예방을 위해서는 설계, 제작, 설치, 운전 및 보수단계에서부터 각각의 기술적 안전기준을 제시하고 이를 활용토록 제도화하여야 하는 것이 급선무임을 알 수 있다.

8.2 화학공장의 폭발사고사례 및 분석

1. 화학공장의 재해분석

다음은 70년대부터 90년대까지 화학공장에서 주요 화재·폭발등 각종 사고 발생 현황이다.

표 8-6. 화재·폭발등 각종 사고 발생현황

구분	건수	인명 피해				재산피해 (천만 원)	비고
		계	사망	부상	대피 및 오염		
계	331	1498	143	218	1137	7013	
70년대	27	76	14	7	55	39	
80년대	93	812	76	10	726	1045	
90년대	211	610	53	201	356	5929	

331건의 각종 사고 발생으로 1498명의 사상자 및 대피 및 오염피해자와 7013천만 원의 재산피해를 낸 바 있으며 특히 사상자는 70년대에 비하여 80년도에는 410%, 80년대에 비해 90년대에는 약 300%가 증가하고 있는 추세임을 알 수 있을 것이다.

표 8-7에서 분석된 바와 같이 대부분의 각종 사고는 공정시설 장치 후 노후화 및 결함이 전체의 30%를 차지하고 있고 그 다음이 전기설비 결함 20%, 기계작동(운전)의 잘못이 13.6%, 세어작동시스템 고장이 8% 차지하고 있음을 간과할 수 없다.

표 8-7. 화재 폭발 누출 원인별 현황

원 인 별	건수(비율)	비 고
공정시설장치의 노후화 및 결함	99.3(30%)	
전기설비의 결함	66.2(20%)	
운전 잘못(작업수칙의 미준수)	45(13.6%)	
제어장치의 고장	26.5(8%)	
자연발화	10(3%)	
정 전 기	4(1.3%)	
낙 화	3(1%)	
반응폭주	2(0.6%)	
기 타	75(22.5%)	
계	331(100)	

2. 국내 폭발사고사례

1960년대 중반부터 시작된 중화학공업 육성 정책에 따라 우리나라의 중화학공업은 모든 산업분야 발전의 획기적 기반이 되었으며 산업구조를 근대화시킴으로서 우리나라를 신흥공업국으로 발전시키는데 중추적 역할을 하였다. 앞으로도 중화학공업은 계속 발전될 것이고 설비 규모의 확대와 신물질 신공정의 개발과 함께 자동화 시스템이 개발 도입으로 잠재위험의 증가에 따라 폭발사고 위험과 피해는 상대적으로 더욱 커질 것으로 예상된다.

이러한 중대산업사고를 예방하기 위해서는 지금까지 발생하였던 사고의 원인을 분석하여 사업장에 보급하는 것이 아주 중요하기 때문에 1988년부터 1998년 8월말까지 한국산업안전공단이 조사한 중대산업사고 115건에 대한 사고내용을 분석한 것 중 1988년부터 1998년 8월까지의 사고 중에서 폭발사고사례만을 분석하여 다음에 정리하였다.

3. 국내 사고사례에 대한 분석

(1) 유형별 분석

유형별 사고발생을 살펴보면 폭발 > 화재 > 독성 물질 누출 > 기타 순으로 폭발재해는 고압용기의 파열에 의한 기계적 폭발을 비롯하여 화학반응에 의한 팽창폭발 또는 미세 고체입자의 급격한 연소에 의한 분진폭발 등을 말한다. 이러한 부류의 폭발재해가 65건으로 전체 중대 산업사고의 56.5%를 차지하고 있다.

한편 독성 물질 누출에 의한 사고가 16건으로 전체의 13.9%를 차지하고 있는 것은 선진공업국과는 대조적인 현상이며 이는 독성 물질 누출에 대비한 가스 누출검지 및 흡수세정 설비를 비롯한 공정계 내의 완충 내지 처리설비 등이 미비한 것으로 분석할 수 있다. 유형별 사고 발생건수는 그림 8-1과 같다.

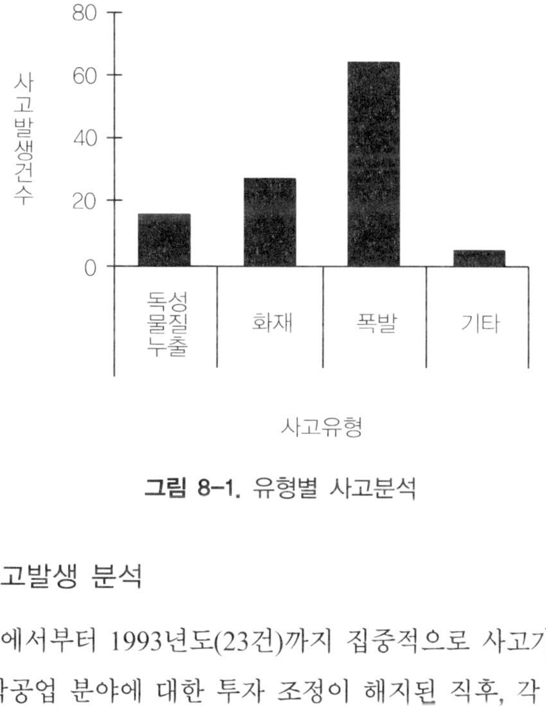

그림 8-1. 유형별 사고분석

(2) 연도별 사고발생 분석

1992년도(12건)에서부터 1993년도(23건)까지 집중적으로 사고가 발생한 원인은 정부로부터 석유화학공업 분야에 대한 투자 조정이 해지된 직후, 각 기업들의 화학공장 건설이 일시에 되었기 때문으로 분석되었으며 이러한 집중투자와 관련하여 숙련된 운전기술자 및 기능인력의 절대부족 등과 건설분야의 인력난으로 공장건설을 위한 기술적 · 질적 수준의 하락도 중대사고 다발의 한 원인으로 분석되고 있고 1997년도에 산업사고가 많아 진 것은 공정안관리제도의 도입으로 중대재해가 아닌 사고를 조사하였기 때문으로 분석된다. 연도별 발생건수는 아래의 그림 8-2에 나타내었다.

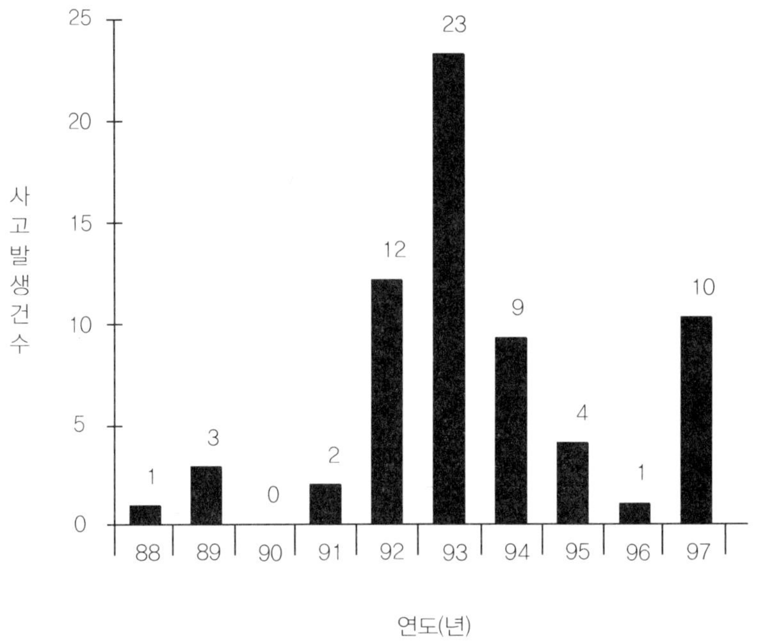

그림 8-2. 연도별 사고분석

(3) 산업별 사고분석

산업별 사고건수 조사는 그림 8-3에 나타내었다. 사고 발생건수는 일반화학 > 정밀화학 > 가스 > 정유 · 석유 > 기타 순으로 나타나고 있다. 그러나 사고건수를 비교하면 그렇게 큰 차이를 보이지는 않지만 정밀화학이나 일반화학의 사례 경우에는 사고의 규모면에서 차이가 있어서 사고 발생건수만으로 비교하는 것은 무리가 있을 것이다. 정밀화학 분야의 사고 또한 13건으로써 20%를 차지하고 있는 것은 대부분 중소규모의 공장으로써 자본과 기술이 영세한 데에도 기인하고 있으며 새로운 제품의 개발이나 물질의 사용은 이루어지고 있으나 물질자체의 위험성이나 제조공정 및 설계 등에 대한 검증이 사전에 실시되지 못하기 때문으로 보인다.

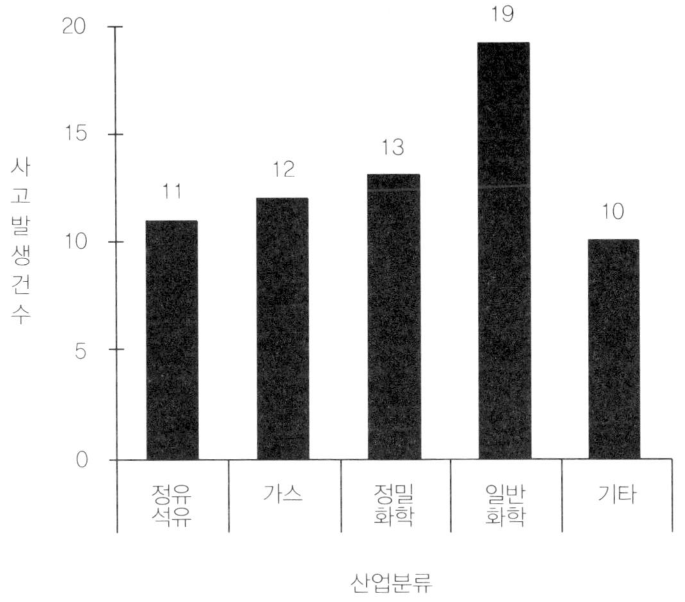

그림 8-3. 산업별 사고분석

(4) 장치별 분석

장치별 사고 발생건수는 저장탱크 > 공정내기기 > 배관계 > 반응기 > 압축기, 계기류 이며 기타로 표현한 것은 기타와 확인되지 않은 것도 포함하였다. 배관계통은 배관, 밸브튜브, 호스, 후렌지, 스트레나 등을 포함하며 기타의 경우는 방유제나 피트 또는 건물 내에서 발생한 것과 미확인 된 것임을 다시 한 번 밝히며 장치별 사고 발생건수는 그림 8-4에 나타내었다.

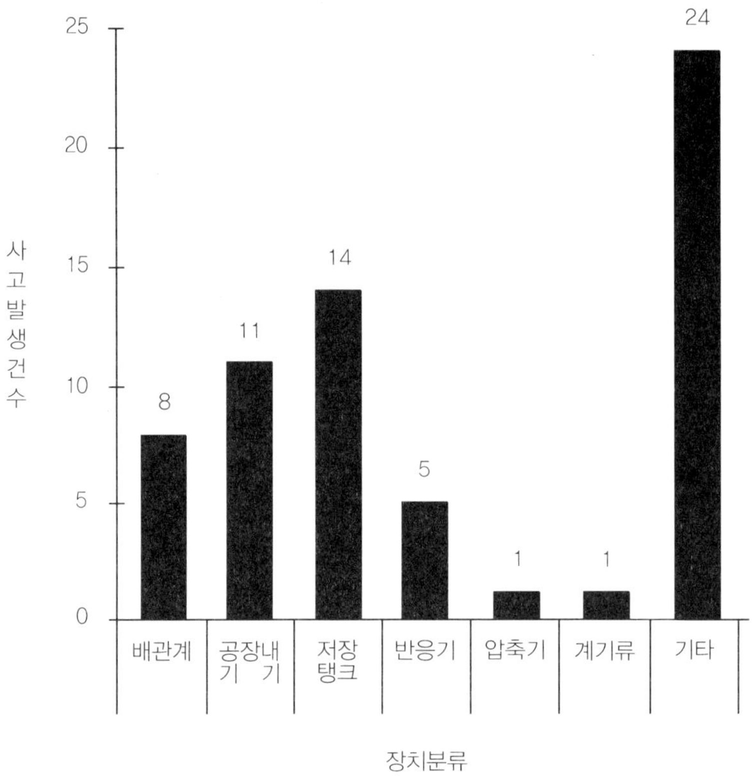

그림 8-4. 장치별 사고발생 분석

(5) 운전상태별 분석

운전상태에 따른 사고를 분석하여 보면 정상운전 > 정비 시 > 운전장치 결함 > 기타 > 공정시운전 순으로 나타났으며 정비기간 중에 사고가 높게 나타난 것은 정비작업 시의 안전조치와 관리감독이 소홀한 것으로 분석할 수 있으며 정상운전 시에는 24건, 정비 시에는 21건, 운전장치의 결함으로는 10건, 공정시운전 시에는 5건 등으로 나타나 평소 안전점검을 비롯한 검사, 예방 정비체제 등이 소홀하였음을 알 수 있다. 이에 운전원의 공정에 대한 이해와 안전교육이 필요한 것으로 분석되었다. 운전 상태별 사고 발생건수는 그림 8-5에 나타내었다.

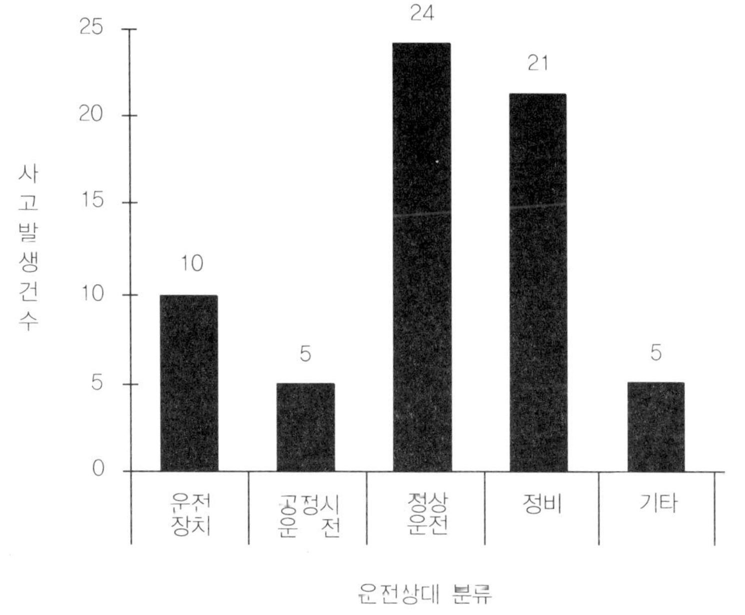

그림 8-5. 운전상태별 사고발생 분석

(6) 사고 원인별 조사

사고를 원인별로 분석하여 보면 운전 미숙 > 설비 결함 > 기타 > 설계 결함 > 공정 결함 순으로 나타났는데 운전・조작 미숙은 관리감독자를 비롯한 정비작업자, 운전자의 실수 등 인간의 실수가 원인이 돼서 발생한 사고를 의미하며 28건으로 43%를 차지하였는데 이는 선진국과 비교할 때 우리나라의 안전인식 수준이 매우 저조한 것으로 분석되고 있으며 안전작업 표준이나 안전작업 절차 등 인간의 실수를 통제할 수 있는 제도가 절실히 필요함을 알 수 있다. 또한 설계 결함에 의한 사고가 14건, 21.5%로서 화학공장 공정설계의 안전성과 신뢰성에 있어서 문제가 있으며 철저한 설계관리와 심사가 필요한 것으로 분석되었다. 기타사건에는 기타원인과 밝혀지지 않은 사건을 포함하였음을 밝혀둔다. 원인별 사고발생 분석은 그림 8-6에 나타내었다.

앞장에서 본 바와 같이 사고에는 그 원인이 있다. 사고 발생과정을 생각하면 단일 사고에 있어서도 원인으로 생각되는 것은 통상적으로 복수이고 그들은 각각 사고와의 관련강도가 달라진다.

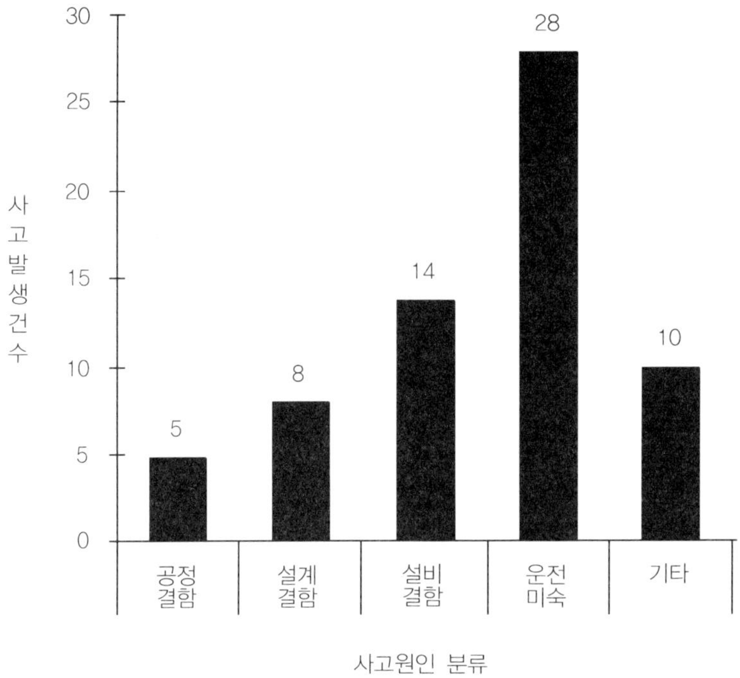

그림 8-6. 원인별 사고발생 분석

한편 사고사례에 있어서의 사고원인의 통계적 처리도 유력한 요인분석방법이다. 그 결과는 사실에 근거한 결과로서 일반적으로 신뢰성이 높다고 생각된다. 사고원인의 통계적 처리에도 문제점이 없는 것은 아니나 비교적 알기 쉬운 방법이므로 대책수립에 적극 활용할 수 있다.

8.3 이상반응에 의한 폭발

화학물질의 반응공정에서는 예측할 수 없는 이상발열에 의해 폭주반응이 발생되는 경우가 많다. 화학공정의 설계에서는 장치의 구조, 기능, 운전면에서 적합한 온도조건과 반응효율을 유지할 수 있도록 설계되는 것이 일반적이다. 그러나 운전온도, 압력, 유량 등 운전조건을 결정할 때 폭주반응의 발생예상 조건 등을 예측하지 않는 경우가 많다.

따라서 수율은 양호 하지만 위험성은 큰 결과로 이어지는 경우가 많다. 특히 발열 반응에서는 온도제어, 원료, 촉매 등의 주입속도 등의 어떤 요인에 이해 이상상태로 발생되면 고온 · 고압상태로 되어 발화됨으로써 폭발재해가 발생되는 경우가 많다. 이상반응이 발생되는 요인들로서는 다음과 같은 것을 수 있다.

(1) 반응속도에 대한 지식 부족
(2) 반응열 제어에 대한 검토 부족
(3) 촉매 주입량이 규정이상 또는 농도 부적절
(4) 냉각능력 부족 (냉매, 냉각수 및 교반기의 능력 부족)
(5) 이물질의 혼입
(6) 희석제, 불활성 물질의 사용방법의 부적절
(7) 냉각장치 고장 등에 의한 냉각 설비의 중지
(8) 원료 주입량 및 주입속도 부적절
(9) 부산물 축적에 의한 이상반응 발생
(10) 계측설비 고장, 측정지점의 부적절 혹은 계측설비능력 부족

이상과 같은 이상반응의 요인은 반응성 자체를 정확하게 파악하지 않고 반응기 및 계측설비 설계 시에 안정성에 대한 고려가 없는데서 기인된다. 따라서 설계 시에는 공정의 운전상태를 최악의 상태로 생각하여 제조공정 조건에 관련된 항목을 고려하여야 한다. 대체로 발열반응은 전반적으로 위험반응에 기인된다고 하지만 모든 발열 반응이 사고에 연관되는 것이 아니고 사고로 인한 폭주반응의 가능성도 적지 않다. 일반적으로 화학반응속도는 온도에 따라 증가하지만 경우에 따라 감소하는 경우도 있다. 이상반응의 발생위험이 있는 화학설비에는 어떠한 이상상태가 발생할 경우 감소하는 경우도 있다.

이상반응의 발생위험이 있는 화학설비에는 어떠한 이상상태가 발생할 경우 설비에서 취급되는 물질의 종류, 온도, 압력과 설비의 상황에 의하여 화재 · 폭발재해가 확내되지 않도록 다음과 같은 위험방지설비를 고려하여야 한다.

(1) 원료, 재료, 촉매 등의 공급중지설비
(2) 반응기 등의 내용물을 방출할 수 있는 설비
(3) 불활성 가스 주입 설비
(4) 냉각용수, 냉매 등의 공급설비
(5) 반응중지제 등의 공급설비
(6) 그 외 위험한 상태를 가져오는 요인을 제거하는 설비

위와 같은 설비는 언제나 정상적인 작동이 되도록 기능을 항상 유지하여야 한다. 또한 이러한 설비는 가능한 한 원격조작, 자동조작방법을 택하는 것이 좋다. 또한 안전설비는 사용목적, 기능에 있어 항시 기능을 유지토록 일정기간 마다 작동시험을 반드시 실시하여야 한다.

8.4 폭발사고

1. 누설 또는 분출가스의 연소 및 폭발

(1) 누설 또는 분출가스의 연소 및 폭발원인

① 누설 또는 분출된 가연성 가스가 작업실 내에 정체되어 폭발성 혼합가스를 만들고 여기에 착화되어 작업실 전체의 가스폭발하는 예로서 유안비료공장에서의 합성암모니아 원료가스의 분출에 의한 대폭발사고 또는 최근 폴리에틸렌제조공장에서의 고압에틸렌의 가스폭발사고 등이 있으며 피해가 가장 크다.
② 전해조 중에 폭명가스가 생성되어 가스폭발
③ 배관, 가스건조기, 정체기, 충전설비 등에서 폭발성 혼합가스의 생성으로 가스폭발
④ 용접용 또는 원료가스용의 아세틸렌가스 발생기에서 내부에 공기가 혼입되어 가스폭발
⑤ 저온액화분리장치의 원인불명의 폭발

(2) 누설 또는 분출가스의 연소 및 폭발사고의 방지대책

고압장치의 파열 또는 고압가스의 분출사고가 일어나서 대량의 가연성 가스가 공기 중에 분류를 일으켜 방출된 경우는 도저히 자연통풍이나 환기설비만으로 가연성 가스의 농도를 폭발하한계 이하로 희석하기 힘들다. 거기에 착화원이 있으면 당연히 가스폭발을 일으켜 대참사를 초래하게 된다.

따라서 무엇보다도 먼저 파열 또는 분출사고 그 자체를 방지하는 것이 중요하지만 다음과 같은 고압설비의 예방대책도 필요하다고 본다.

① 방호벽 설치
② 안전밸브의 방출배관을 실외의 안전한 장소로 유도하여 설치
③ 가스검지경보설비와 연동하는 자동환기장치의 설치
④ 실내 고압가스설비내의 전기설비의 방폭화
⑤ 고압가스 제조설비 설계 시 장치 재료 등의 신중한 선택

따라서 고압가스 제조설비의 재해를 방지하기 위해서는 설계, 제작, 설치 시 뿐만 아니라 운전, 점검, 정비, 수리 시에도 일정한 안전기준에 따라 실시하는 것이 중요하며 세밀한 기준을 작업장마다 설정해 둘 필요가 있다.

2. 공기액화분리장치의 폭발

공기액화분리장치란 저온액화분리장치의 일종으로서 공기를 원료로 하여 액화시킨 후 액체공기로부터 분류하여 질소와 산소를 분리하는 장치로서 린데식, 클로우드식, 케피자식 등 여러 가지 형식이 있다.

(1) 공기액화분리장치의 폭발원인

공기액화분리장치의 폭발원인은 분명하지 않으나 추정하기로는 액체산소 중에 축적된 탄화수소가 어떤 발화원에 의해 급격한 폭발연소를 일으키는 것이며 발화원으로는 액체산소 중에 함께 축적되는 오존 또는 이산화질소가 불포화탄화수소와 더불어 만드는 불안정한 화합물에 기인한다고 본다. 그러나 일반적인 폭발원인은 다음과 같다.

① 공기 취입구로부터 아세틸렌의 혼입
② 압축기용 윤활유의 분해에 의한 탄화수소의 생성
③ 공기 중에 있는 산화질소, 이산화질소 등의 질소산화물의 혼입
④ 공기 중의 오존의 혼입

(2) 공기액화분리장치의 폭발방지대책

일반적인 공기액화분리장치의 폭발방지는 상기 원인에 의한 대책방안으로 다음과 같다.

① 여과기의 설치
아세틸렌 또는 산화질소 등과 같은 불순물 등이 액체산소 중에 존재하면 폭발적인 작용을 하므로 장치 내에 여과기를 설치하여 불순물을 제거한다.

② 공기흡입구의 선정
공기오염원, 풍향 등을 고려하여 원료공기의 흡입구는 아세틸렌 등을 흡입할 수 없는 높이의 장소에 설치하여 깨끗한 원료공기를 채취하도록 하며 공기흡입구 부근에는 카바이드작업이나 아세틸렌 발생기 또는 가스용접작업을 하지 말아야 한다.

③ 압축기용 윤활유의 선정
압축기의 윤활유의 분해에 의한 탄화수소가 생성되어 액체산소 중에 존재하면 폭발하는 작용을 하므로 되도록 윤활유는 양질의 것을 사용함과 동시에 유분리기를 설치하여 제거토록 한다.

④ 장치의 세정
공기액화분리장치는 연 1회 이상 사염화탄소 등의 세정제를 사용하여 깨끗이 세정하여 장치내의 불순물을 제거한다.

⑤ 운전중지조치
공기액화분리기 내에 설치된 액화산소통 내의 액화산소를 1일 1회 이상 분석하여 액화산소 5ℓ 중에 아세틸렌의 질량이 5mg 또는 탄화수소의 질량이

500mg을 초과 시는 해당 공기액화분리장치의 운전을 중지하고 액화산소를 방출한다.

⑥ 불순물 제거
압축기 통과 후에 공기 중의 불순물을 촉매 등을 사용하여 접촉산화시켜 제거한다.

8.5 폭발사고의 대응책

폭발에 따른 방어대책은 사고를 사전에 예방할 수 있는 예방대책, 사고가 발생되는 것이 불가피해진 경우의 긴급대책, 사고가 발생한 경우의 피해감소를 위한 방호대책으로 나눌 수 있다

1. 예방대책

폭발의 예방대책으로는 폭발의 발생과정에 이르기 어렵게 또는 못하게 하는 방법을 생각하면 될 것이다. 즉 어떤 공간에 있어서 폭발조건이 발생되어 어떤 발화원에 의해 발생한다. 따라서 폭발의 기본적인 예방책으로 항상 어떤 공간의 폭발조건을 배제하는 방법이 중요한 대책이 될 수 있다.

(1) 폭발범위 밖에서 운전하는 방법

폭발범위 밖에서 운전하는 방법은 연소물질의 농도를 변화시키어 운전조건을 폭발범위 밖으로 끌어내리는 방법으로 연소물질, 연소 조연제 또는 불활성 가스를 추가로 투입하여 운전조건이 폭발범위 밖에 있도록 하거나 공기 또는 불활성 가스의 양을 조절하여 폭발범위 밖에 있도록 하는 것이다.

산화반응에서 이 방법을 주로 사용하며 이 경우에 정상운전 중 뿐만 아니라 시운전(Start-up), 비정상운전, 운전정지(Shut-down) 및 비상조치 운전 중에도 폭발범위 내에 들어가지 않도록 조치하여야 한다.

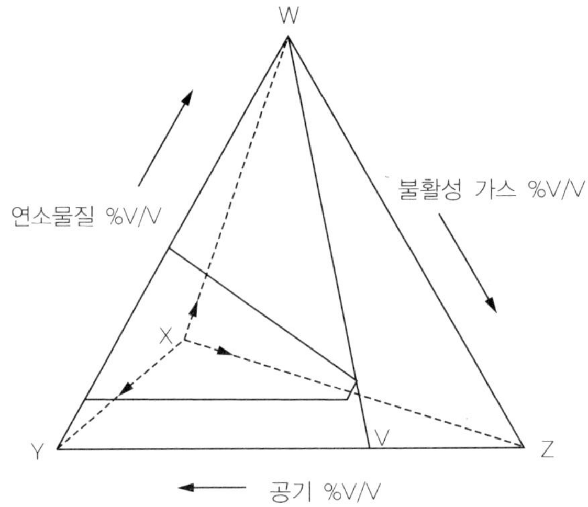

그림 8-7. 폭발범위 회피 방법도

(2) 용기 내부에 폭발압을 봉쇄(containment)시키는 방법

용기에 폭발을 봉쇄시킬 수 있는지 여부를 검토하기 위하여는 설비에서 이상상태가 발생되었을 경우 최악의 경우에 있어서의 최대 폭발압력을 산정하여야 한다. 봉쇄(containment)는 연소물질의 혼합물이 폭연을 일으키는 경우에 한하여 사용할 수 있으며 폭굉을 일으키는 경우에는 사용할 수 없다.

(3) 폭발압력을 방출설비를 통하여 배출시키는 방법

폭발압력을 방출설비를 통하여 방출시키는 방법을 선정 시에는 그 경제성과 공정상의 적정성을 검토하여야 한다. 독성 물질을 취급하는 경우에는 대기 중으로 그 물질을 배출시키는 것은 좋지 않으므로 봉쇄 또는 폭발억제 장치를 사용하는 것이 좋다. 대기 벤트를 시키는 경우에는 벤트관을 화염 또는 그 압력으로부터 근로자, 지역주민 및 설비에 영향을 주지 않도록 안전한 곳에 설치하여야 한다.

(4) 점화원을 제거시키는 방법

점화원을 제거시키는 방법은 화재의 3요소 중 하나인 다음과 같은 점화원을 설비로부터 차단시키는 방법이다.

◦ 나화, 뜨거운 표면, 담뱃불, 성냥불 및 용접불꽃 등의 직접열원
◦ 자연발화 및 열분해 등의 화학적 열원
◦ 충격, 마찰 및 단열 압축 등의 기계적 열원
◦ 전기 스파크 및 정전기 등의 전기적 열원

(5) 폭발억제장치(explosion suppression system)를 사용하는 방법

폭발억제장치는 화학적인 폭발억제제를 폭발화염의 진행속도보다 빠른 속도로 설비 내부에 분사시키어 폭발을 방지하는 방법으로써 여러 방법 중 마지막으로 검토하는 것이 좋다. 이 방법도 폭발압력 상승속도가 아주 빠른 경우 및 억제제의 적절한 확산속도를 얻기 어려운 경우에는 사용하지 않는다.

2. 긴급대책

이상이 발생되어 그것이 원인으로 가스폭발이 발생하는 가능성이 있는 경우 긴급대책이 적용된다. 이것은 보통 이상을 발견하여 경보를 울리는 동시에 필요한 대책을 세울 수 있도록 되어 있어야만 효과적인 방호대책을 수립할 수 있기 때문이다.

(1) 경보

사고가 생길 이상이 발생되었을 때 인간에게 필요한 처치를 하도록 알려주는 표시 또는 음성경보이다. 주위에서 볼 수 있는 이러한 실용화된 경보수단은 중요한 경보 기능을 할 수 있다.

경보의 필요성을 검토하는 데는 위험한가의 판단, 폭발이 일어날 때까지의 경과 예측을 할 필요가 있다. 폭발의 경우 그 상태가 계속되고 아무 처치도 취해지지 않으면 중대한 지장을 주고 폭발에 이를 가능성이 높다고 생각될 때 경보를 발할 필요가 있다고 판단해도 좋다. 인적으로 아무 처치도 필요로 하지 않는 범위에서는 원칙적으로 경보는 불필요하다.

(2) 폭발저지

이상이 발생한 경우의 긴급대책에 있어서 폭발저지 방법은 기본적으로 예방대책의

경우와 같으며 폭발저지는 가연조건의 성립의 저지 또는 발화원의 배제를 시도해야 할 것이다.

(3) 피난

폭발이 예상되는 경우에는 사고와 관련한 대책시행에 필요한 필수 인원을 배제한 사람들은 안전한 곳으로 신속히 피난시켜야 한다. 피난지점은 폭발지점과 가깝더라도 그것에 대하여 보호되어 있는 곳, 또는 폭발지점에서 먼저 그 영향이 거의 없는 곳이어야 한다.

3. 방호대책

예방대책이나 긴급대책이 그 능력을 충분히 발휘하지 못하고 불행하게도 사고가 발생하였을 경우 그 피해를 되도록 줄이기 위해 방호대책을 시행하여 인명 및 재산 피해의 경감을 시도해야 한다. 방호대책에는 폭발이 일어난 구조물 내의 압력상승을 억제해서 이것을 파괴로부터 보호할 목적의 것, 폭발에 의해 발생한 압력파나 비산물로부터 설비나 사람을 보호해야 한다.

(1) 압력상승의 억제

방호대책으로서의 구조물 내의 압력상승 억제 방법에는 구조물 내의 기체를 폭발 발생과 동시에 구조물 밖으로 방출할 목적으로 하는 것과 폭발발생과 동시에 소화약제를 구조물 내에 살포함에 의해 화염전파를 중단시킬 것을 목적으로 하는 것이 있다. 발화 후 화염이 전파되어 구조물이 파괴될 때까지의 시간은 예기치 않은 사상으로 사람이 반응해서 그 대책의 동작을 완료하는데 요하는 시간에 비해 짧다고 생각된다. 따라서 화염전파와 동시에 소화약제인 물이나 할로겐계 소화제가 동시에 방출되는 시스템을 구축해야 만이 효과적인 대책이 될 것이다.

(2) 내폭벽과 안전거리

폭발 가능성이 있거나 2차 폭발의 가능성이 있는 장소에서 사람의 활동이 필요한 경우 - 폭발에 따른 현장진압 소방공무원 및 관계자 - 만일의 경우 폭발에 의한 피해를 입지 않도록 보호되어야 한다. 내폭벽은 이와 같은 경우에 설치하는 방호시스템이다. 즉 가스저장 탱크에서의 폭발이나 화재 발생 시 진압대원들의 안전을 고려하여 내폭벽을 이용 신체의 안전을 우선 확보한 후에 집중주수로 인한 방어대책을 수립 · 시행해야 한다.

한편 비산물에 관해서는 그 크기, 초기 비산속도 등이 파괴 시에 있어서의 압력에 의존하므로 통상적으로 가정용 및 산업용 가스 저장탱크의 폭발에 따른 비산물의 충격은 매우 크다. 그러므로 저장용기의 옥상 및 옥외보관으로 설계용기 압력 이상의 폭발가능 압력이 가해진 용기는 일정방향 - 상부방향으로 미리 설계되어진다. - 으로 폭발하므로서 그 피해를 감소시킬 수 있다.

CHAPTER 9

폭발의 예방 및 방호

폭발 예방의 기본은 폭발 그 자체를 일어나지 않게 하기 위한 사전대책이라 할 수 있다. 이에 비해 폭발의 방호는 폭발의 예방대책을 완전하게 하였어도 현재의 지식이 미치지 않는 분야에서 폭발이 일어나는 경우도 있으므로 이에 대비한 사후대책으로 사람이나 기기들을 방호해서 폭발의 피해를 받지 않도록 대책을 세울 필요가 있다.

이와 같이 폭발의 예방과 방호는 본질적으로 다른 것이지만 현실적인 실용수단으로서는 양자를 합리적으로 합쳐 폭발의 예방과 피해의 경감을 함께 고려하는 것이 가장 좋은 폭발대책이라 할 수 있다. 폭발재해의 방지를 위해서는 근본적으로 폭발의 발생조건을 배제하는 것이 중요한 문제이지만 화학공업의 경우 복잡한 반응공정이나 운전조건 하에서는 폭발성 혼합가스와 점화원이 동시에 존재하지 않게 하는 것이 실제로 용이하지 않으므로 만일의 폭발에 대비하여 방호 대책을 함께 세우지 않으면 안 되는 경우가 많다.

9.1 폭발 예방의 일반대책

1. 폭발위험성의 예지

폭발재해 예방의 기본은 어디에 어떤 폭발위험성이 있는가를 조사해서 그 위험성이 폭발재해의 원인이 되지 않게 미리 대책을 세워 위험성을 제거해 버리는 것이며 이를 위해서는 우선 위험성에 대해 예지가 필요하며 이러한 위험성 예지는 정적 위험성과 동적 위험성으로 나누어 고려할 수 있다.

(1) 정적 위험성

① 가연성, 독성, 부식성 등 물성에 기인하는 위험성

② 외부의 힘, 열응력, 상변화, 진동, 소음, 고온, 저온 등 상태의 위험성

(2) 동적 위험성

① 화학반응의 진행, 계의 온도, 압력의 상승에 의한 물질의 위험성 증대

② 부하의 변화에 의한 위험성의 증가

2. 안전대책의 검토

플랜트의 장기적 안전운전을 위해서는 그 플랜트의 계획, 설계, 건설 및 시운전의 단계에서 어떠한 안전대책의 검토가 이루어졌는가를 알 필요가 있다. 이러한 안전대책의 검토는 항상 운전 이후의 위험요소에 대한 추출 및 분석을 위해서도 중요한 사항이다.

따라서 공장의 계획 및 설계 단계에서부터 폭발위험성과 피해 영향을 고려한 적절한 공장 레이아웃이 필수적으로 고려되어야 한다.

3. 위험성 추출, 체계화의 방법

(1) 공정기능의 명확화

공정 흐름 계통도로부터 각 공정기기의 운전조건을 명확히 정리한다.

(2) 원재료, 제품의 물성위험 검토

물질안전보건 자료를 이용하여 물질의 가연성, 지연성 및 독성을 검토하고 이에 의해 공정의 각 항목별 위험성을 구체적, 정량적으로 명기하여 대책을 명확히 한다.

(3) 상태위험의 명시

실제 조업의 표준운전 시 온도, 압력 등의 상태를 명시한다.

(4) 기기, 설비의 파손위험성의 분석

이상승압에 의한 누출, 고압에 의한 파열, 부식성, 침식 등의 위험성을 검토한다.

(5) 위험성의 파악, 평가와 그 대책

여기까지의 분석결과에 따라 위험성을 여러 가지 각도에서 검토, 평가한다.

(6) 대책의 검토와 실시

예방 → 국소화 → 억제 → 진압대책의 순서로 대책을 세워 실시한다.

4. 공장 배출물에 의한 화재 · 폭발방지

(1) 배출원의 파악과 조사방법

(2) 배출의 유형

① 정상운전 중 예기된 배출
② 공정의 부조화 또는 고장 시의 방출
③ 안전장치 등의 고장 시 배출
④ 공장의 정지 시의 방출
⑤ 공장 시동 시의 배출

(3) 공정물질의 물성위험 예측

5. 발화원의 관리

실용상 확실한 폭발예방의 수단으로서 가연성 물질과 지연성 물질의 제거와 함께 발화원을 제거하는 수단도 효과가 큰 방법으로 중요하다.

일반적으로 발화원은 ① 화염, ② 고열물 및 고온표면, ③ 충격, 마찰, ④ 단열압축, ⑤ 자연발화, ⑥ 화학반응, ⑦ 전기, ⑧ 정전기 및 ⑨ 광선 및 방사선 등 9종류로 대별된다.

9.2 폭발재해의 형태에 따른 예방대책

1. 폭발재해의 형태

발화원을 필요로 하는 폭발	착화파괴형 폭발 - 용기내의 위험물이 착화하여 압력상승에 의한 파열
	누설착화형 폭발 - 용기에서 위험물이 누출되어 착화하여 일어나는 폭발
반응열의 축적에 의한 폭발	자연발화폭발 - 반응열의 축적에 의한 자연발화폭발
	반응폭주형 폭발 - 반응개시 후 반응열에 의한 반응폭주로 인한 폭발
과열액체의 증기폭발	열이동형 증기폭발 - 저비점액체가 고열물과 접하여 증발로 인한 폭발
	평형파탄형 폭발 - 액체가 들어있는 고압용기 등이 파손하여 고압액체의 증발로 인한 폭발

2. 예방대책

폭발의 종류	폭발예방대책
착화파괴형	① 불활성 가스 치환 ② 혼합가스의 조성관리 ③ 발화원 관리 ④ 열에 민감한 물질의 생성저지
누설파괴형	① 위험물질의 누설방지 ② 밸브의 오조작 방지 ③ 누설물질의 감지경보 ④ 발화원 관리
자연발화형	① 물질의 자연발화성조사 ② 물질의 단열특성조사 ③ 온도계측관리 ④ 분산 · 냉각 · 소각 ⑤ 혼합위험방지
반응폭주형	① 발열반응특성조사 ② 반응속도 계측관리 ③ 냉각, 교반조작시설 ④ 반응폭주시의 처치
열이동형	① 작업대의 건조 ② 물침입 저지 ③ 고온폐기물의 처치 ④ 주수파쇄설비 설계 ⑤ 저온냉각 액화가스 취급
평형파탄형	① 용기강도유지 ② 외부하중에 의한 파괴방지 ③ 화재에 의한 용기의 가열방지 ④ 반응폭주에 의한 압력상승 방지

9.3 폭발방지대책

일반적으로 화학적 폭발은 가연성 물질이 지연성 물질과 혼합된 상태 즉 폭발성 분위기속에서 혼합가스의 착화원이 존재하여 착화 폭발하는 경우이다. 따라서 폭발 방지의 기본대책으로는 첫째 두 물질이 혼합되지 않는 상태가 되도록 하고, 둘째로는 착화원이 되는 제 요소를 제거하는 것이다.

1. 혼합가스의 폭발범위 외의 농도상태 유지

폭발재해의 발생요인은 대부분의 가연성 가스와 인화성 액체의 증기에 있으며 이러한 폭발요인은 공기와 폭발범위 내의 혼합물을 형성함으로써 발생된다.

따라서 혼합가스는 폭광 폭발범위의 밖에서 모든 작업이 진행되도록 하여야 하는데 그 대책은 다음과 같다.

① 공기 중의 누설, 누출방지

② 밀폐용기내의 공기혼합방지

③ 공기주입 등에 의한 환기를 실시하여 폭발하한계 이하로 희석시키는 방법

2. 불확실성 물질의 사용

(1) 불활성 가스 주입

가연성 가스가 존재하는 분위기 중의 산소농도를 불활성 가스를 첨가하여 산소농도를 감소시켜 산화폭발을 방지하는 수단은 안전대책으로 자주 이용된다. 불활성 가스는 질소가스, 수증기, 이산화탄소 이외에 소화제로 이용되고 있는 할로겐화 탄화수소 등이 있다. 또 연소 폐가스도 산소농도가 감소되어 안전범위 내에서 사용할 수 있다. 보통 이들 가스는 각종 불순물을 수반하고 있어 사용조건에 맞는 세정 등에 의하여 사전에 기준에 적합토록 하여야 한다. 또한 대상이 되는 가스의 안전상 반드시 산소농도를 0으로 하는 것이 아니고 한계농도 이하의 산소가 존재하고 있는 경우에는 차이가 없다. 단지 어떤 위험분위기의 압력, 온도, 공간용적 등에 의하여 위험성이 좌우된다.

(2) 불활성 분진 첨가에 의한 가연성 분진 등의 폭발방지

각종 가연성 분진이 폭발할 우려가 있는 공정장치에서 공장상 장애가 되지 않는 경우와 분진폐기물이 있는 경우에는 여러 곳에서 불활성 분진을 혼입하여 분포시킴으로써 화재·폭발발생을 방지할 수 있다. 불활성 분진에는 타르, 모래, 석분 혹은 석고분말 등이 있다.

(3) 불활성 가스 첨가에 의한 분해 폭발방지

아세틸렌 또는 산화에틸렌과 같이 자신이 스스로 분해 폭발하는 가스에 대해서는 다른 가연성 가스와 마찬가지로 질소와 같은 불활성 가스를 첨가하여 분해 폭발을 방지할 수 있지만 가연성 가스로 분해성이 없는 탄화수소계 가스를 불활성 가스로 첨가하여 분해 폭발을 방지할 수 있다.

3. 착화원 관리

화재·폭발위험성이 있는 가연물 등의 위험물질을 취급하는 작업장소에는 재해발생원이 되는 착화원 관리가 매우 중요하므로 화재폭발 안전대책으로 가장 기본이 되는 것이다.

(1) 직화 관리

직화 하는 용접기, 토치램프, 화로 같은 작업용 화기는 물론이고 흡연 시에 사용되는 성냥, 라이터 등의 화염원은 위험한 가스와 액체, 분말 등이 존재하여 위험이 발생할 수 있는 장소에서 사용을 금지하고 사용 시에는 철저한 관리가 필요하다.

(2) 고열 및 고온 표면관리

화로와 같은 적열이 되고 있는 물체 그 외 적열상태에 있는 물체는 착화원으로 육안 확인되므로 직화와 같이 철저한 관리가 가능하다. 한편 고온스팀 배관, 고온가스 배관, 열 교환기의 금속 표면 등의 고온 물체는 변색할 정도의 고온이 아니어도 저온의 발화온도를 갖는 물질이 접촉하는 때에는 착화된다.

특히 단열상태에 있는 예로서 보온재 등에 액상의 물질이 스며들 때에는 장시간 가열하여 착화되는 경우가 많다.

(3) 충격 · 마찰에 의한 착화원 발생방지

기계적인 에너지로 동력을 이용하여 운전하는 장치류의 구동부분, 기어, 베어링 등의 동력전달부는 물론이고 원동기의 작동으로 분쇄, 혼합, 교반, 운전 시에 가동부분이 파손, 변형, 탈락 등 고장으로 정지되어 이 물질 등의 혼입 시에 큰 동력에 의한 마찰 · 충격 등이 국부적으로 발생될 때 고온, 화염이 발생되어 착화원이 된다.

4. 정전기 제거

액체와 고체는 상호간의 마찰에 의하여 정전기가 발생하게 되는데 이때 발생되는 정전기는 물체에 축적되고 이로 인해 수십만 볼트의 높은 전위가 발생되어 물체에 누적되면 정전기가 공기 중에 방출되면서 착화원이 될 수 있다.

정전기에 의한 화재, 폭발예방을 위한 대책은 다음과 같다.

① 정전기의 발생제어
② 정전기의 축적방지
③ 적정습도 유지
④ 이온화

5. 가스농도 검지

가연성 가스, 증기가 누설되고 체류할 수 있는 장소는 폭발의 위험성이 매우 크므로 이와 같은 장소에는 위험 정도를 상시 파악하도록 하고 조그마한 고장과 위험성이 파악되는 경우 즉시 필요한 조치를 하여야 한다. 가스농도의 검지방법은 다음과 같다.

① 배관이나 접속부 등에 비눗물로 도포하여 기포의 발생유무로써 눈으로 누설부위를 확인한다.

② 가스농도 측정기와 분석기를 사용한다. 또한 가스누설 시 경보음을 울리거나 경보등을 켜도록 한다.

③ 검지관식 농도측정은 비교적 저농도 가스농도를 측정하는데 사용된다.

9.4 폭발방호대책의 진행방법

1. 가연성 가스 · 증기의 위험성 검토

폭발의 방호 혹은 피해억제의 용이함이라고 하는 관점에서 취급 가연물, 작업 및 처리의 방법, 반응공정 등을 검토하여 위험성이 없는 혹은 위험성이 보다 적은 물질, 방법, 공정이 없는가를 검토한다. 또한 가연물을 취급할 경우의 처리량, 압력, 온도 등에 대해서도 가능한 한 안전을 위한 방법이 없는가를 다시 검토한다.

2. 폭발 방호대상의 결정

가연물, 작업이나 처리의 방법, 반응공정 등이 확립되면 다음 단계는 작업원이나 기계, 장치 등을 포함한 시스템 전체에 대하여 방호할 대상을 결정한다. 작업원의 방호를 첫째로 하는 것은 물론이지만 장치류를 방호에 의해서 목적을 달성할 경우에는 작업원과 장치류를 함께 방호하는 대책을 세우는 것이 적당하다. 가연물을 처리하는 몇 개의 장치류가 상호 접속되어 있는 시스템에서는 위험도가 높은 장치에 방호대책의 중점을 둔다. 위험도가 높은 장치의 예로서는 다음과 같은 것이 있다.

① 내부에 발화원이 될 우려가 있는 것이 존재하는 장치

② 고압 또는 대량의 가연물을 내장하는 장치

③ 감시 · 제어계에 고장 · 불량이 있을 때에 압력이나 온도가 급상승할 우려가 있는 장치

④ 외부에서 발화원이 침입할 우려가 있는 장치

⑤ 주위에 항상 작업원을 필요로 하는 장치

⑥ 많은 작업원의 작업범위 내에 설치된 장치

3. 폭발의 위력과 피해정도의 예측

방호의 대상이 된 장치내부에서 폭발이 일어나서 장치가 과압에 의하여 파괴되고 여기서 분출 누출된 가연물이 폭발할 경우에 대하여 방호대책을 세우지 않았을 경우 어떤 피해가 일어날 것인가를 예측해 그 피해를 어느 정도 막는 것이 필요한가를 검토한다.

4. 폭발화염의 전파확대와 압력상승의 방지

피해의 국한화 내책으로 화염전파의 범위를 가능한 한 제한하여 장치자체의 파괴를 막을 수도 있고 폭발영향이 외부로 파급되지 않게 하는 것도 가능하며 외부에 영향이 파급되어노 수변환경의 방호는 비교적 용이하게 된다고 할 수 있다.

이 단계에서는 주로 각각의 장치류를 대상으로 하여 폭발화염의 전파 또는 압력의 상승을 어느 범위에서 막을 것인가를 결정하고 방호대책을 구체적으로 검토해야 한다.

① 내압설계의 적용
② 내부압력의 방출, 경감 : 안전밸브, 파열판, 폭압방산구 등의 설치
③ 화염전파 방지대책 : 화염방지기, 폭굉억제기 설치
④ 폭발의 초기억제대책 : 폭발억제장치, 이상반응 억제 시스템의 설치
⑤ 설비 및 장치간의 차단 : 격리밸브, 차단밸브의 설치
⑥ 옥내설비를 피하고 가능한 한 개방상태유지

5. 폭발에 의한 피해확대방지(주변환경에 대한 방호)

(1) 입지조건 고려

지형, 지반, 자연현상 및 주변의 환경에 대하여 고려한다. 특히 지진에 있어서 위험물의 유출과 착화원 발생을 고려하여 이에 대한 대책을 반드시 고려한다.

(2) 장치 등의 배치 고려

안전거리와 공지확보, 소화, 피난 등의 활동에 대비한 통로확보, 비상사태 시 필요한 안전설비 확보를 고려한다.

(3) 위험한 작업공정설비의 자동화

설비의 자동화와 원격조정방식을 적용하고 위험성이 판명되지 않는 설비와 현장에는 작업원이 접근하지 않도록 연동설비를 설치한다.

(4) 방호벽 설치

방호벽은 폭발에 대비하여 안전하도록 설계하여 제작설치한다. 또한 방호벽은 충격파가 안전한 방향으로 방산할 수 있는 구조로 한다. 한편 방호벽 내에는 작업자 이외의 출입을 금지한다.

(5) 긴급배출설비 설치

긴급 시에 용기 내 그 외 밀폐장소에 있는 위험한 가스와 안전밸브로부터 방출되는 가스를 인위적으로 안전한 장소에서 처리할 수 있는 긴급 배출설비를 설치하도록 한다.

(6) 위험물저장량 감소 및 화재대책

위험물 누출 시 소량에 착화되는 경우 소화대책을 적절히 하면 소화가 용이하다. 그러나 다량이 있는 경우에는 소화가 곤란하므로 불필요한 위험물을 다량 보관하는 것은 제한하도록 한다.

(7) 안전장치의 설치

고압기체가 발생 또는 저장하는 용기, 장치류 및 배관 등이 높은 압력에 의하여 파괴되는 것을 방지하기 위한 안전설비이다. 즉 설비 내 공정압력보다 상승되어지는 경우에 압력을 제거하기 위하여 자동적으로 개방되어 압력을 방출시키는 밸브를 말한다. 그러나 이 밸브는 폭발 또는 단시간에 큰 압력상승 발생 시에 효과가 없는 결점이 있다.

9.5 불활성화

1. 개 요

불활성화란 가연성 혼합가스에 불활성 가스를 주입하여 산소의 농도를 연소를 위한 최소 산소농도 이하로 낮게 하는 공정이다. 불활성 가스로는 보통 질소, 이산화탄소 때로는 수증기가 사용된다. 많은 가스에 대하여 MOC는 근사적으로 10%이고 분진인 경우에는 대략 8% 정도이다. 불활성화는 산소농도를 안전한 농도로 낮추기 위하여 불활성 가스를 용기에 처음 퍼지하면서 시작한다. 일반적으로 실시되는 제어점은 MOC보다 4% 낮은 농도이다. 즉 MOC가 10%인 경우 불활성화는 산소농도가 6%로 되게 한다.

비어있는 용기는 불활성화 한 후 가연성 물질이 충전한다. 불활성화 시스템은 액체 위의 증기공간 내에도 불활성 분위기가 유지되어야 한다. 이 시스템은 산소농도를 MOC 이하로 제어하기 위하여 자동적으로 불활성 가스를 주입하는 방법이 포함되어야 한다. 이러한 제어시스템은 산소분석기가 연속적으로 산소농도를 모니터하여 산소농도가 MOC에 접근할 때는 불활성 가스를 가하도록 하는 자동 불활성 가스 공급시스템이 되도록 하여야 한다. 많은 불활성화 시스템은 증기 공간 내에 일정한 양의 불활성 압력을 유지하도록 설계된 압력 조정기로 구성된다. 이것은 공기가 용기 속으로 들어가기보다는 불활성 가스가 용기에서 항상 나오게 위해서이다.

따라서 산소분석기 시스템은 불활성 가스의 사용을 줄이면서도 안전을 확보할 수 있는 것이 된다. 산소농도를 10% 이하로 유지하도록 설계된 이너팅 시스템의 예를 보면 다음과 같다. 산소가 용기 속으로 새어들어 가서 그 농도가 8%로 상승될 때 산소감지기로부터의 신호가 불활성 가스 주입밸브를 열어 불활성 가스를 주입하게 된다. 그리고 다시 산소레벨이 6%로 조절된다. 고(8%), 저(6%)의 불활성 설정점을 가지는 이와 같은 밀폐식 루프제어시스템은 적합한 안전여유를 지닌 안전한 산소농도를 유지한다.

2. 불활성화 방법

(1) 진공퍼지

일명 저압퍼지라 하며 용기에 대한 가장 통상적인 방법으로서 진공을 만들기 곤란한 큰 용기에는 사용할 수 없는 퍼지방법이다. 일반적으로 모든 반응기는 완전 진공에 가깝도록 설계된다. 진공퍼지방법은 다음과 같다.

① 용기가 원하는 진공도에 이르기까지 용기를 진공시킨다.
② 불활성 가스를 주입시켜 용기를 대기압과 같게 한다.
③ 원하는 산소농도가 될 때까지 반복 실시한다.

(2) 압력퍼지

일명 가압퍼지라 하며 용기를 가압 하에서 불활성 가스를 주입함으로서 용기 내에 가한 가스가 충분히 확산된 후 그것을 대기 중으로 방출하는 공정을 되풀이하여 원하는 산소 농도를 구하는 퍼지방법이다. 이 방법은 진공퍼지보다 퍼지시간을 크게 줄일 수 있으나 많은 불활성 가스가 필요한 것이 특징이다.

(3) 스위프퍼지

스위프퍼지란 용기의 한 개구부로 불활성 가스를 주입하고 다른 개구부로부터 대기 또는 스크레버로 혼합가스를 용기에서 축출하는 퍼지방법으로서 불활성 가스를 상압에서 가하고 대기압으로 방출하는 방법이다. 보통 이 방법은 용기나 장치에 압력을 가하거나 진공을 할 수 없을 때 사용한다. 따라서 큰 저장용기를 퍼지할 때에는 많은 불활성 가스가 필요하다.

(4) 사이폰퍼지

사이폰퍼지란 용기 등에 물 등의 액체를 채운 다음 용기로부터 액체를 배출시키는 동시에 증기층으로 불활성 가스를 주입하여 원하는 산소농도를 구하는 퍼지방법이다. 일반적으로 큰 용기를 퍼지할 때는 스위프퍼지로 많은 양의 불활성 가스가 필요하므로 퍼지경비가 많이 소요된다. 따라서 퍼지경비를 최소화하기 위해서 사이폰퍼지 방법을 사용한다. 특히 이 방법을 사용할 때에는 먼저 용기 내 잔류산소를 제거하기 위해서 스위프퍼지 공정을 사용하면 산소의 농도를 매우 낮게 낮출 수 있다.

9.6 정전기

1. 개 요

정전기는 여러 가지 방법으로 축적되는데, 표면이 서로 미끄러질 때, 물체가 서로 접촉하거나 분리될 때, 분말로 이송될 때 또는 액체가 흐를 때 발생된다.

축적되는 정전하의 양은 전하를 갖고 있는 물질의 물리적 또는 화학적 특성, 전하가 흩어질 수 있는 길 또는 주위의 상대습도 등에 의존된다. 정전기 축적을 제어할 수 있는 두 가지 방법은 발생되는 전하의 양을 제한하거나 축적될 전하가 빠르게 흩어지게 하는 것이다. 발생전하의 양을 제한하는 것은 표면이 접촉되는 것을 방지하거나 물질의 운동을 제어하거나 액체의 유속을 제한하므로 달성될 수 있다. 정전하를 빠르게 흩어지게 하는 방법에는 공정의 기기나 생산품을 본딩하는 것, 습도를 조절하는 것, 공정기기나 주변 건물의 표면을 전기적으로 전도성인 물질로 건설하는 것 등이 포함된다. 정전기에 의한 불꽃은 그 에너지가 크지 않고 따라서 에너지의 제어는 어렵게 되며 이 경우에는 정전하의 발생과 축적을 방지하는 것이 유일한 대책이 된다. 정전하의 대전은 물질의 상태에 따라 차이가 크며 기체의 경우 유동전하는 액체나 고체의 미립자가 포함되는 2상류(Two Phase Flow)가 아니면 일어나기 어렵다. 또한 액체의 유동전하는 물질에 따른 차이도 크지만 그 유속이 중요하며 대전량은 보통 유속의 1.75승에 비례하는 것으로 알려져 있다. 고체의 경우 유동이나 마찰에 의한 대전은 기체나 액체보다는 훨씬 용이하다.

더욱 상세한 정보는 NFPA 77을 참고해야 할 것이다. 참고로 정전기와 관련된 재해와 정전기의 대전방지, 발생방지에 대해 간략하게 기술해보고자 한다.

가. 정전기에 의한 재해 장해

정전기에 의한 재해와 장해는 역학현상에 의한 것과 방전현상에 의한 것으로 구분되며, 역학 현상에 의한 장해로는 구멍의 막힘, 분말의 폐색, 인쇄 · 사진제판 등의 불량, 섬유의 보푸라기 일기, 의복의 휘감아 달라붙기, 오염이나 감염증 등이 있다. 한편 방전현상에 의한 장 · 재해로는 가연성 물질의 착화 폭발 · 화재, 전기충격 · 생체상해 · 방전흔적(정전마크), 사진 · X선 필름의 감광, 반도체 소자 등의 파괴, 전자노이즈(전자계기 시스템의 오동작)등이 있다.

나. 정전기에 의한 폭발화재

(1) 정전기에 의한 폭발화재의 발생조건

① 가연성 가스, 증기, 분말 등 가연성 물질이 지연성 가스와 혼합되어 혼합농도가 폭발범위 내에 있으면 정전기 방전이 착화원이 되어 폭발화재를 발생한다.

② 정전기 방전이 일어나면 방전에너지의 대부분은 가연성 혼합기의 온도상승에 소비되며 이 온도상승에 의해 가연성 물질이 연소반응을 개시하여 착화된다.

③ 폭발, 화재는 이러한 연소반응이 차례로 순간적으로 진전되어 발생되는 것이다.

④ 따라서 정전기에 의한 착화조건은 가연성 물질의 농도가 폭발범위 내에 있거나 정전기 방전에너지가 연소반응을 일으킬 만큼 충분히 방출될 경우라 할 수 있다.

(2) 정전기 방전의 착화성

① 불꽃방전

② 코로나 방전

③ 브러시 방전

④ 뇌상방전

(3) 방전에너지와 착화한계

① 도체로부터의 방전

$$W = \frac{1}{2}CV^2 = \frac{1}{2}QV = \frac{Q^2}{2C}$$

여기서, W : 방전에너지
C : 대전물체의 정전용량
V : 대전전위
Q : 대전전하

② 절연물로부터의 방전

$$W = \int IV dt = \int I^2 R dt = \int \frac{V^2}{R} dt$$

여기서, I : 방전전류
V : 방전 전극간의 전압
R : 방전공극의 저항

(4) 정전기에 의한 폭발·화재의 방지

① 가연성 분위기의 방지

- 가연성 물질의 밀폐계 취급, 누설 방지
- 가연성 물질의 농도를 폭발범위에서 벗어나게 관리 : 환기 또는 불활성화

② 착화원의 방지

- 정전기 방전의 방지 : 접지, 신발과 바닥 도전화, 부도체의 도선화, 제전기 사용, 정전기 발생의 방지, 방전의 억제

(5) 폭발·화재 방지를 위한 대전관리

① 도체의 대전관리 : 도체의 대전성은 대지에 대한 저항 즉, 누설저항에 의해 정해지기 때문에 누설저항의 관리로 대전방지가 가능하다.

② 절연물의 대전관리 : 대전물체의 종류, 취급방법 등에 의해 대전관리 방법이 상이하다.
- 브러시 방전에 의한 착화방지
- 연면방전에 의한 착화방지
- 공간전하방전에 의한 착화방지

다. 정전기의 대전(帶電)방지

(1) 고체의 대전방지

① 합성수지 및 고무류의 대전방지는 대전방지제, 탄소 등이 혼입되어 있는 도전성 합성수지나 고무를 사용하고 이를 접지한다. 또는 합성수지류에 대한 대전방지제를 첨가하거나 도포하여 도전율을 향상시킨다.

② 섬유나 布류의 대전방지는 금속섬유, 유기도전성 섬유 등의 도전성 재료를 사용하고 접지시키거나 섬유나 布류에 대전방지제를 첨가하거나 도포한다.

③ 유리, 자기류 : 유리, 자기류의 도전 방지는 도전성 유리를 사용하여 접지하거나 표면전체 또는 일부에 도전성 재료를 사용하여 접지하는 방전 및 가습, 가수하거나 제전기에 의한 방법이 있다.

④ 종이류 : 종이류의 대전방지는 적절한 대전방지제를 도포하여 도전율을 향상시키고 접지하는 방법 또는 가습, 가수하는 방법 및 제전기에 의한 방법이 있다.

(2) 액체의 대전방지

① 가연성 액체의 대전방지는 취급하는 장치, 용기, 배관 등을 부도체로 하지 않고 금속제나 도전성 재료로 된 것을 사용하고 이를 접지한다. 또한 액체용 대전방지제를 혼입하여 도전율을 향상시키며 이와 밀착된 금속을 이용하여 간접 접지한다. 또한 정지해 있는 가연성 액체에 대해서는 접지이외의 정치시간을 설정하여야 하며 비산하고 있는 가연성 액체에 대해서는 대전을 방지할 수 없기 때문에 액체류의 정전기 발생방지대책에 의해 재해를 방지해야 한다.

② 불연성 액체의 대전방지도 가연성 액체의 경우와 같은 방법으로 대전을 방지하며 정지해 있는 액체에 대해서는 제전기에 의해 대전을 방지한다.

(3) 기체·미스트의 대전방지

① 청정기체는 거의 대전하지 않으나 기체 중에는 이물질이 포함되므로 기체가 유동·분출할 때는 이물질이 마찰 등에 의해 대전하여 기체가 대전한 것처럼 보인다. 따라서 기체의 대전방지를 위해서는 녹, 먼지, 미스트, 흄 등의 이물질을 가능한 제거해야 한다.

② 수증기, 액화가스, 용제증기 등은 노즐에서 기상으로 방출하면 거의 대전하지 않으나 액상 또는 기액 혼합상태로 분출되면 분무대전 등에 의해 액적, 미스트로 정전기가 발생하므로 이에 대한 대전 방지법으로는

- 고압방출, 분출의 방지
- 방출노즐은 미립화하기 어려우 형상을 채댁
- 유농·분출에 사용하는 도제 및 대전염려의 근접도체는 모두 접지의 방법이 있다.

(4) 분말의 대전방지

① 용기벽과의 마찰, 분말끼리의 충돌, 분말의 파쇄 등에 의해 정전기가 발생하며 분말입경이 작을수록 정전기 발생이 크고, 최소착화에너지가 저하한다. 즉, 분진농도가 높을수록 방전이 쉽고 또한 착화가 쉽다.

② 분말의 대전방지 방법으로는 가습, 극성용재의 첨가로 분말의 저항을 저하, 재료의 도전성 재료 선정, 취급규모·속도의 제한, 분말의 지름을 크게 하는 것, 분진의 발생·비산방지, 제전기 사용 등이 있다.

라. 정전기의 발생방지(기체류)

(1) 고압공기의 유동, 분출

① 유동, 분출은 녹, 먼지, 입자 등을 air filter로 제거한 후 실시해야 하며 분출유량은 적게, 분출압력은 낮게 한다.

② 파이프, 호스 등은 사용 전에 정소와 녹 먼지를 제거해야 한다.

(2) 액화석유가스의 유동, 분출

① 파이프를 통한 유동 시 플랜지, 파이프의 균열틈 등 개구부에서 분출하면 수분, 녹, 스케일 등의 고체가 개구부의 마찰에 의해 정전기가 발생한다.
② 봄베의 개구부 또는 액화가스가 분출하기 쉬운 플랜지 등은 정기적으로 청소해야 한다.

(3) 액적의 배기작업

① 액적은 덕트로 흡인, 수송, 배기되면 덕트의 관벽과 충돌, 마찰에 의해 정전기가 발생한다.
② 덕트 등은 단면적을 크게 하고 구부러진 곳, 이음매 등은 액적이 부착하지 않는 구조로 해야 하며 덕트는 구부러짐 이음매 부분을 정기적으로 부착된 액적, 타르 등을 제거해야 한다.

(4) 흄, 먼지의 배기작업

① 흄, 먼지도 덕트로 수송 시 관벽과 충돌, 마찰에 의해 정전기가 발생한다.
② 덕트 등은 단면적을 크게 하고 덕트 내에는 장애물을 설치하지 않아야 하며 덕트 및 BLOWER는 정기적으로 청소하고 내부를 깨끗이 유지해야 한다.

마. 정전기에 의한 화재예방대책

정전기 재해를 방지하기 위한 목적을 달성하려면 아래와 같이 적어도 5개의 관점에서 정전기 대책을 검토하여야 한다.

특히 제1원칙은 재해가 정전기만의 원인에 의해 발생하는 것이 아니기 때문에 우선적, 중점적으로 실시하지 않으면 안 되는 대책이다. 예를 들면 폭발, 화재의 방지가 목적인 경우, 착화원은 정전기의 방전불꽃만이 아니다. 가연성 물질에 의해 폭발분위기가 생성되지 않도록 환기, 불활성 가스에 의한 치환 등의 대책이 폭발, 화재방지의 출발점일 뿐만 아니라 실시해야 할 제1원칙이다.

여기서는 주로 하드웨어 면에서의 대책을 예시하였지만 생산환경, 공정의 감시 및 공정 중의 원자재, 부품 등과 불필요 품목의 관리를 시작으로 해서 안전교육, 훈련, 작업기준의 제정 등 소프트웨어 면에서의 대책도 중요하다.

특히, 최근에는 각종 센서 및 판단기능을 가진 인텔리전트 기기, 제어기술 등의 우수한 소프트웨어가 개발되어 있기 때문에 이것들을 응용한 액티브 안전기술도 적극적으로 도입하여야 한다. 다만, 아무리 우수한 신기술이라 할지라도 채택 시에는 실험, 현장 모니터 등의 방법으로 안전성을 검증하는 것이 필요하다.

원 칙	대 책	대 책 의 실 례
1	생산환경의 정비	· 생산환경의 크린화 · 정선기의 차폐 · 폭발분위기의 생성방지 · 온습도 관리
2	도체와의 접지	· 정전용량 10pF 이상 물체와 접지 · 접지저항 1000Ω 이하로 접지 · 이동대전 물체의 접지기준 확립
3	인체의 대전방지	· 도전성 바닥과 접지 · 탈의 금지 · 대전방지 작업복, 신발의 착용
4	절연물의 대전방지	· 제전기, 대전방지제의 활용 · 도전성 재료의 사용 · 환경의 다습화
5	설비, 가동조건의 설비	· 설비의 대형화 회피 · 점검, 보수 이행 · 가동조건의 고속화, 급변회피

정전기에 의한 재해가 발생되면 그 피해가 클 것으로 예상되는 도장작업에서의 화재예방대책을 다음과 같이 제시한다.

(1) 설비적 대책

① 도장실 등에서 내부에 증기의 체류 및 용제증기의 농도를 연소범위 밖으로 유지한다. 정전기 발생이나 대전방지 조치를 한다.
② 정전차폐를 위해 도전성 페인트나 도전성 테이프를 이용한다.
③ 송풍식 제전기를 이용하여 정전기를 제거하며 이 경우 자동도장기의 성능에 영향을 주지 않는 것이 우선 확인되어야 한다.
④ 도장실 내에 가스 감지기의 센서 설치로 증기의 농도에 대한 감시를 철저히 한다.
⑤ 용제용 호스류는 대전방지 처리된 제품을 사용한다.
⑥ 벽이나 바닥에 사용하는 비닐은 대전방지 처리가 된 제품을 사용한다.
⑦ 금속류는 2중 접지한다. 접지상태의 불량한 경우는 대전된 정전기가 대지로 누설되지 못하고 축적되어 방전하면 화재·폭발이 일어나는 경우가 있다.
⑧ 부스 내 작업 시에는 방폭용 공구를 사용한다.

(2) 관리적 대책

① 정전화는 적정제품을 사용해야 한다.
② 정전도장기의 청소 시 용제사용량을 적절하게 하여 증기의 연소범위 내 진입을 방지하며 도료가 제거된 후에는 마른걸레로 용제성분을 닦아낸다.
③ 근무자의 내의는 가급적 면제품을 착용한다.
④ 부스 내에서는 전제복(도장복)을 벗지 않아야 한다.
⑤ 정전기 누설용 접지설비의 유지관리를 철저히 한다.
⑥ 정전기 전위측정기를 사용하여 정기적으로 또는 필요시마다 정전기 대전상태를 측정 평가한다.

9.7 폭발억제장치

1. 개 요

초기의 화재라면 휴대용 소화기로 소화하여 연소를 막는 것이 가능하지만 밀폐장치 내에서의 폭발은 폭발의 발생을 조기에 감지하여 연소 억제제를 살포하는 것에 의해 화염을 소멸시키고 폭발의 성장을 정지시키는 것이 가능하므로 이와 같이 적극적으로 폭발을 억제하는 것을 목적으로 한 자동시스템을 폭발억제장치라 한다. 특징은 방폭해야 할 장치의 내부에만 억제과정이 진행되는 것이다. 일반적으로 폭발억제장치의 구성은 폭발검출기구, 억제제와 살포기구 및 제어기구 등으로 구성되어 있다.

2. 폭발억제장치의 구성

폭발어제장치의 구성은 폭발검출기구 억제제와 살포기구, 제어기구로 구성된다.

(1) 폭발검출기구

① 폭발검출기는 빠른 응답성과 정확한 작동이 요구된다. 즉 보통의 조업상태에서 온도, 압력 등 조건의 변동, 진동 등의 외력, 공정물질의 부착에 의한 기능 영향을 받지 않고 설정된 조건에 도달하였을 때 설계대로 빠르게 작동하여야 한다.

② 가장 많이 사용되는 폭발검출기로는 압력 스위치로서 보통 금속다이어프램과 마이크로스위치를 사용한다.

③ 일반적으로 검출압력의 설정치는 통상의 조업 조건하에서 장치의 내압변동 등을 고려하여 결정한다.

(2) 억제제와 살포기구

폭발 광출기로부터 신호를 받아 어제제를 고속으로 살포하는 기구로서 억제장치의 주요부분이며 원리적으로 살포방법은 두 가지가 있다.

① 강도가 작은 용기 내에 어제제를 가득 채우고 이 가운데에서 전기뇌관을 기폭시켜 이 폭발압력에 의해 용기벽의 파괴와 동시에 억제제를 분출하는 방법

② 약한 부분에 파열판을 설치한 용기 내에 억제제등을 질소등으로 가압충전시켜 놓고 용기 내에서 전기뇌관을 기폭시켜 파열판을 파괴하여 그 개구부에서 가압용 가스의 압력에 의하여 억제제를 분출시키는 방법이다. 그리고 폭발억제제로는 연소반응에 부촉매 효과가 큰 할로겐계 화합물인 하론1301을 가장 많이 사용한다.

(3) 제어기구

① 제어기구란 폭발발생의 신호를 받아서 뇌관을 기폭시키는 기능을 가진 기구로서 발생이 예측되지 않는 폭발을 대비하기 위하여 뇌관회로를 포함한 전기회로를 감시하는 기능 및 예비전원으로 구성된다.
② 또한 제어기구는 일반적으로 계기실 등으로 설치하지만 폭발검출기나 전기뇌관 및 이들의 전기배선은 설치장소에 따라 광폭구조이어야 한다.

9.8 폭압방산공

1. 개 요

폭압방산공이란 내부에서 폭발을 일으킬 염려가 있는 건물, 설비, 장치 등에 부속된 덕트류 등의 일부에 설계강도가 가장 낮은 부분으로서 폭발압력을 그곳으로 방출함으로서 장치 등의 전체적인 파괴를 방지하기 위하여 설치한 압력방출장치의 일종이다. 특히 방산공은 다른 압력방출장치에 비해서 방출량이 크므로 폭발에 대한 방호가 적당하다. 또한 폭굉에 대해서는 압력방출효과는 기대할 수 없다.

2. 폭압방산공의 원리

장치내의 혼합가스 폭발에 의하여 내부압력이 상승하면 패널은 작동하지만 동압에 달했을 때 작동압력은 패널의 관성에 의해 개구의 설정압력보다 크게 된다. 이때 장치 내에서는 폭발이 계속되어 개구부의 면적이 작아져 내부압력의 상승속도가 압력의 방출속도보다 크게 될 때 패널이 동압에 의해 열려서 압력을 방출함으로서 장치 전체의 파손을 방지하는 것이다. 일반적으로 개구면적은 개구비라 하며 방산공을 설치하는 장치 등의 내용적에 대한 개구면적의 비를 말한다.

3. 방산공의 구조

(1) 방산공 개구부의 크기, 모양, 위치 등의 기준

① 방산공을 설계한 장치등의 내부에서 폭발에 의하여 발생하는 최대압력은 개구면적이 클수록 작다.

② 개구부의 형상은 개구부의 단면이 기체가 유출하기 쉬운 모양으로 하는 것이 효과적이다.

③ 개구부의 설치는 발화원 가까이 설치한다. 그러나 발화원의 위치를 특별히 정할 수 없는 경우에는 개구부의 위치를 방산공을 설치하는 면의 중앙에 설치토록 한다.

(2) 패널의 구성재료 및 고정방법

① 패널은 가능한 한 낮은 압력에서 개구부를 만드는 것이 요망되지만 장치등의 조업 조건 등을 고려하여 장시간에도 변화에 의하여 작동압력이 높게 되지 않고 또한 위험한 비산물이 생기지 않는 재료를 선택한다.

② 패널의 고정방법은 파열막식, 경첩판넬식, 이탈식 등이 있다.

(3) 보호덕트

① 건물 내에 장치를 설치하는 경우 방산공에 보호덕트를 접속시켜 분출물을 안전한 장소로 배출시키도록 한다.

② 또한 덕트류는 압력방출에 대한 장애물이 될 수 있으므로 가능한 한 지름을 크게 길이를 짧게 하여 도중에 굴곡되는 부분이 없도록 한다.

③ 덕트류의 강도는 방산공을 설치하는 장치의 강도와 동일한 것으로 한다.

(4) 장치 등의 강도

장치 등의 강도가 클수록 필요한 개구면적을 적게 할 수 있으므로 개구부 이외에는 가능한 한 원통형의 견고한 구조로 한다.

APPENDIX

부 록

부록 I . 각국 방폭 규격의 비교

항 목	일 본	미 국	영 국
위험 장소의 분류	0종 장소		DIVISION 0
	1종 장소	CLASS 1, DIV. 1	DIVISION 1
	2종 장소	CLASS 1, DIV. 1	DIVISION 2
GAS의 발화도	발화도 / 발화점(℃)	물질의 특성, 사용상태, 화염일주, 발화온도 등을 조합하여 분류한다.	Temp. Class / Max. Surface Temp. in ℃
	G1 / 450 초과 (360)		T1 / 450
	G2 / 300～450 (240)		T2 / 300
	G3 / 200～300 (160)		T3 / 200
	G4 / 135～200 (110)		T4 / 135
	G5 / 100～135 (80)		T5 / 100
	( )내는 규정온도 상승한도		T6 / 85
폭발등급	폭발등급 공급의 최소치	GROUP A : ACETYLENE *1 GROUP B : HYDROGEN GROUP C : ETHYLENE GROUP D : BENZENE, ALCOHOL *2	INCLOSURE GROUP 공극의 최소치(l=25.4mm)
	1. 0.6mm 초과 (METHANE GROUP) (PROPANE GROUP)		I 0.86mm 초과 METHANE GROUP
			IIA 0.64～0.86mm PROPANE GROUP
	2. 0.4～0.6mm 이하 (ETHYLENE GROUP)	*1은 폭발등급 3에 해당 *2는 폭발등급 1, 2에 해당 (NEC TABLE 500-2 참조)	IIB 0.38～0.64mm ETHYLENE GROUP
	3. 0.4mm 이하 (HYDROGEN GROUP)		IIC 0.38mm 이하 HYDROGEN GROUP
방폭구조의 종류	1. 내압방폭구조, d	1. 내압방폭구조 (EXPLOSION PROOF)	1. 내압방폭구조 (FLAME PROOF)
	2. 유입방폭구조, o		
	3. 내압방폭구조, f	2. 유입방폭구조	2. 유입방폭구조
	4. 안전증방폭구조, e	3. 내압방폭구조	3. 내압방폭구조
	5. 본질안전방폭구조, i	4. 본질안전방폭구조	4. 본질안전구조
	6. 특수방폭구조, s	5. HERMETICALLY SEALED	
	d2G3 & d2G4 d2G5 eG3 & ed2G1	CLASS 1 GROUP C & D CLASS 1 DIV. 2	FLAME PROOF ENCLOSURE SAFETY

1 : 주체부분이 안전증방폭구조
2 : 일부분이 내압방폭구조

부록II. 각 현장에서의 안전관리

1. LPG 취급작업

- LPG는 프로판, 부탄이 주성분으로 증기의 비중은 공기의 약 1.5배로 누출 시 지상에 체류하기 쉽다.
- 인화폭발의 위험성이 크다.

1) LPG 취급 안전작업수칙

- 가스연소에 점화할 때에는 먼저 점화원을 제공한 후 가스를 공급하여 점화한다.
- 고압가스 취급은 관계자 이외의 사람이 취급하거나 접근해서는 안 된다.
- 충전용기는 40℃ 이하로 저장하고, 직사광선 또는 발열체로부터 보호한다.
- 사용하지 않는 용기는 반드시 보호캡을 씌워서 밸브의 손상을 방지한다.
- 고압가스 용기는 소정의 용기검사를 필한 용기를 사용해야 한다.
- LPG 취급 지역 내에서 금속·철재공구·자재 등을 던지거나 타격해서는 안 된다.
- 가스용기를 도관에 연결할 때는 확실히 하고, 연결 후 비눗물 검사를 하여 누설이 있을 경우 가스를 완전히 차단 후 다시 연결한다.
- 충전용기를 보관 또는 운반할 때에는 전락, 전도 등으로 인한 충격을 방지하기 위하여 와이어 또는 체인으로 견고하게 결속한다.
- 고압가스 저장 또는 취급장소에서 화기를 사용해서는 안 된다.
- LPG를 충전할 때에는 저장탱크의 경우 실제용적의 90% 이하, 이동용 용기는 85% 이하로 충전한다.
- 전선 또는 접지선 가까이에 용기를 저장하지 않는다.
- 손으로 열리지 않을 정도로 잠긴 밸브를 다른 공구로 무리하게 열려고 하지 않는다.
- 밸브가 고장난 용기를 사용하지 않는다.
- 용기의 상·하차작업을 할 때는 고무판·가마니 등을 사용하여 충격을 최소한

으로 방지한다.

- 가연성 가스와 산소가스를 함께 보관 · 운반하지 않는다.
- 고압가스 충전용기의 밸브는 서서히 개폐하고 밸브 또는 배관을 가열할 때는 열습포나 섭씨 40℃ 이하의 더운물을 사용한다.
- 고압가스 저장 및 취급장소에서는 유지류나 가연성 물질을 사용하거나 방치하지 않는다.

2) LPG 취급 안전작업방법

① 제조시설, 저장시설의 수리 또는 청소작업

- 수리 등을 할 때에는 다른 부분으로부터 유해한 물질이 들어오지 않도록 개방부분 전후의 연결부에 맹판을 설치하고 위험꼬리표를 부착한다.
- 시설내부를 수리하고자 할 때에는 작업절차를 준수하고, 공기로 재치환 후 공기 중의 산소농도가 18% 이상일 때 출입한다.
- 시설내부를 수리하고자 할 때에는 내부의 가스를 안전하게 배출하고, 내부의 가스를 불활성 가스 또는 수증기로 치환한다.
- 안전허가 발급절차에 따라 작업허가를 받은 후 작업한다.

② 탱크로리로부터 가스를 인입받을 때

- 접지 클램프로 접지하고, 탱크로리와 저장탱크와의 안전거리를 유지한다.
- 가스충전 중 표시를 차량 전후 10m 지점에 각각 설치한 후 화기작업 또는 타 차량의 통행을 금지한다.
- 충전작업이 완료되면 안전 커플링으로부터 누설이 없는가를 확인하고 접속구를 해제 후 발치시킨다.
- 차량을 고정시킨 후 정지목을 설치한다.
- 차량을 정차한 후 5분 이상 경과한 다음 접속구를 연결한다.
- 탱크레벨을 사전에 확인하고 용기 내 용량의 90% 미만으로 충전한다.

③ LPG 용접 작업 시 준수사항

- 호스 등을 용기밸브에 걸어두지 않는다.

- LPG를 화기가 있는 근처로 배출하지 않는다.
- 용접기를 사용하기 전에 조절기와 호스가 단단히 연결되어 있는가를 확인한다.
- 가스 용기는 공병이라도 롤러나 물건을 고이는 받침 등으로 이용하지 않는다.
- 조절기나 화구를 다른 목적에 사용해서는 안 된다.
- 산소용접기에 점화 시 화상을 입지 않도록 점화봉을 사용한다.
- LPG 용기에 열이나 충격을 가하지 말고, 용기의 저장은 통풍이 잘되는 곳에 직사광선을 피하고 저장온도는 40℃ 이하가 되도록 한다.
- 좁은 공간에 점화 시 외부에서 점화한다.
- 용접호스의 불의의 파손을 방지하기 위하여 필요한 예방조치를 취한다.
- 산소 조절기를 가연성 가스 조절기로 사용하거나 가연성 가스 조절기를 산소 조절기로 사용해서는 안 된다.
- 산소 · LPG 용기와 작업지점 사이에는 장해물이 없어야 한다.
- 가스용기 · 조절기 · 토치 및 기타 용접기는 원형을 조정 · 변경 · 개조하거나 다른 용도로 사용하지 않는다.
- 용접 · 절단 및 화기를 사용하는 작업에는 소화기를 비치 후 작업한다.
- 일정시간 이상 작업중단 시 조절기내 가스압력을 제거하고, 용접기 옆의 용기밸브를 잠그고, 조절기 및 호스는 조절기를 떼어 압력을 제거한다.
- 가열되거나 가스가 누설되고 있을 때 화구 이외에 점화된 토치를 사용해서는 안 된다.
- 산소 · LPG 용기는 전용운반 수레를 사용하여 운반하며, 체인블록 · 기중기 등으로 운반해서는 안 된다.
- 산소 · LPG 용기는 활선이나 전기기구의 접지선과의 접촉을 방지한다.
- 용기를 수직으로 세워두는 경우 넘어지지 않도록 체인 등으로 묶어둔다.

2. 가스용접 안전작업

- 가스용접의 넘어짐과 충격 등에 의한 폭발위험이 있다.
- 주변의 가연성 물질에 불꽃이 튀어 화재가 발생할 수 있다.
- 불꽃, 용접불똥 등에 의해 작업자가 화상을 입을 수 있다.

1) 가스용접 안전작업수칙

- 가스용기는 열원으로부터 먼 곳에 세워서 보관하고 전도방지 조치를 한다.
- 용접작업 중 불꽃 등의 튀김 등에 의하여 화상을 입지 않도록 방화복이나 가죽앞치마, 가죽장갑 등의 보호구를 착용한다.
- 시력보호를 위한 적절한 보안경을 착용한다.
- 산소밸브는 기름이 묻지 않도록 한다.
- 가스호스는 꼬이거나 손상되지 않도록 하고 용기에 감지 않는다.
- 안전한 호스연결기구(호스클립, 호스밴드 등)만을 사용한다.
- 검사받은 압력조정기를 사용하고 안전밸브 작동 시에는 화재・폭발 등의 위험이 없도록 가스용기를 연결시킨다.
- 가스호스의 길이는 최소 3m 이상 되어야 한다.
- 호스를 교체하고 처음 사용하는 경우에는 사용하기 전에 호스 내의 이물질을 깨끗이 불어내고 사용한다.
- 토치와 호스연결부 사이에 역화방지를 위한 안전장치가 설치되어 있는 것을 사용한다.

2) 가스용접 안전작업방법

① 환기가 불충분한 장소에서의 가연성 가스를 사용한 용접 작업 시 준수사항

- 호스와 취관은 손상에 의하여 누출될 우려가 없는지 확인한다.
- 호스 등의 접속부분은 호스밴드, 클립 등의 조임기구를 사용하여 확실하게 조인다.
- 가스공급구의 밸브, 코크에는 여기에 접속된 가스등의 호스를 사용하는 자의 명찰을 부착하는 등 오조작을 방지하기 위한 조치를 한다.
- 용단작업 시에는 산소의 과잉방출로 인한 화상의 예방을 위하여 충분히 환기한다.
- 작업을 중단하거나 작업장을 떠날 때에는 공급구의 밸브, 코크를 잠근다.
- 작업을 하지 않을 때는 가스호스를 해체하거나 환기가 충분한 장소로 이동

시킨다.

② 가스용기 취급 시의 준수사항

- 위험한 장소, 통풍이 안 되는 장소에 보관, 방치하지 않는다.
- 용기의 온도를 40℃ 이하로 유지한다.
- 충격을 가하지 않도록 하고 충격에 대비하여 방호벽 등을 설치한다.
- 건설현장이나 설비공사 시에는 용기고정장치 또는 끌차를 사용한다.
- 운반 시 캡을 씌워 충격에 대비한다.
- 사용 시에는 용기의 마개 주위에 있는 유류, 먼지를 제거한다.
- 밸브는 서서히 열어 급작스럽게 가스가 분출되지 않도록 하고 충격에 대비한다.
- 사용 중인 용기와 사용 전의 용기를 명확히 구별하여 보관한다.
- 용기의 부식, 마모, 변형상태를 점검한 후 사용한다.

③ 용접작업장의 안전조치

- 용접작업장에는 분말소화기와 같은 적절한 소화기를 비치한다.
- 아세틸렌 용접장치에 대하여는 그 취관마다 안전기를 설치한다.
- 가스집합장치는 화기를 사용하는 설비로부터 5m 이상 떨어진 장소에 설치한다.
- 도관에는 아세틸렌관과 산소관과의 혼동을 방지하기 위한 표시를 한다.

④ 용접작업 중 안전조치

- 흄 또는 분진이 발산되는 옥내 작업장에 대하여는 국소배기장치를 설치하는 등 필요한 조치를 한다.
- 용접작업 시 발생하는 불꽃이나 불똥의 되튀김을 고려하여 인화물질과 충분한 이격거리를 확보한다.
- 탱크내부 등 통풍이 불충분한 장소에서 용접작업을 할 때에는 탱크내부의 산소농도를 측정하여 산소농도가 18% 이상이 되도록 유지하거나, 공기호흡기 등 호흡용 보호구를 착용한다.

⑤ 위험물질 보관 용기 등의 용접작업 시 안전조치

- 위험물질을 보관하던 배관, 용기, 드럼에 대한 용접 · 용단작업 시는 내부에 폭발이나 화재위험 물질이 없는 것을 확인하고 작업한다.
- 용기 내에 폭발 및 인화성 가스가 체류하고 있는 때는 다음과 같은 방법으로 가스를 완전히 배출시킨 후 용접작업을 한다.
  - 체류하고 있는 가스가 공기보다 가벼운 경우는 공기보다 무거운 이산화탄소를 주입하여 배출시킨다.
  - 체류하고 있는 가스가 공기보다 무거운 경우는 공기보다 가벼운 질소를 주입하여 배출시킨다.
  - 용기의 이동이 곤란한 경우는 용기 내에 물을 채워 가스를 배출시킨다.

3. 인화성 물질 제조·취급작업

- 발화원(나화, 전기스파크, 정전기, 고온물질 등)에 접촉 시 인화 · 폭발위험이 있다.

1) 인화성 물질 제조·취급 안전작업수칙

- 인화성 물질은 화기 등에 의해 인화될 위험이 매우 크므로 화기관리에 만전을 기한다.
- 인화성 물질의 위험성은 인화점 온도가 낮을수록 증가하므로 고온물질 및 점화원을 제거하고 작업한다.
- 인화성 물질은 비중이 작아 물위에 떠 있고, 가연성 증기는 낮은 곳으로 흘러 점화원에 의해 인화되는 수가 많으므로 저지대의 점화원 관리에 특히 유의한다.
- 정전기 불꽃에 의해서 인화될 위험이 있으므로 작업장의 기계기구 등에 제전접지를 하고, 작업장내 습도를 가급적 높여준다.
- 액제상태의 인화성 물질은 유동성이 좋으므로 화재시의 화재 확산방지에 대한 대비를 한다.

2) 인화성 물질 제조·취급 안전작업방법

· 누출방지를 위해 밀폐용기를 사용 저장한다.
· 저장실에서 작업장소까지 배관을 이용한 이송방법을 이용한다.
· 누출 시 액체가 바닥이나 피트 등으로 확산되지 않도록 경사 또는 바닥의 둘레에 높이 15cm 이상의 턱을 설치한다.
· 바닥은 콘크리트 기타 불침유 재료로 하고, 턱이 있는 쪽이 낮게 경사지게 한다.
· 주위에 있는 착화원(빛, 열표면, 복사열…)을 제거한다.
· 작업 시 항상 열선과 이격거리를 유지한다.
· 인화성 액체가 있는 곳에서 용단·용접·스파크 발생 작업을 금한다.
· 인화성 액체가 폭발·화재를 야기시킬 수 있는 농도로 존재하거나 존재할 우려가 있는 곳에서 사용되는 모든 전기기계기구는 방폭구조로 된 것을 사용하고, 공구는 점화원으로 작용할 수 없는 재질의 방폭공구를 사용한다.
· 저장용기 내부에 인화성 물질을 다른 종류의 물질로 교체할 경우에는 잔존되어 있는 내부 인화성 증기를 안전한 가스(질소등)로 치환하고 새로운 물질을 저장한다.
· 배관을 통하여 물질을 송급할 때는 규정속도를 준수한다.
· 저장용기는 제전접지를 하고, 배관 이음부에는 본딩을 한다.

[인화성 물질]

대기압 하에서 인화점이 65℃ 이하인 가연성 액체

가. 에틸에테르·가솔린·아세트알데히드·산화프로필렌·아황화탄소 기타 인화점이 영하 30℃ 미만인 물질

나. 노르말헥산·산화에틸렌·아세톤·메틸에틸케톤 기타 인화점이 영하 30℃ 이상 0℃ 미만인 물질

다. 메틸알코올·에틸알코올·크실렌아세트산아밀 기타 인화점이 0℃ 이상 30℃ 미만인 물질

라. 등유·경유·테레핀유·이소벤질알코올(이소아밀알코올)·아세트산 기타 인화점이 30℃ 내지 65℃ 이하인 물질

4. 유기용제취급작업

- 유기용제 중독에 의해 건강장해를 입을 수 있다.
- 유기용제는 가연성과 휘발성이 있어 화재 및 폭발사고의 위험이 있다.

1) 유기용제취급 안전작업수칙

- 유기용제는 국소배기장치 또는 전체환기장치가 설치된 장소에서 취급한다.
- 유기용제가 갑자기 눈에 들어갔을 때는 눈을 물로 씻는다.
- 공구류는 불꽃이 튀지 않는 방폭 공구를 사용한다.
- 공구류에 정전기가 축적되지 않도록 설비장치에 접지를 한다.
- 유기용제 취급작업자는 작업 전 취급상의 주의 또는 경고표지를 반드시 읽어보고 작업에 임한다.
- 유기용제 업무에 종사하는 근로자는 안전관계자의 지시에 따라 안전하게 작업이 이루어질 수 있도록 한다.
- 유기용제가 피부로 흡수되는 것을 방지하기 위해 불침투성 보호의를 착용해야 하며 작업복, 장갑, 양말 등의 청결을 유지한다.
- 유기용제의 증기발산원을 밀폐하는 설비나 국소배기장치를 설치하지 아니한 장소에서 유기용제 작업을 할 때는 유기가스용 방독 마스크 등 적절한 보호구를 착용한다.
- 유기용제 작업을 할 때에는 탱크, 갱, 기타 옥내작업장 내 공기 중의 유기용제 농도를 측정한다.
- 유기용제 작업장 안에서는 음식섭취, 음주를 하지 말고 흡연 등 일체의 화기사용을 금지한다.
- 작업장 내 잘 보이는 곳에 소화기를 비치한다.
- 유기용제 취급자는 정기적으로 특수건강진단을 받도록 하고 검진 결과 의사소견에 따라 작업전환 등 적절한 사후조치에 따르도록 한다.

2) 유기용제취급 안전작업방법

① 국소배기장치 및 전체환기장치의 점검 및 사용

- 후드는 유기용제 증기발산원 마다 설치되어 있는가를 점검한다.
- 국소배기장치를 통해 유기용제 증기가 잘 흡입되고 있는가를 점검한다.
- 국소배기장치는 설치목적에 알맞도록 가동하고 작업 중 작업자가 임의로 가동을 중지시켜서는 안 된다.
- 국소배기장치가 정상가동이 되지 않는 경우에는 작업자는 이상 상태를 즉시 관리감독자에게 보고하고 지시에 따른다.
- 작업이 종료된 이후에도 작업장 내에 유기용제 증기를 발생하는 제품 등이 있는 경우에는 유해 · 위험요인이 제거될 때까지 국소배기장치를 계속 가동시킨다.
- 국소배기장치를 설치 · 개조 · 수리한 후 처음 사용하는 때는 다음 사항을 점검한다.
  - 덕트 및 배풍기의 분진 퇴적상태
  - 덕트 접속부의 이완유무
  - 흡기 및 배기의 적정성
  - 후드 · 덕트 및 배풍기 날개 등의 부식여부
  - 기타 국소배기장치의 성능 유지를 위해 필요한 사항
- 전체환기장치가 가동되는 작업장에서 작업자는 유기용제 증기가 흡입되지 않는 위치에서 작업한다.

② 유기용제취급 시 보호구 착용

- 유기용제 취급 · 제조 특별 장소에서의 작업, 밀폐설비 및 국소배기장치를 미설치한 작업장 등 유기용제 등에 노출될 우려가 있는 작업장에서 작업하는 근로자는 유기가스용 방독마스크 또는 송기마스크를 착용한다.
- 피부에 장해를 일으키거나 피부를 통해 흡수되어 중독을 일으킬 우려가 있는 유기용제 등을 취급하는 경우에 작업자는 피부도포제, 불침투성 보호의, 보호장갑 및 신발을 지급받아 착용토록 한다.

- 보호구의 공동사용으로 인해 질병 감염의 우려가 있는 경우에는 개인전용의 것을 사용한다.
- 지급된 보호구는 수시로 점검하여 양호한 상태로 유지·관리한다.
- 호흡용 보호구는 여과재의 오염 정도를 확인하여 반드시 교체하도록 하고 국가검정품을 사용한다.

③ 유기용제 관련표지의 숙지

- 유기용제 작업장에 게시된 유기용제 취급시의 주의사항 및 착용보호구, 응급처치방법 등을 정확히 숙지해야 한다.
- 다음의 유기용제 관련표지를 숙지하고 이에 따른다.
  - 유기용제 등의 구분표시
    제1종 유기용제 등 : 적색
    제2종 유기용제 등 : 황색
    제3종 유기용제 등 : 청색
  - 흡연금지, 화기사용금지 및 방독마스크 착용 등의 표지

구 분	표 지 예	비 고
흡연금지	 금 연	바 탕 : 흰 색 기본모형 : 빨간색 관련부호 및 그림 : 검정색
화기금지	 화기엄금	
방독마스크 착 용	 방독마스크 착용	바 탕 : 파란색 관련그림 : 흰 색

- 유해물질별 유해그림

구 분	유 해 그 림
제조금지물질	 금지물질
특정화학물질 제1류	 유해물질
특정화학물질 제2 · 3류, 유기용제류, 기타유해물질	 유해물질

- 출입금지 및 인화성 경고 등의 표지

구 분	표 지 예	비 고
출입금지	 출입금지	바 탕 : 흰색 기본모형 : 빨간색 관련부호 및 그림 : 검정색
인 화 성 물질경고	 인화성 물질 경고	바 탕 : 노란색 기본모형 및 관련부호 및 그림 : 검정색

④ 유기용제의 저장 및 용기의 처리안전작업

- 유기용제 등은 알아볼 수 있도록 정리·보관해야 하며 약품, 식품, 사료 및 첨가제와 근접한곳에 보관하지 않는다.
- 유기용제 등을 옥내에 저장하는 때는 유기용제 등이 누출, 방출 또는 발산되지 않도록 뚜껑 또는 마개가 있는 견고한 용기를 사용한다.
- 용기를 개방하여 사용하는 경우에는 개방부위의 면적을 최소화 할 수 있는 용기를 사용한다.
- 유기용제 등을 용기에 저장하는 경우에는 온도의 상승에 따라 팽창하여 밖으로 나오지 않도록 2.5% 이상의 공간을 유지하여 밀폐하고, 직사광선이 직접 닿지 않으며 통풍이 잘되고 서늘한 장소에 저장한다.
- 유기용제 등을 넣은 붙박이장, 선반 등은 경사, 전도 또는 낙하되지 않도록 고정한다. 약품장 등에 보관하는 경우는 과산화물 등의 강산화성 물질과 일절 접촉되지 않도록 한다.
- 유기용제 증기는 낮은 장소에 체류하는 경향이 크므로 지하실, 피트 등에 저장하지 않는다.
- 저장장소의 통풍이 충분하지 않은 경우에는 배기구 등을 설치하여 증기가 체류하지 않도록 하고 배기구는 바닥에 가까운 장소에 설치한다.
- 가연성의 유기용제 등을 저장하는 장소에서는 화기를 사용하지 않는다.
- 관계자 외 출입금지 및 인화성 물질 경고등의 표지내용을 준수한다.
- 유기용제 등을 넣었던 빈 용기로서 유기용제 증기가 발산될 우려가 있는 경우에는 용기를 밀폐하거나 옥외의 일정한 장소에 보관한다.
- 가연성 유기용제 등이 들어 있던 빈 용기 중에는 유기용제 증기와 공기가 혼합된 폭발성 혼합가스가 발생될 수 있으므로 불속 등에 넣지 않는다.

⑤ 사고발생 시 행동방법

- 환기설비의 고장 또는 유기용제의 누출 등에 의해 급성중독의 위험이 있는 경우에는 현장으로부터 즉시 대피토록 한다.
- 사고발생 시 사고수습을 위해 투입되는 작업자는 유기가스용 방독면 또는 송기마스크 등을 착용한다.

⑥ 유기용제의 피부접촉, 흡입, 화재의 발생 시 응급조치

- 유기용제 등이 피부에 접촉된 경우에는 즉시 세제 또는 물로 씻어내고, 씻은 후에도 계속 가렵고 염증이 발생하면 즉시 의사의 검진을 받는다.
- 유기용제 등이 눈에 들어간 경우에는 즉시 많은 양의 물로 씻어내고 안과의사의 검진을 받는다.
- 어두운 곳에서 재해가 발생할 경우에는 성냥 등 화기사용을 금지하고 방폭구조로 된 전등을 이용한다.

⑦ 유기용제 사용으로 인한 화재·폭발 예방조치

- 유기용제 작업장 내에서는 화기의 사용을 금지하고 외부로부터 불꽃 등이 유입되지 않도록 한다.
- 방폭지역 내에 설치된 기계, 기구, 조명기구 등은 방폭용을 사용한다.

⑧ 작업자의 개인위생 관리방법

- 유기용제작업장 내에서는 흡연을 하지 않는다.
- 유기용제작업장 내에서는 음식물을 취식하지 않는다.
- 유기용제작업 실시 후 식사를 하는 경우에는 손이나 얼굴을 깨끗이 씻고, 별도의 방에서 식사한다.
- 유기용제작업장에서는 필요시 보호구를 착용한 후 작업에 임하도록 하고 사용한 보호구는 불순물 및 감염물을 제거한 후 청결한 장소에 보관한다.
- 비상시 사용한 호흡용 보호구는 적어도 1개월 또는 매 사용 후 마다 소독하여 보관한다.
- 작업을 종료한 경우에는 샤워시설 등을 이용하여 손, 얼굴 등을 씻거나 목욕을 실시한다.
- 퇴근 시에는 작업복을 벗고 평상복으로 갈아입는다.

⑨ 유기용제작업장의 청소 및 유지관리

- 작업 중 바닥에 쏟아진 유기용제 등은 즉시 세척 또는 제거하고, 유기용제 작업장소를 항상 청결하게 유지·관리한다.
- 유기용제작업장의 바닥은 가능한 한 건조상태로 유지한다.

· 작업장의 청소에 종사하는 작업자는 필요시 적절한 보호구를 착용한다.

5. 유해물질의 안전한 취급

1) 유해물질의 위험성

유해물은 생산현장 뿐 아니라 사무실에서 쓰여지는 설비나 물품에도 들어있다. 체온계 속의 수은과 같이 어린 시절부터 늘 보아왔기 때문에 대량으로 취급하더라도 경각심 없이 직접 만지고 있다. 또한 접착제에도 용제가 들어 있을 수 있기 때문에 시너의 냄새가 나더라도 아무렇게나 생각하는 사람이 많다.

유해물질은 눈에 띄지 않기 때문에 만성적 건강장해에도 무관심하게 되며 직장의 작업 시에는 매일 취급하는 경우가 많으며 직장이 오염되어 장시간 그곳에서 생활하면 건강을 해치게 되므로 유해물질에 대하여는 세심한 주의가 필요하다.

2) 유해물질에 대한 주의

(1) 유해물질은 비산시키거나 바닥에 떨어뜨려서는 안 된다. 조금은 상관없겠지 하는 생각으로 기계에 주입하는 기름 같은 것을 바닥에 흘리는 경우가 있으나 이는 위험한 짓이다.

(2) 유해물질의 용기(공병 포함)는 밀폐하여 유해물질이 증발하거나 가스가 발생하지 않도록 한다.

(3) 유해물질은 함부로 꺼내거나 다른 직장에 나누어주지 않는다.

(4) 손으로 만져서는 안 된다. 모르는 사이에 몸에 묻는 경우가 있으므로 작업 중 담배를 피우거나 음식을 먹지 않는다.

(5) 작업복장은 눈에 보이지 않더라도 오염되어 있다고 생각해야 한다. 작업복을 입은 채로 식사하거나 퇴근해서는 안 된다.

(6) 건강보호장치나 보호구는 정해진 대로 활용하여야 하며 자기의 감각에 의한 사용판단이 되어서는 안 된다.

(7) 작업후의 청소 시 유해물질을 취급할 때에는 소정의 보호구를 반드시 사용하여야 하며 작업 중 직접적 침입보다도 먼지나 더러움으로부터의 간접적인 침입에 의한 위험에도 각별히 주의하여야 한다.

(8) 유해물질임을 나타내는 표시나 주의는 떼거나 이동시키거나 더럽혀 다른 것과 구별이 불가능하도록 하여서는 안 된다. 유해물질에 대해서는 그 성상을 앎으로써 예방 방법도 알게 될 것이다. 유해물질에 대해서는 충분한 지식을 가져야 한다.

※ 유해물질 취급근로자의 법상 의무

유해물질을 취급하는 근로자는 유해물질로부터 야기되는 건강장해를 방지하기 위하여 방독마스크의 사용, 호오스마스크의 사용, 보호장갑을 사용할 의무가 있을 뿐 아니라 작업수칙에 의하여 정하여진 작업방법과 작업순서에 의한 작업을 하여야 할 의무가 있다.

6. 폭발성 물질 제조·취급작업

- 가열 · 마찰 · 충격 시 폭발위험이 있다.
- 다른 화학물질과 혼촉 시 폭발위험이 있다.

1) 폭발성 물질 제조·취급 안전작업수칙

- 유기질소화물은 공기 중에서 장시간 보관을 금한다.
- 니트로화합물은 화기 · 가열 · 충격 · 마찰 · 타격을 절대 금한다.
- 폭발성 물질은 강산화제나 강산류와 접촉 시 발화가 용이하므로 주의한다.
- 액체상태 폭발성 물질은 인화되기 쉬우므로 가열을 금한다.
- 고농도의 유기과산화물류는 가열 · 충격 · 마찰 · 직사광선에 노출되지 않도록 한다.
- 고농도 유기과산화물은 강산화성 물질이므로 다른 물질과 접촉되지 않도록 주의한다.
- 폭발성 물질은 직사광선이 차단되고 건조 · 환기가 양호한 곳에 저장한다.

2) 폭발성 물질 제조·취급 안전작업방법

- 점화원(화염·불꽃)을 엄금하고 가열·충격·마찰·타격 등을 피한다.
- 폭발성 물질 취급 시 강산화제, 강산류, 다른 물질이 혼입되지 않도록 주의한다.
- 저장용기의 파손·누출에 대한 안전대책을 수립한다.
- 미세한 분말상태의 것은 정전기로 인한 폭발의 위험이 있으므로 완전한 접지를 하고, 전기기구는 방폭구조인 것을 사용한다.
- 폭발 시 폭풍에 대비하여 토담·제방 등을 설치하여야 한다.
- 다른 위험물과 동일한 저장소(특히 옥내저장소)에 저장을 금한다.
- 위험물 제조·저장 시 "화기엄금"이라는 주의사항을 게시한다.

■ 화재진압 시 유의사항

- 물질 중 분자 내 산소가 함유된 유기과산화물·질산에스테르·셀룰로이드·니트로화합물·니트로소화합물류의 소화 시 질식소화는 효과가 없다. 특히 건조분말(dry chemical)과, CO_2, 할로겐 화합물 소화약제(할론 1211, 1301)는 사용해서는 안 된다.
- 다량의 주수에 의한 냉각소화가 양호하다. 단, 물질이 액상이고, 화재초기나 소량화재인 경우 마른 모래나 건조분말로 소화할 수 있다.
- 화재 시 발생되는 분해나 연소생성 가스 속의 유독성 가스에 대비해 보호구(공기호흡기 등)를 착용한다.
- 화재 시 폭발의 위험성이 상존하므로 충분한 안전거리를 확보하고 가급적 무인방수포를 사용하고, 불가피한 경우, 엄폐조치를 한다.
- 화재 시 안전지역으로 사람을 대피시킨다.

[폭발성 물질]

가열·마찰·충격 또는 다른 화학물질과의 접촉 등으로 인하여 산소나 산화제의 공급이 없더라도 폭발등 격렬한 반응을 일으킬 수 있는 고체나 액체로서 다음에 해당하는 물질

가. 질산에스테르류

나. 니트로 화합물

다. 니트로소 화합물

라. 아조 화합물

마. 디아조 화합물

바. 하이드라진 및 그 유도체

사. 유기과산화물

아. 상기의 물질과 동등한 정도의 폭발 위험이 있는 물질

자. 상기의 물질을 함유한 물질

7. 수소 취급작업

- 수소는 모든 가스 중에서 최소의 밀도를 가지며 확산속도, 열전도도가 대단히 크다.
- 폭발 범위가 대단히 넓은 가연성 가스로 점화원 존재 시 언제든지 폭발할 수 있다.

1) 수소 취급 안전작업수칙

- 수소 저장용기에는 수소의 온도 및 압력 등의 이상상태를 알 수 있도록 계측기기를 설치한다.
- 고정식 및 이동식 압축가스 용기에는 "수소(HYDROGEN)"의 표지를 부착하고 주위 배관에도 알아보기 쉬운 곳에 "수소배관" 표시를 한다.
- 가스방출관 끝에는 정전기 방출용 환상링을 용접에 의하여 설치한다.
- 배관 및 배관의 부속류의 재질은 수소의 압력 및 온도 사용조건에 적합하도록 선정하고 주철은 사용하지 않도록 한다.
- 저장용기의 인입배관에는 수소저장용기로부터 역류가 일어나지 않도록 역류방지밸브를 갖춘다.
- 저장용기에서 연속적으로 수소가 반응공정으로 공급되는 경우 반응공정의 이상 시에 수소를 긴급 차단할 수 있도록 긴급차단밸브를 설치한다.
- 수소저장용기 · 배관 · 밸브 및 계측기기는 쉽게 접근할 수 있는 위치에 설치해야 하고 접근에 필요한 안전통로 또는 계단을 확보한다.

· 수소저장용기에 수소를 충전할 때에는 충전 전에 전기적으로 본딩접지 설비를 갖춘다.
· 수소저장설비의 주위에는 경고표지를 한다.
· 수소저장설비는 지상에 설치해야 한다.

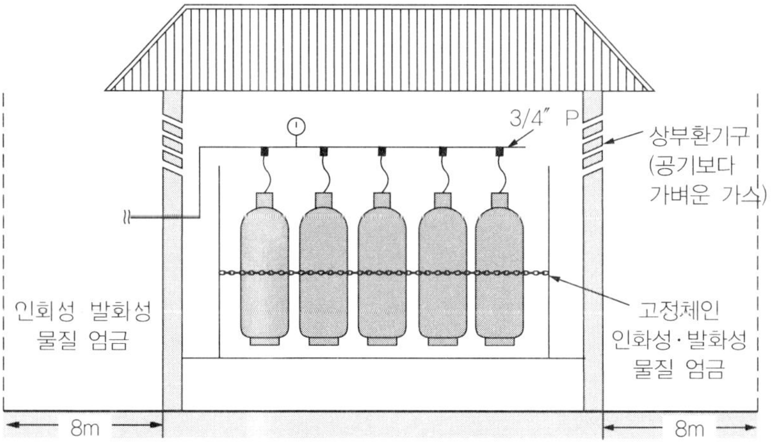

(용기저장실 구조도)

· 수소저장설비의 상부에는 전력선이 배선되지 않도록 한다.
· 저장시설 주위에는 차량충돌 방지턱을 설치한다.
· 저장용기는 1년에 1회 부식상태를 점검하고 점검표에 기록한다.

2) 수소 취급 안전작업방법

① 제조 및 저장시설의 수리·청소작업

· 수리 등을 할 때에는 다른 부분으로부터 유해한 물질이 들어오지 않도록 개방부분 전후의 연결부에 맹판을 설치하고 위험꼬리표를 부착한다.
· 시설내부를 수리할 때는 작업절차에 따라 하고, 공기로 재치환 후 공기 중의 산소농도가 18% 이상일 때 출입한다
· 시설내부를 수리하고자 할 때에는 내부의 가스를 안전하게 배출하고 내부의 가스를 불활성 가스 또는 수증기로 치환한다.

· 안전허가 발급절차에 따라 작업허가를 받은 후 작업하여야 한다.

② 가스누설 시 조치요령

· 수소가 누설하여 공기와 혼합하면 넓은 범위까지 폭발성 혼합가스를 형성하므로 신속한 조치를 한다.

- 용기밸브와 압력조정기 사이에서 누설 시에는 용기밸브를 신속히 잠근다.
- 용기밸브에서 누설된 경우에는 다음과 같은 조치를 취한다.

밸브를 잠갔으나 충전구에서 누설 시(시트 누설) : 밸브시트가 고장이거나 이물질이 끼어 있는 경우가 대부분이므로 1/4회전 정도 열었다가 닫는다. 그래도 멈추지 않을 때는 충전구에 플러그 또는 캡을 씌운 후 판매업자에게 연락한다.

스핀들과 글랜드너트 사이에서 누설 시(패킹누설로서 사용 중에 발생하는 경우가 많음) : 글랜드패킹이 이완된 경우로서 밸브를 잠그고 글랜드너트를 조인다. 그래도 누설이 멈추지 않을 때는 밸브를 잠근 후 판매업자에게 연락한다.

③ 탱크로리로부터 가스를 인입받을 때

· 접지 클램프로 접지를 한다.
· 가스충전 중 표시를 차량 전후 10m 지점에 각각 설치한 후 화기작업 또는 타 차량의 통행을 금지한다.
· 충전작업이 완료되면 안전 커플링으로부터 누설이 없는가를 확인하고 접속구를 해체 후 발차시킨다.
· 차량을 고정시킨 후 정지목을 설치한다.
· 차량을 정차한 후 5분 이상 경과한 다음 접속구를 연결한다.
· 탱크레벨을 사전에 확인하고 용기 용량의 90% 미만으로 충전한다.

8. 유해·위험장소의 출입

· 유해를 쉽게 알 수 있다면 주의는 필요없다. 그것을 모르기 때문에 표지가 활용된다.

• 산업안전표지의 종류에는 금지표지, 경고표지, 지시표지, 안내표지 등이 사용된다.

1) 위험표지

위해는 우리 눈에 쉽사리 보이지 않기 때문에 유해 · 위험한 장소에는 안전 · 보건표지가 설치되어 있다. 위험을 깨닫지 못하기 때문에 높은 곳에서 수리를 하고 있을 때 물건이 떨어질 염려가 있어도 그 밑을 통행하는 자는 위를 보고 걷지 않는다. 일산화탄소가스나 산소결핍공기는 무색 · 무취로서 어느 때나 다름이 없기 때문에 우리는 위험표지를 하여 그 위험성을 알려준다. 이 위험표지는 자기 멋대로 판단하고 행동해서는 안 된다는 약속이다. 자기의 판단이나 느낌에는 아무런 이상이 없어도 위험인자가 스며있는 경우가 많다. 전기도 눈에 보이지 않는 것으로 공사 중에는 통전하지 않으리라는 곳에도 전기가 흐를 때가 있다. 표지가 있는 곳은 물론 표지가 없더라도 위험장소의 주변에서는 조심을 하여야 한다.

일산화탄소만이 가스인 것은 아니다. 유기용제 에서도 눈에 보이지 않는 가스가 발생한다. 유기용제가스는 저농도에서도 악취가 나기 때문에 방심하기 쉬우나 생명에 위험이 야기될 수 있으므로 주의를 요한다. 산소결핍공기는 가스가 아니기 때문에 엉뚱한 곳에서 만나게 된다. 구멍 속에는 거의가 산소가 결핍된 장소로 볼 수 있다. 금속의 녹, 세균류, 식물, 곡류 등 우리주위의 많은 물질이 산소를 흡수할 위험이 있기 때문에 항상 주의해야 한다. 우리는 출입금지표지가 있는 곳은 물론 자기가 모르는 장소에는 함부로 출입하여서는 안 된다.

점검이나 수리 때문에 유해 · 위험장소에 출입하는 경우가 있다. 이때에도 책임자의 허가가 있어야 하며 유해가스나 산소결핍의 위험이 있는 장소는 환경측정을 한 후 들어가야 한다. 아무튼 눈으로 보아서는 알기 어려우므로 충분한 주의와 필요한 장비를 착용하고 들어가야 하며 어제에는 아무 일이 없었던 곳인데 하는 자만심은 오늘에는 통하지 않는 경우가 많다.

※ 산업안전보건법상 출입금지의무

산업안전보건법상에서는 붕괴의 위험이 있는 작업장소나 화재나 폭발의 위험이 있는 장소 또는 부석등이 낙하할 위험이 있는 장소에 관계근로자 외의 근로자는 출입하지 못하도록 규정하고 있으며 물질에 접촉됨으로서 건강에 장해가 오는 유해물질의 취급장소나 현저히 덥거나 차가운 장소 및 유해광선에 노출되는 장소 등에도 근로자의 출입을 금지시키고 있으며 산소결핍장소 또한 근로자의 건강에 장해를 주므로 관계 근로자 외에는 출입할 수 없도록 하고 있다.

9. 고열 용해로 안전작업

- 용해로 고열물의 비산이나 유출 등으로 인한 화상 및 기타 재해가 발생할 수 있다.
- 용해로에서 CO, SO_2, H_2S가스 및 Fe, Mn, Pb, Cd, Al, Zn, Cu 등 흄이 발생할 수 있다.

1) 고열 용해로 안전작업수칙

- 용해작업 전에 국소배기장치를 가동시켜 비산되는 분진 또는 흄이 공기정화장치를 통해 배기되도록 한다.
- 자신의 얼굴에 꼭 맞는 방진마스크를 선택하여 사용하고, 여과필터는 주기적으로 교환하여 준다.
- 용탕이 나오는 부근에는 접근을 피하며 고열물의 비산 및 유출 등으로 인한 화상 및 기타의 위험을 방지하기 위하여 적절한 조치를 한다.
- 다량의 고열물체 취급에 따른 화상 및 기타의 위험을 방지하기 위하여 방열복, 방열화, 방열장갑, 보안경 등을 착용하고 작업한다.
- 용해로 전원을 넣었을 때는 조작실의 출입을 제한하고, 고장 시 해당 관리자 이외에는 접근을 금한다.
- 자연환기를 증가시키기 위해 창문과 출입문을 열고, 공기를 유통시키는 선풍기를 설치한다.
- 두통이나 빈혈을 느낄 때에는 즉시 관리자에게 알리고 조치를 받는다.
- 용해로 주위에는 통행 및 작업에 지장을 줄 수 있는 장애물을 두지 않는다.
- 작업장 내 정리정돈과 청소를 철저히 하고, 선풍기의 위치선정을 적합하게 하여 분진의 재비산이 일어나지 않도록 한다.

- 작업장에는 0.1% 식염수를 비치하고 항상 청결을 유지하여 작업자가 마시는데 불편하지 않도록 한다(식염수가 시원하게 유지되도록 할 것).
- 작업이 끝난 후 반드시 목욕을 하고 작업복 세탁은 철저히 한다.

2) 고열 용해로 안전작업방법

① 용해 및 주입작업

- 고철 장입 시는 용해로(아크로) 전원을 끄고 투입하며, 반드시 개인보호구를 착용하고 작업한다.
- 복사열을 차단하기 위한 강판 또는 방호판을 설치하고, 용해로 입구 및 출구에는 이동식 방호판을 설치하여 사용한다.
- 용해로의 문에는 고열물에서 발생되는 적외선(열선)으로부터 근로자의 눈을 보호하기 위한 고정 또는 이동식 방호덮개 등을 설치, 사용한다.
- 국소배기장치는 정기적으로 자체 검사를 철저히 하고 고장 등으로 가동이 되지 않을 때에는 즉시 관리감독자나 보건관리자에게 연락하여 정상가동 되도록 한다.

② 금속의 용해로에 금속부스러기를 넣는 작업

- 용해로에 금속부스러기를 넣는 작업을 할 때에는 수증기 등의 폭발을 방지하기 위하여 금속부스러기에 물, 화약류, 위험물 및 밀폐된 용기 등이 들어 있는지를 확인한 후 주입작업을 한다.
- 날카로운 고철 등을 넣는 작업을 할 때에는 안전장갑 등 개인보호구를 착용하고 작업한다.

③ 용융 고열물의 취급작업

- 수증기 폭발을 방지하기 위하여 건축물의 바닥 기타 용융 고열물을 취급하는 설비에 물이 고이거나 습윤상태가 되지 않도록 한다.
- 용탕을 받기 전에 레들은 항상 완전건조시키고 작동장치의 이상 유무를 점검한다.

④ 고열의 금속찌꺼기 작업

· 고열의 금속찌꺼기를 물로 처리하거나 폐기하는 장소는 배수가 잘 되는 장소로 한다.
· 고열의 금속찌꺼기를 폐기하는 장소에는 해당 장소임을 알리는 표지판을 설치한다.

10. T.C.E.(Trichloroethylene) 세정작업

- 유해광선에 의해 독성 가스와 부식성 가스가 발생될 수 있다.
- 장시간 폭로 시 간 장해, 불규칙 심장박동 등을 일으킬 수 있다.
- 과폭로 시 의식불명, 사망을 일으킬 수 있다.

1) T.C.E. 세정 안전작업수칙

· 저장 시는 밀폐 가능한 용기에 넣어 어두운 곳에 저장한다.
· 알루미늄, 아연 등의 경금속이나 강염기와 분리시키고 저장소의 바닥쪽을 환기시킨다.
· 작업 시 보안경을 착용하고 필요시 보호장갑, 장화 등을 착용한다.
· 국소배기장치는 작업자의 호흡기를 거치지 않게 하고 작업 시 위치에 주의한다.
· 사용 시를 제외하고는 세정액 용기의 뚜껑을 덮어놓는다.
· 세정조에 역류응축기를 설치한 경우 냉각라인을 수시 점검하여 성능을 유지한다.
· 세정설비 내부로 들어갈 때는 세정설비내의 세정액을 완전히 제거, 건조시키고 환기한 후 산소 농도가 18% 이상 되는지 확인하고 작업에 임한다.

2) T.C.E. 세정 안전작업방법

· 트리클로로에틸렌은 유해광선 등에 의해 분해되어 독성과 부식성 가스(포스겐, 하이드로겐클로라이드)를 생성하므로 용접 등 유해광선이 발생할 수 있는 작업은 세정작업장에서 하지 말고, 격리된 장소에서 한다.
· 강알칼리와 접촉 시 화재의 위험이 있으므로 강알칼리와의 접촉을 피한다.

- 반복 또는 장기간 피부접촉 시 피부염을 일으킬 수 있으므로 접촉해야 할 경우 보호장갑을 착용한다.
- 작업장 근처에는 세척시설을 구비 · 설치하여 접촉된 경우 바로 충분히 씻어낼 수 있도록 한다.
- 밀폐공간에서 세정작업을 실시하는 경우는 송기마스크를 착용한다.
- 세정조를 청소할 경우 고압제트(분출)를 이용하여 외부에서 실시한다.
- 작업은 가능한 한 밀폐식으로 하고, 밀폐가 어려운 경우 국소배기장치를 설치하여 환기시킨다.
- 국소배기장치의 설치 시 후드는 작업장소마다 설치하여 작동시킨 상태에서 작업에 임한다.
- 적절한 환기장치 설치가 불가능하거나 단시간에 걸친 임시작업의 경우 호흡용 보호구를 반드시 착용한다.
- 세정액의 교환 투입 시에는 세정조의 하단에 밸브를 설치하여 파이프 등을 통해 밀폐된 용기로 배출되게 하고, 투입 시는 용기를 개방한 상태에서 쏟아 붓는 방법을 지양하고 자동송급 또는 파이프 등을 이용하여 투입한다.

11. TDI(Toluene-2, 4-Diisocyanate) 취급작업

- TDI 취급작업 시에는 TDI에 의한 직업성 천식이 발생할 수 있다.
- 열이나 불꽃에 노출되면 화재 및 폭발의 위험이 있다.

1) TDI 취급 안전작업수칙

- TDI에 대한 물질안전보건자료의 내용을 충분히 숙지하고 취급상의 주의사항에 따라 취급한다.
- TDI를 사용하여 폴리우레탄 수지를 제조하는 공정은 가능한 밀폐형 자동화 설비를 설치하여 작업근로자가 TDI 등에 노출되지 않도록 한다.

- 자동화가 어려운 경우에는 국소배기장치 후드를 TDI 등 화학물질의 발생원에 최대한 근접시켜 가동한 상태에서 작업한다.
- 근로자는 작업 중 반드시 방진·방독마스크 등 개인용 보호구를 착용한다.
- 원료드럼을 작업장에 열어놓은 채로 방치하지 않도록 한다.
- 작업장 내에서는 흡연과 취식을 금지해야 한다.
- 액체원료를 투입하기 전에 반드시 배관계의 누출여부를 점검하고 작업한다.
- 원료투입시 반응기의 원료투입구에 국소배기장치를 가동시킨 후 작업에 임한다.
- 스프레이 도장부스의 성능을 정기적으로 점검하여 적정효율이 유지되도록 한다.
- 도장부스의 필터와 워터부스의 세정수는 정기적으로 점검·교체해 준다.
- 도장작업 시는 환기에 특히 유의한다.
- 물질보관용기의 재사용 및 폐기 시에는 용기는 벽에 있는 이소시아네이트를 제거하기 위해 중화시킨 후 처리한다.

2) TDI 취급 안전작업방법

- 원료 투입공정은 가능한 한 자동화된 설비에서 작업한다.
- 자동화 설비가 아닌 경우 드럼의 구멍에 펌프 및 호스를 연결, 완전밀봉 후 반응기에 투입한다.
- 고체연료를 투입하는 경우에는 분진에 폭로되지 않도록 반드시 방진마스크를 착용한다.
- 포장작업자는 방독마스크를 경화제 포장작업자는 보호장갑을 반드시 착용하고 포장작업 시에는 국소배기장치를 가동시키고, 가동상태를 확인한 후 작업에 임한다.
- 발포실 내부 및 사상, 절단작업 시에는 반드시 방진마스크를 착용한다.
- 폴리우레탄 수지를 뽑아내어 수동으로 포장할 때는 발생유기용제 및 TDI나 MDI 증기를 효과적으로 배기하기 위해 플렉시블 덕트를 발생원에 최대한 근접시켜 작업한다.
- 주형틀을 이용한 연질성형 발포제 생산 시 오븐입구와 출구에 국소배기장치를 설치·가동한 상태에서 작업한다.

· 연질 번(Bun)형 발포제 생산 시 발포실은 터널식 국소배기장치의 배풍용량 보강과 완전밀폐 후 작업한다.

· 혼합액을 주입하는 공정에서는 수집형 후드의 양측면과 작업근로자 전면에 두꺼운 비닐커튼을 쳐준다.

· 드럼 · 양동이 · 깔때기 · 계량에 사용한 용기 등은 사용 후 곧바로 중화시켜 재사용 시 오염되지 않도록 한다.

· MDI의 경우 증기압이 낮기 때문에 액상의 MDI를 상온에서 취급할 때는 반드시 보호구를 착용한다.

· TDI를 엎질렀을 경우

- 톱밥, 흑운모, 점토, 기타 흡수제로 흡수시킨 후
- 이물질을 개방된 용기에 담아 옥외로 옮기고
- 중화제와 TDI 흡수물질의 비율이 2 : 1이 되도록 중화시킨 다음
- 용기에 담아 밀봉한 후 폐기물 처리규정에 따라 처리한다.

[TDI 주요 취급업종 및 용도]

가. 주요업종 : 폴리우레탄수지 제조, 폴리우레탄 발포제 제조, 가구 제조 등 도장작업 수반 업종 등

나. 용　　도 : 경화제, 코팅제, 접착제용 폴리우레탄수지 등

부록III. 방폭 승인 관련 Site

1. 국내 승인 관련 기관

약 어	기 구 명
KTL	한국생산기술연구원 부설 산업기술시험평가연구소/ 방폭관련 SITE
KISCO	산업안전공단
KGSC	가스안전공사

2. 해외 승인 관련 기관

약 어	기 구 명
ANSI	American National Standards Institute
ASHARE	American Society of Heating, Refrigerating & Air-Conditioning Engineers
ASME	American Society of Mechanical Engineers
ASTM	American Society for Testing & Materials
ABINEE	Brazilian Electrical and Electronics Industry Association
EIA	Electronic Industries Association
FM	Factory Mutual Approval
IEC	International Electrotechnical Commission
IEEE	Institute of Electrical & Electronic Engineers
IESNA	Illuminating Engineering Society of North America
ISA	Instrument Society of America
ISO	International Organization for Standardization
ITE	Institute of Transportation Engineers
NEMA	National Electrical Manufactures Association
NFPA	National Fire Protection Association
SAE	Society of Automotive Engineers
UL	Underwriters Laboratories Inc.
NEMA	National Electrical Manufactures Association

INDEX

찾아보기

현성호 경민대학교 소방행정과
김영수 신성대학교 소방안전관리과
김인범 경민대학교 소방행정과
김형준 부산과학기술대학교 소방안전관리과
이창우 숭실사이버대학교 소방방재학과
전성균 동원과학기술대학교 소방안전관리과

개정판 **방화방폭공학** 정가 20,000원

발 행 2026년 3월 10일 2판 3쇄
저 자 현성호 · 김영수 · 김인범 · 김형준 · 이창우 · 전성균
발행인 전귀연
발행처 신 광 문 화 사
경기도 파주시 광인사길 201(문발동, 파주출판도시)
Tel (031)955-4211~6 donghwapub@nate.com
Fax (031)955-4217 www.donghwapub.co.kr
(등록) 1991년 6월 26일/6-130호

東和技術

Copyright © 2022 현성호 · 김영수 · 김인범 · 김형준 · 이창우 · 전성균
Printed in Korea
ISBN 978-89-7432-955-6

공급처 도서출판 동화기술

불법복사는 지적재산을 훔치는 범죄행위입니다.
저작권자와 출판사의 허락 없이 내용의 일부를 발췌하거나 복사하는 것을 금합니다.